海南省海洋经济可持续发展战略与海洋管理研究

李洁琼　温　强　叶　波　主编

海洋出版社

2014年 · 北京

图书在版编目（CIP）数据

海南省海洋经济可持续发展战略与海洋管理研究/李洁琼，温强，叶波主编．—北京：海洋出版社，2014．4

ISBN 978－7－5027－8833－9

Ⅰ．①海…　Ⅱ．①李…　②温…　③叶…　Ⅲ．①海洋经济－可持续发展战略－研究－海南省②海洋－管理－研究－海南省　Ⅳ．①P74

中国版本图书馆CIP数据核字（2014）第060752号

责任编辑：朱　瑾
责任印制：赵麟苏

海洋出版社　**出版发行**

http://www.oceanpress.com.cn
北京市海淀区大慧寺路8号　邮编：100081
北京旺都印务有限公司印刷　新华书店北京发行所经销
2014年4月第1版　2014年4月第1次印刷
开本：889mm×1194mm　1/16　印张：15.25
字数：390千字　定价：98.00元
发行部：62132549　邮购部：68038093　总编室：62114335

海洋版图书印、装错误可随时退换

《海南省海洋经济可持续发展战略与海洋管理研究》

编写人员名单

任务负责人 李洁琼

编写组成员 李洁琼 温 强 叶 波 陈海鹰 陈 刚

李福德 张秋艳 王同行

前 言

海南省是中国的南大门，也是拥有着全国最大海域面积的省份。建省以来，海南省海洋经济持续增长，海洋经济在国民经济中的地位不断提高。在海洋经济快速发展的同时，弱点也相继暴露，存在着两方面的问题：一是海南省的海洋经济发展水平仍然较低，相对于海南省的海洋资源拥有量而言，与其他海洋省份相比，海南省的海洋资源利用率比较低，经济增长方式粗放，海洋经济结构不协调，产业结构低级化特征明显，经济效益尚有很大的上升空间；二是粗放型的海洋经济增长模式对海洋生态与环境造成了较大程度的破坏，海洋生物量的缩减，海洋污染的加重，为我们敲响了发展的警钟。海洋经济的可持续发展，成为海南省发展海洋经济的必然选择。

从2008年12月至2009年12月，本课题组承担并完成了国家海洋局“我国近海海洋综合调查与评价专项”（即“908”专项）之评价项目“海南省海洋经济可持续发展研究”，对海南省海洋经济可持续发展的状态与趋势进行了综合评价。通过对“908”专项前期调查项目得到的大量数据及另外补充调查收集的数据进行综合分析，对海南省海洋经济可持续发展的3大子系统——海洋经济系统、海洋资源与生态系统、社会经济系统发展的时间序列分别进行了分析与评估，对这3大子系统的发展规律、现状特征与演变趋势进行阐述，并在此基础上从海洋产业发展、海洋生态环境保护两个海洋经济可持续发展的核心层面提出了促进海南省海洋经济可持续发展的对策。

2010年1月，课题组接受国家海洋局及海南省“908”专项委托，将前期“海南省海洋经济可持续发展研究”的成果进一步深化、拓展，并将形成一本专著，以便使海南省近海综合调查与评价的成果能够向全社会公开，使这一成果能够被全社会广泛采用，发挥它的最大经济效益和社会效益。科学研究成果的正外部性的大小，从来就与它的传播程度成正比。为了使本成果能够最大限度地发挥作用，在本专著的编写过程中，注重了两个方面的问题：一是分析的理论性和深入性。本专著的使用对象中一个重要部分是相关领域的研究人员和政策制定人员，因此，专著研究的理论深度、方法的创新性决定了本书的运用性。在专著的编写过程中，相对于前期评价项目报告，本书增加了理论基础部分，包括对海洋经济发展及可持续发展的理论研究综述，相关概念的辨析及海洋经济可持续发展运行机制等的阐述。另外专著部分还增加了海洋产业结构分析的相关内容：海洋产业结构的可持续水平、海洋产业的地理集中度等。海洋经济可持续发展的综合评价部分，增加了基于海域承载力的海南省海洋经济可持续发展研究，利用10年的数据，对海南省海域承载力在10年中的变化进行了计算与评价，并分析了变化的原因。二是阐述语言的通俗性。本专著的阅读对象除了专业的研究人员及管理人员之外，也期望对于非专业人士和普通大众的海洋经济知识进行普及，使广大群众认识海洋，了解海洋经济，接受海洋经济可持续发展的理念，增加海洋环保意识，提高对海洋的兴趣。因此，本书虽然有着较多的专业理论分析，但尽量采用较通俗平实的语言，避免艰深晦涩的术语大量出现，使论述能够深入浅出，可读性强。

全书的逻辑组织纵向结构为：现状阐述——综合评价——发展对策；逻辑组织横向结构为：海洋经济子系统、海洋资源与生态子系统、社会子系统。其中研究的重点主要集中在综合评价和发展对策上，又各自以海洋经济子系统和海洋资源与生态子系统为重点。

本书是运用理论对海南省海洋经济可持续发展进行的实证研究。书中以可持续发展理论、系统论、系统动力学理论、海域承载力理论等为研究指导思想，运用AHP分析软件、SPSS分析软件等手段，在对海南省海洋经济可持续发展的内涵与外延进行界定的基础上，共完成3大研究目标：一是根据历年统计数据与资料，对海南省沿海地区社会、海洋经济、生态环境这3大子系统分别进行分析，找出这3大子系统的发展现状特征及演变规律与趋势，同时找出这3大子系统发展中各自存在的问题；二是对海南省海洋经济系统、社会系统、海洋资源与环境构成的海南省海洋经济可持续发展综合系统进行可持续发展状态评估，以确定海南省海洋经济可持续发展的态势及可持续发展中所存在的主要问题；三是在前两个目标完成的基础上，提出海南省海洋经济可持续发展的保障机制与措施。全书分为两大部分，第一部分包括第1章至第8章，为对海南省海洋经济可持续发展的评价与发展对策部分。具体研究内容如下。

第1章为绪论。由温强撰写。主要包括本书的研究背景与研究意义、国内外相关理论与方法综述、本书的研究思路与研究方法及创新之处。由于人口的增长与陆地资源的枯竭，人类对海洋的开发与利用成为当前的热点。但由于海洋的流动性特征，资源退化与海洋环境污染问题比陆地经济发展带来的环境问题更容易彰显，影响范围更大，对外部的不利作用性更强，因此海洋的可持续发展已成为共识。绪论部分对海洋开发的理论与可持续发展理论分别进行了综述，以期在本书的研究中能够运用最新最有效的理论与方法对海南省海洋经济可持续发展的实践进行分析。

第2章为本书的理论框架部分。由李洁琼撰写。这一章对海洋经济可持续发展研究中所涉及的基本概念，如海洋产业、海洋经济的内涵与外延进行了详细的界定；对海洋经济可持续发展系统的构成、海洋经济可持续发展子系统之间的相互作用方式进行了阐述。海洋经济可持续发展综合系统的可持续性，表现在3个子系统各自的可持续性及子系统彼此之间的协调发展上。本章详细阐述了海洋经济可持续发展的内涵，海洋经济子系统、海洋资源与环境子系统及社会子系统这3大子系统各自的可持续性内涵及相互影响过程，为全书的研究奠定了逻辑框架。

第3章对海南省海洋经济可持续发展的海洋资源基础进行了介绍与分析。由叶波撰写。尽管海洋经济可持续发展综合系统包括了海洋经济子系统、海洋资源与环境子系统、社会子系统三个子系统，但由于本书是从人文地理学的研究视角出发，因此，对这3个子系统并不是以平行的眼光对待，而是以海洋经济系统为核心，重点关注海洋经济发展中人—海关系的协调，也就是海洋经济发展与海洋资源与生态环境之间的协调发展问题。因此，海洋资源与环境子系统、社会子系统均成为海洋经济子系统的基础与背景条件。本章便是对海洋经济发展的海洋资源与生态环境基础进行全面分析与评估。

第4章是对海南省海洋经济发展的社会经济基础条件进行介绍与评估。由叶波撰写。海洋经济的发展是建立在整个社会经济发展基础之上的。由于海洋经济是对海洋资源的开发利用，其对资金、技术的要求比陆域经济更高，因此社会经济基础对海洋经济的发展制约更大。海南省海洋经济的发展之所以落后于其他海洋省份，主要原因就是海南省的社会经济基础条件比较薄弱，难以支撑对海洋资源的深度开发与利用。本章从海南省沿海地区社会经济发展、基础设施、人口增长与结构及社会事业发展四个方面评价了海南省沿海地区的社会经济基础条件。

第5章对海洋经济可持续发展的核心——海洋经济子系统进行了分析。由温强撰写。本章对海南省四大海洋产业及其他海洋产业的发展历程与现状进行了回顾与分析，以揭示海南省海洋产业的产业结构特征、产业空间分布特点，以期找到海洋产业自身可持续发展的路径。海南省的海洋产业结构整体发展水平比较低下，这与海南省的地理区位及发展历史有关。海南省海洋产业的真正发展是从建省之后才开始的，目前海南省的海洋产业结构在产业结构发展序列中仍处于低级化阶段，且具有海南省整个经济的特点，即呈现由“一、三、二”向“三、一、二”转变的阶段性特征，其突出特点是海洋第二产业薄弱，因此海洋产业整体发展的规模拓展与结构提升都比较缓慢。目前仍以“渔、景、港、油”四大海洋产业为主，其余海洋产业均没有形成产业化发展，新兴海洋产业的发展在全国居于后列，海洋产业成长动力不足。然而，海南省海洋产业的空间分工却是相对明确的，也符合海南省的海洋资源赋存状况。

第6章对海南省海洋经济发展的空间分布进行了分析。由叶波撰写。经济的发展从来就不是在每一处都能均衡发生的，区域经济的发展一样遵循着“物竞天择，适者生存”的法则，产业在空间上的布局都是诸多条件下的产物。研究海南省海洋经济的空间分布，掌握海洋经济发展及扩散的规律，能够帮助我们进一步认识海南省海洋经济发展的规律与趋势，并据此有效进行产业布局，促进产业聚集，充分发挥空间经济中“增长极”的作用，使其知识和技术的溢出效应、规模经济效应、持续创新效应等发挥至最大，从而促进区域海洋经济的快速发展，同时达到促进区域整体均衡发展及空间公平的目的。这本身也是可持续发展的要求之一。

第7章是全书的核心章节，对由海洋经济、海洋资源与生态环境、社会3大子系统构成的综合系统的可持续发展状态进行了评估。由李洁琼撰写。本章的主要内容是构建海南省海洋经济可持续发展评估指标体系，对海南省海洋经济可持续发展状态进行评估。评估从3个方面运用了10年以来的相关数据进行分析：第一方面是对海洋产业发展的可持续性进行评估。分别用产业结构比例描述了海南省海洋产业三次产业的结构构成与变动；通过计算霍夫曼系数、第三产业弹性系数、产业集中化指数对海南省海洋产业结构的发展水平进行了分析；通过计算产业结构变动值、产业结构熵数对海南省海洋产业结构的变动进行了分析；通过计算产业地理集中度基尼（Gini）系数，反映海南省海洋产业的空间分布情况。第二方面是立足于海洋资源与环境系统的海域承载力评价分析，运用欧氏几何空间法，通过建立海域承载力评估指标体系，对海南省1998—2007年10年间的海域承载力及各年的海域承载矢量进行了计算，并对结果进行比对分析。第三方面是立足于海南省海洋经济可持续发展综合系统的协调发展，对海洋经济可持续发展综合系统的可持续性进行评估，得出海南省海洋经济可持续发展位、可持续发展势、可持续发展度及协调度。通过这3个方面的评估，全面分析与把握了海南省海洋经济发展系统的可持续状况，为促进海南省海洋经济可持续发展对策的提出奠定了基础。

第8章是在前面几章的分析基础上，提出了促进海南省海洋经济可持续发展的对策。由叶波撰写。本章从海洋经济可持续发展的两个关键环节提出对策：一是海洋产业的发展；二是海洋生态环境的保护。其中，海洋产业的发展是海洋经济可持续发展的关键与核心，海洋生态环境的保护是海洋经济可持续发展的基础与前提，在此基础上，探求海洋经济发展和海洋生态环境保护具体发展对策。

本书的第二大部分是针对海南省海洋经济可持续发展中的几个突出问题进行了专题研究。包括第9章至第11章。

第9章对海南省海洋资源与生态环境的保护现状及相关政策措施进行了分析。由温强撰写。本章首先对海南省海洋生态环境现状、存在问题及原因进行了全面的描述与分析，在此基础上对海南省重点海域污染物总量控制政策、海南省海洋生态环境管理模式、海南省海洋生态系统健康与安全战略与对策进行了较细致的探讨。

第10章为海南省海域使用规划与评价研究。由叶波撰写。本章对海南省海域使用现状、海域使用的特点、海域使用中存在的问题、海南省用海需求、各类海域使用控制目标进行了全面的分析并提出了海域使用管理规划和措施。

第11章为海南省海岛开发与保护规划研究。由李洁琼撰写。本章对海南海岛开发保护现状、海南省海岛开发与保护过程中存在的问题进行了分析，构建了海岛可持续发展的支撑体系，并提出了海岛开发保护的指导思想、基本原则和总体目标，提出了海岛开发建设与管理的相关对策。

本书的最后一部分内容是总结与展望。它对全书的研究内容进行了回顾，同时指出了本书研究中存在的不足，希望在今后的研究中随着研究水平的提高、研究方法的改进、理论基础的充实能够不断加以解决。

本书的完成，除了课题组成员的努力之外，还凝聚着众多人员的心血。首先感谢海南省“908”专项办的陈刚处长、李福德处长、张秋艳同志、王同行同志。在“908”专项任务的组织与实施过程中，他们从项目招标到各个项目工作的每一个环节，都做了大量的工作。一次次将国家海洋局的通知下达给项目组，并不厌其烦地解释条文、敦促执行；一次次按期检查工作进展，并适时进行提醒。他们耐心细致的工作作风，也是“908”专项任务精神的具体体现。

感谢海南省海洋厅的潘俊处长，郭焱生处长，侯晋封博士，在课题组收集资料的过程中，给我们提供了众多便利，本书的顺利完成，离不开他们的热情相助。

感谢海南大学旅游学院的王琳院长、陈扬乐副院长、郭强副院长。在本书的撰写过程中，学院领导给予了极大的关心与支持。

李洁琼

2011年12月1日于海南海口

CONTENTS

目 次

海南省海洋经济可持续发展战略与海洋管理研究

第1章 绪 论

1.1 选题背景

1.1.1 海洋经济的战略地位日益重要

海洋占地球表面积的71%，广阔的海洋蕴藏着丰富的资源，随着陆地资源的日益短缺，陆地资源环境与人类经济发展、人口增长之间的矛盾也日益激化。海洋成为人类社会特别是沿海国家和地区社会发展的第二支持空间，是人类在地球上最后的空间、资源和能源供应地。

世界海洋经济在全球经济发展中的重要战略地位日益显现，尤其是沿海国家和地区表现得更为直接和突出。进入21世纪之后，伴随着新技术的运用、新能源的探索，新兴海洋产业发展更是日新月异。各沿海国家纷纷制定海洋开发战略和海洋发展规划，同时制定优惠的政策促进本国海洋经济的发展，世界各国对海洋的战略竞争日益加剧。在海洋开发领域上的竞争落后甚至失败，必然导致整个国家的落后与失败，这已经成为世界各国的共识。

海洋经济在世界经济中所占的比重逐渐加大，海洋经济正在成为世界经济新的增长点。据联合国专家估计，20世纪70年代初，世界海洋产业总产值约为1 000亿美元，80年代初增加到3 400亿美元，90年代初达到8 000亿美元，2000年达到1万亿美元。2002年，世界海洋经济总量为13 000亿美元，占全世界GDP的4%。2005年已达15 000亿美元，预测到2020年将达到30 000亿～35 000亿美元，占世界经济总值的10%。[①] 其中，美、日、英、澳、法、韩6国占据了世界海洋经济总量的60%左右。20世纪90年代以来，世界海洋经济产值平均每年的增长速度为11%。

1.1.2 国内外海洋经济竞争日益激烈

世界各国，尤其是沿海国家，都将发展的视线越来越多地投向了海洋，一些国家把海洋开发作为其基本国策。1961年，美国总统肯尼迪在国会上发表了“为了生存”，美国必须把“海洋作为开拓地”的宣言。此后历届总统都十分重视发展海洋经济。日本推行“海洋立国”战略，大力发展国际海洋贸易及海洋资源开发，以此带动船舶工业及钢铁、机械电子、科技等行业和领域的起飞，保持了国民经济的持续增长。新加坡是从1819年的一个渔村发展起来的典型的港口国家，在很大程度上是依靠港口产业的兴起与发展而一跃成为新兴的工业化国家的，其国民经济的80%与港口产业有关。挪威70%的财政收入来自对海洋产业的税收。据专家预测，未来的10～50年内，国际海洋形势将发生较大的变化，海洋将成为国际竞争的主

---

① 温泉，《世界和我国海洋经济发展动态与趋势》，2007年，上海海洋论坛。

要领域。目前国际海洋争端的日益增多，也反映出这一发展态势。

1.1.3 海洋国土权益争端日益加剧

1）南千岛群岛、独岛，南海就因《联合国海洋法公约》200海里而产生主权重叠争端。

2）可以以南海为例，但必须明确“中国对南沙群岛及其附近海域可争辩的主权”。

20世纪40年代以前，海洋只被区分为领海和公海。1945年，美国率先宣布其领海的管辖延伸至其大陆架。紧接着，众多国家宣布将领海延伸到12海里或200海里不等。面对传统“公海自由航行”受到的挑战，联合国从1958年开始召开多次会议，以拟定国际海洋法。1982年12月4日，来自150多个国家和地区的代表以及50多个国际组织的观察员，历时10年、历经11期会议后，终于在牙买加签订了公约，以国际法的方式界定了领海、大陆架和专属经济区的概念，《联合国海洋法公约》由此诞生。

由于海洋在人类生活中的政治、军事、经济中的地位越来越重要，各沿海国家对海洋利益的争取力度不断加大，冲突日益加剧。

对于南海而言由于地理位置的邻近，在这场“蓝色圈地运动”中，东南亚相关各国提出的南海海域权利的主张出现了复杂的重叠，因此各国海洋冲突不断，影响了南海海洋资源的开发与利用。

1.1.4 中国海洋经济蓬勃发展

作为一个海洋大国，21世纪以来，中国出台了一系列的政策法规，如《全国海洋经济发展规划纲要》等，极大地促进海洋经济和沿海地区的发展。我国的海洋总产值从1979年的64亿元上升到1997年的3 000多亿元，20年增长了大约46倍。“九五”至“十五”期间，我国海洋经济进一步快速发展，如表1.1所示，“九五”期间海洋产业总产值的年均增长率为10.9%，海洋产业增加值为15.7%，增加值占全国GDP的比重平均为2.2%；“十五”期间，海洋产业总产值的年均增长率为23.4%，海洋产业增加值年均增长率为21.5%，增加值占GDP比重平均为3.9%，比“九五”期间有了很大的提高，显示出我国海洋经济发展的速度进一步加快（表1.1）。我国海洋经济的快速发展，不仅表现在总量增长上，同时也表现在结构的变化上。如表1.2所示。

表1.1 “九五”至“十五”期间全国海洋经济产值及占GDP的比重

	海洋产业总产值/亿元	海洋产业增加值/亿元	增加值占全国GDP的/%
1996	2855.22	1266.30	1.9
1997	3104.43	1476.80	2.0
1998	3269.92	1602.92	2.0
1999	3651.30	2022.20	2.5
2000	4133.50	2297.04	2.6

续表 1.1

“九五”期间	年均增长率 10.9%	年均增长率 15.7%	平均占 2.2%
2001	7233.80	3297.28	3.4
2002	9002.12	4041.53	3.8
2003	10523.40	4622.64	3.9
2004	13704.76	5828.66	4.3
2005	16755.13	7185.05	4.0
“十五”期间	年均增长率 23.4%	年均增长率 21.5%	平均占 3.9%

数据来源：《2005 年国家海洋局海洋经济统计公报》

表 1.2　2001—2005 年全国海洋三次产业结构变化情况　　%

产业结构 / 年　份	海洋第一产业	海洋第二产业	海洋第三产业
2001	22	34	44
2002	22	30	48
2003	23	37	40
2004	18	36	46
2005	18	38	44

数据来源：《2005 年国家海洋局海洋经济统计公报》

“十五”之后，我国海洋经济统计的方法产生了一定的变化，由海洋生产总值替代了海洋产业总产值。在这种统计方法下，2001—2008 年海洋生产总值及海洋三次产业构成的变化情况如图 1.1 所示。

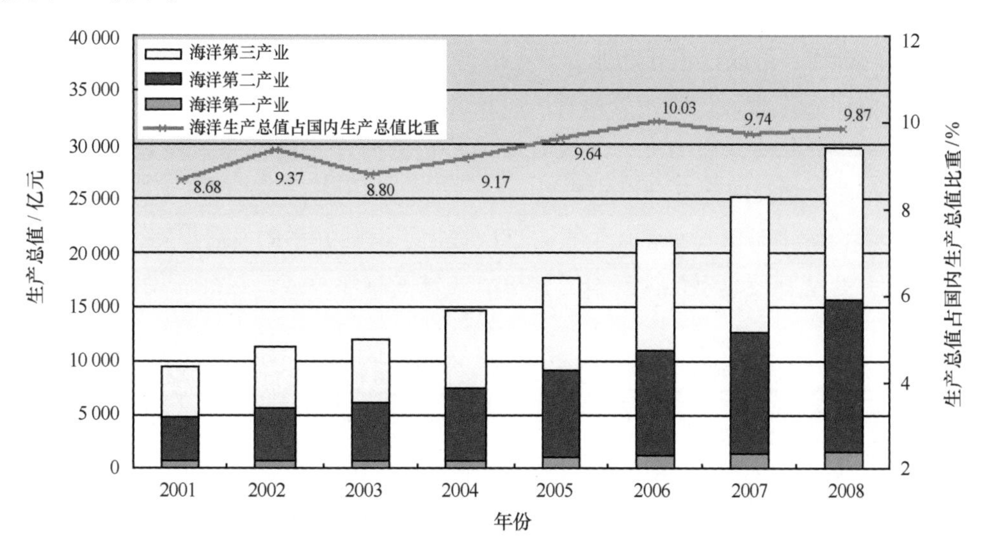

图 1.1　2001—2008 年海洋生产总值及海洋三次产业构成

数据来源：国家海洋局《2008 年海洋经济统计公报》

由上述可知，“九五”以来，沿海省市各级政府不断强化海洋综合管理，着力提高海洋经济发展的质量和效益，稳步推进海洋产业的结构调整，全国海洋经济一直保持良好的发展态势，海洋经济总量稳步增长，海洋经济对国民经济和社会发展的贡献日趋突出。

据相关部门预测，我国海洋产业快速成长的这一趋势将持续到2015年前后，此后海洋经济的发展将进入一个较长时期的全盛期，预计至少要到2030年以后，全国海洋经济将进入一个相对平衡的成熟期。海南省应把握这一历史机遇，与全国海洋经济发展同步，促进海南省海洋经济的总量增长与结构升级，使海南省成为名副其实的海洋大省、海洋强省。

当前，沿海各省市均将海洋经济确定为新的经济增长点，并制定了新一轮的发展规划与重点工程建设计划。广东省、福建省制定了“建设海洋经济强省战略”，出台了决定和指导文件，对全面发展海洋经济进行了战略部署；广西出台了“蓝色计划”；江苏省提出建设“海上江苏”；浙江提出了“建设海洋经济强省”战略目标；山东提出了建设“海上山东”。沿海各省市抓住发展海洋经济的历史机遇，制定了一系列的政策与发展措施，海洋开发事业突飞猛进。广东省的海洋经济生产总值已经连续6年超过山东省，位居全国第一。福建省“九五”以来，海洋总产值年均增长19%，海洋产业增加值年均增长19%。

1.1.5 海南省高度重视海洋经济发展

海南省作为拥有中国最大海域面积的省份，将成为国家海洋开发的重点领域，这为海南省海洋经济的发展提供了千载难逢的历史机遇。

从海南省自身来看，建省伊始，海南省便提出了“以海兴琼，建设海洋大省”的发展思路。海南省政府高度重视海洋开发，海洋产业尤其是海洋渔业实现了大突破。1998年，海南省制定了《中共海南省委、海南省人民政府关于加快海洋渔业发展的若干意见》；2000年1月6日又出台了《中共海南省委、海南省人民政府关于进一步加快海洋渔业发展的意见》，这两个文件的出台极大地促进了海南省海洋渔业的发展。

2005年7月，海南省委省政府作出《关于加快发展海洋的决定》，同年召开的海洋经济工作会议提出了“实施‘以海带陆，依海兴琼，建设海洋经济强省’的发展战略，积极参与区域经济整合与合作，形成以主导产业为骨干的海洋经济体系，打造海洋经济强省”。

2006年1月，海南省通过的《海南省国民经济和社会发展第十一个五年规划纲要》明确提出，要加大海洋资源的开发力度，形成有海南特色的海洋经济体系，构建特色海洋体系，优化海洋经济布局，加强海洋基础设施建设。

2007年4月，海南省第五次党代会报告首次提出了海陆并举的发展思路。

2008年4月，胡锦涛总书记视察海南省指示“发展海洋经济，提高海南海洋油气资源开发利用水平”。

2008年12月，孙志辉和罗保铭分别代表国家海洋局和海南省人民政府，签署了《关于共同促进海南省海洋事业发展，推进南海开发建设的框架协议》。根据协议，国家海洋局将在海南省提高海洋科技力量，增强南海权益以及国际合作能力等8个方面，加大对海南的支持力度。

2009年的《海南省政府工作报告》中提出了发展海洋经济的3大措施：① 把发展海洋经济作为优化经济结构的重点；② 把推进国际旅游岛建设作为创新体制的突破口；③ 把加快洋浦港开放作为自由贸易区的先行。

在政府的高度重视下，20多年来，海南省海洋经济持续快速增长，产业结构逐步优化，海洋渔业、滨海旅游业、海洋交通运输业、海洋油气业这4大海洋产业份额，保持了持续快速发展的势头，在全省国民经济中的地位显著提升，为南海资源开发与利用，实现海洋强省奠定了重要产业基础。据统计，2010年，海南省海洋生产总值达523亿元，比2005年增加245亿元，增长88%，2006—2010年平均增长14%。海洋生产总值占全省生产总值比重为25%，比2005年提高了9个百分点。海洋经济现已成为支撑海南省经济健康快速发展的新增长点。目前已经形成了海洋渔业、滨海旅游业、海洋交通运输业、海洋油气业4大支柱产业。2010年，四大支柱产业增加值达280亿元，占全省海洋生产总值的54%。

1.1.6 海洋资源与生态环境日益恶化

由上述可见，中国海洋经济大发展的趋势正裹挟着中国所有沿海区域以前所未有的速度发展。但在海洋经济迅速发展的过程中，海洋环境污染问题日益突出。我国的渤海、黄海、东海、南海4大海域中，渤海由于其特殊的封闭型“内湾”的地形特征，海水交换能力弱，一旦发生污染，难以扩散和实现自我净化，因此海水质量与生态环境最为恶劣。2000年，仅占中国管辖海区面积2.6%的渤海，每年通过各类排污口直接排入的污水占全国直接排海污水总量的37%～41%，其中，排入渤海的工业废水占全国总量的1/5。当时官方认为，渤海近四成的面积已受污染。10年之后，环保部在《2010年中国环境状况公报》中指出，渤海近岸海域水质差，为中度污染。一方面，较为清洁的一类、二类海水水质面积持续下降，较2009年下降16.3%；另一方面，四类和劣四类海水水质面积却在继续扩大，上升了4.1%。在污染频发的冲击下，渤海海域已经出现了物种单一化的趋势，“海洋荒漠化”愈演愈烈。有资料显示，1982—1993年的10多年间，渤海湾和辽东湾的主要经济鱼类群落，已从85种下降至74种；而到了2004年，群落数量又下降至30种。2011年7月，天津市渤海水产研究所发布的《渤海湾渔业资源与环境生态现状调查与评估》显示，有重要经济价值的渔业资源，已从过去的70种减少到目前的10种左右，带鱼、鳓鱼、真鲷、野生牙鲆、野生河豚等鱼类几乎绝迹。①

而东海，是继渤海之后又一个污染严重的海域。国家海洋局东海分局于2010年5月初在上海首次发布的《2009年东海区海洋环境公报》显示，东海区海洋环境污染形势依然严峻，未达到清洁海域水质标准的面积为91 950 km^2，其中，23%海域达严重污染程度。从海洋部门对东海144个入海排污口的监测来看，2009年污染物质排海总量为196.9×10^4 t。在监测的排污口中有82.6%超标排放，其中，浙江省超标率达100%，江苏省超标率为96.3%，福建省和上海市超标率分别为72.6%和55.6%，《2009年东海区海洋环境公报》还显示，海洋生物的状态也不容乐观。牡蛎、泥蚶、紫贻贝等受监测的贝类体内，铅、石油烃残留量都超过第一类海洋生物质量标准。一些海域的贝类体内镉、砷、滴滴涕的残留量也超标。在东海区近岸的5个生态监控区中，杭州湾处于不健康状态，江苏苏北浅滩湿地、长江河口、浙江乐清湾、福建闽东沿岸港湾等生态系统均处于亚健康状态。②

黄海的情况比渤海和东海略好。但污染问题也很严重。南海海域是我国海域水质与生态

① 邵好《渤海生态忧思：污染频发治理或需百年》. http：//news. hexun. com/2011－08－14/132427328. html.

② 国家海洋局《2009年东海区海洋环境公报》。

环境最好的海域，但局部海域污染同样严重。根据国家海洋局《2009 年南海区海洋环境质量公报》，南海区海域近岸水体营养盐污染严重。2005—2009 年，南海未达到清洁海域水质标准的面积从 11 200 km^2 增加到 30 750 km^2，严重污染海域面积则从 1 420 km^2 增加到 5 220 km^2，污染海域面积显著增加，水体中的主要污染物为营养盐。公告显示，南海严重污染海域主要分布在珠江口以及江门、阳江和湛江等城市近岸局部水域。海水中的主要污染物是无机氮、活性磷酸盐和石油类。

尽管海南省海洋经济的发展取得了辉煌的成果，但仍存在着很大的问题，阻碍着海洋经济的快速发展。海洋资源退化及海洋生态环境污染情况严重：海洋倾废、溢油事故、陆源污染、过度捕捞、不当开发等人类活动引起的海洋环境污染和生态破坏，正在严重地威胁着海洋。其中，影响海南省近岸海域海洋环境质量的污染物主要来自陆源排污，这些工、农业生产废水和生活污水主要通过河流、直排或混合入海排污口等向海洋排放，直接影响着海洋环境质量。与其他海洋省份相比，由于海南省沿海工业并不发达，海南省海洋污染情况较为轻微，但仍存在一定的污染区域（图 1.2），在不能改变经济增长方式的现有发展模式下，污染区域扩大的可能性依然存在。

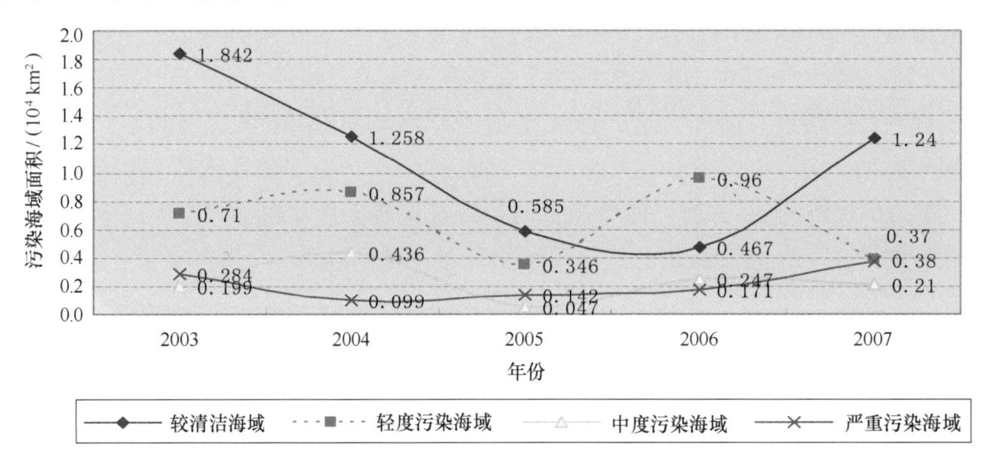

图 1.2　2003—2007 年南海近海海域污染情况

数据来源：2004—2008 年《中国统计年鉴》

综上所述，在目前世界各国大力开发海洋，发展海洋经济的大背景之下，作为拥有着全国 2/3 海洋面积且管辖着最具争议的南海海域的海南省，发展海洋经济，不仅是海南省区域经济发展的必经之路，而且也是我国经济和海洋发展战略的重要组成部分。然而，由于历史与区位的原因，海南省社会经济基础薄弱，海洋经济的发展总体处于落后状态，海洋资源利用与生态环境之间的矛盾日益加大。海洋经济可持续发展成为当前海南省整个社会经济发展的中心问题。

1.2　研究意义

尽管近十年以来，海南省已逐渐重视海洋资源的开发和海陆经济的协调发展，使海南省海洋经济取得了很大的进步，但和全国沿海省份相比，整体发展水平还比较落后，问题主要有两个：

一是相对于海南省所拥有的海洋面积及资源而言，与其他海洋省份相比，海南省的海洋经济总量少。2009 年，海南省海洋生产总值达到 467.7 亿元，相对于广东省的海洋生产总值达 6 800 亿元来说，还不到其 1/10；海洋产业结构层级低，经济增长方式粗放，资源浪费大；二是由于粗放的经济增长方式使得海洋资源枯竭与海洋环境恶化。因此，迫切需要对人—海关系问题展开研究。

本书立足于人文地理学人地关系理论，运用了系统理论与分析方法、产业经济学理论、经济地理学中的产业空间布局理论、区域经济中的区域经济增长与产业集聚理论、生态学相关理论，对海南省海洋经济、海洋资源生态、沿海地区社会环境 3 个系统及相互作用过程进行了全面的分析，建立了符合可持续发展内涵的海南省海洋经济可持续发展综合系统评价指标体系，采用"海洋经济可持续发展度"量化模型，计算了海南省 1998—2007 年海洋经济可持续发展度，勾勒出了海南省海洋经济、海洋资源与环境、社会基础 3 大系统相互作用的运行状况，编制海洋生态—经济—社会可持续发展系统耦合评判标准谱系来分析海南省海洋生态—经济—社会系统耦合关系。在此基础上，本书从产业结构的静态、动态特征和结构效益角度，分析了海南省海洋产业结构特征，并与全国及其他部分沿海省市的海洋产业结构进行了比较研究，提出海洋经济发展必须立足于海洋产业结构的调整与优化，而海洋产业结构的调整必须走可持续发展之路。因此，本书具有一定的理论和现实的指导意义。

1.3 研究综述

1.3.1 国内外海洋经济发展研究综述

关于海洋经济的定义，国内外很多学者都对之进行了界定。美国学者 C. S. Colgan 认为，海洋经济是将海洋资源作为一种投入的经济活动。美国学者 Judith Kildcnv 提出，海洋经济是指提供产品和服务的经济活动，而这些产品和服务的部分价值是由海洋或其资源决定的。我国学者王长征、刘毅认为，海洋经济是以海洋为空间活动场所，以海洋资源和海洋能源的开发和利用为目标的所有海洋产业的经济活动和经济关系的总称。陈可文认为，海洋经济是以海洋空间为活动场所或以海洋资源为利用对象的各种经济活动的总称，其本质是人类为了满足自身需要，利用海洋空间和海洋资源，通过劳动获取物质产品的生产活动。[①]

总体来说，国内外学者均认为，现代海洋经济包括为开发海洋资源和依赖海洋空间而进行的生产活动，以及直接或间接为开发海洋资源及空间的相关服务性产业活动，因此将这样一些产业活动形成的经济集合被笼统地称之为海洋经济。

20 世纪 80 年代以前，海洋经济的研究还仅涉及资源开发及海域规划等内容，规划也只是立足于一个或几个部门。在 20 世纪 60 年代中期，英国、苏联、日本等国学者应用经济学的基本理论，开始研究海洋经济问题；在高等学府开设海洋经济课程，如 1967 年，美国罗德岛大学资源经济系教授 Niels Rorholm 研究了 13 个海洋产业部门对新英格兰南部地区的经济影响，运用投入产出法得出了一些衡量海洋产业经济影响的尺度；美国哥伦比亚大学学者 G. Pon Tecorvo 和 M. Wlkinson 教授从国民收入的角度分析海洋部门在国民经济中的地位；美

---

① 石洪华，郑伟，等《关于海洋经济若干问题的探讨［J］》，海洋开发与管理，2007，01：80-85。

国学者 J. M. 阿姆斯特朗和 P. C. 赖纳在其著作《从新角度看海洋管理》中，从经济学和管理学角度对海洋经济的远景进行了预测。（孙斌等，2004）。Seung JunKwak、Seung HoonYoo 和 Jeong InChang（2005）运用投入—产出法，分析 1975—1998 年间海洋产业对韩国社会经济的影响。The AllenConsultingGroup（2004）利用 1995—2003 年的数据，评估了海洋渔业、养殖业、海洋旅游业、造船业、港口产业等海洋产业，对澳大利亚社会经济的贡献。YShields，JO Connor，Jo Leary（2005）从海洋服务、海洋制造、海洋资源、海洋教育和科研以及培训等方面，分析了爱尔兰的海洋经济现状，探讨了知识、科技及创新，在爱尔兰海洋经济中的重要作用。Colgan，cs（2003）研究了海洋经济和沿海经济的计量理论和方法。Colgan，cs（2004）研究了美国海洋经济和沿海经济中就业和收入的变化情况。Foresighi（1997）以及 Pugh，D 和 SkinnerL（2002）研究英国经济中与海洋相关的经济活动。Mellgorm，A（2004）研究了经济合作组织各海洋经济部门价值。RASCL 研究机构（2003）分析了 1988—2000 年，海洋产业对加拿大经济的贡献。国外对海洋渔业的研究主要集中在海洋渔业可持续发展和资源保护方面。Csirke（2005）指出，[①] 海洋捕捞产量占全球渔业总产量的63%，但由于高强度地开发，甚至是过度地开发渔业资源，已经影响到渔业资源的可持续发展，如果不加以妥善地规划与管理，估计将有 76% 的渔业种群出现枯竭风险。2000 年，联合国粮食与农业组织（FOA）发布了《海洋捕捞渔业可持续发展指标》，为世界各国海洋渔业的可持续发展提供理论框架。港口地域组合形成演化研究向来是港口地理学研究的主流。Taaffe，Morrill 和 Gould（1963）对加纳和尼日利亚的港口群体系进行研究，将港口群演化过程划分为 6 个阶段，为海港地域组合的演化研究提供了一个基本模式。此后，Rimmer（1967）、Slaek（1990）分别对 Taaffe 模型进行了补充和完善，提出海港演化的 6 阶段模型和货流继续集中的第 7 阶段模型。随着港口集装箱运输业务的增多，更多学者关注港口集装箱运输业的发展。Hayuth（1988）提出了集装箱体系 5 阶段演化模式，并提出"边缘港口挑战"理论。Hoyle 和 Charlier（1995）将 1500—1990 年东非港口群的演化历程，划分为离散布局、主要港口形成、主要港口间竞争的形成、港口腹地拓展和港口群重新整合 5 个演化阶段。世界经济的快速增长，国际间贸易运输往来日益频繁，港口间的关系变得更加微妙。Hoare（1987）分析了英国主要港口不列颠港口，指出港口之间竞争的焦点，是对其交叉、混合腹地的争夺，而并非直接腹地。GBlawwens 和 E. VanDeVoorde（1998）分析了安特卫普港和泽不吕核港之间的竞争与合作关系。King. FaiFung（2001）研究了东南亚主要港口之间的复杂关系，重点探讨了新加坡和中国香港两个港口群之间的关系。

滨海旅游是第二次世界大战以后，兴起于欧美的新兴旅游项目。Chaverri（1989）、Williams 等（1992）对滨海旅游资源评级指标体系进行系统的研究。Hall 和 Jenkins（1995）、Radehenk 和 Aleyev（2000）、Monika 等（2005）对滨海旅游的开发与管理问题进行深入的研究。Wong 等（1998）分析了滨海旅游发展对于海岸线、港口的影响。也有学者对热带群岛和珊瑚礁，以及群岛生态旅游进行研究（Farrell，1982；Baines，1982；Dahl，1980；deGroot，1983；Wilkinson，1989；MeEaehem&Towle，1972；Pearee，1980；Romeril，1985a，19s6b），等。priestley 和 Mundet（1998）以西班牙滨海旅游地为例，论述了滨海旅游发展阶段的问题。此外，国外学者还对一些新兴海洋产业，尤其是海洋石油和天然气产业进行研究。

① 石洪华，郑伟，等《关于海洋经济若干问题的探讨［J］》，海洋开发与管理，2007，01：80－85。

1977年苏联学者布尼奇的专著《世界大洋经济学》出版。随着《联合国海洋公约法》的签署，海洋“领土化”和地理研究提出海洋经济空间组织方案。在这一阶段，海洋经济的研究重点转向空间整体结构，即组织化的海洋区域。目前这些区域位于海岸带或大陆架上，将来深海区域的研究也将完善这一海洋组织体系，这种从功能到系统观点的转移引起了从部门海洋地理到区域海洋地理的转移，开始了区域海洋经济的研究。1987年，世界环境和发展委员会（WCED）出版的《我们共同的未来》中，提出了可持续发展的概念。同时，《21世纪议程》也提出了海洋可持续发展的理论，指出海洋是全球生命支持系统的基础组成部分，是人类可持续发展的重要财富，并对海岸带、近海、国家管辖海域以至公海和深海大洋的环境保护作了规定，提出了相关的政策措施。从此，海洋经济可持续发展研究成为了海洋经济研究的一个重要领域。

总体来看，国外对海洋经济的研究，主要集中在海洋经济对国民经济的贡献、海洋经济活动对海洋环境的影响和海洋产业经济研究。在国民经济贡献方面，主要运用经济学的相关分析、测算模型（如投入—产出模型等），研究海洋经济对国民经济和就业的影响。在海洋产业经济研究方面，重点研究海洋产业活动，对海洋生态环境的影响，以及海洋资源的可持续利用。国内对海洋经济的研究始于20世纪80年代初。1982年，中国海洋经济研究会成立，围绕中国海洋经济开发、规划、政策、战略等开展了系统的研究，先后出版了《中国海洋经济研究大纲》、《海洋经济概论》、《中国海洋区域经济研究》、《渔业生态经济概论》、《海洋能源经济学导论》等专著。1982年起，《中国海洋统计年鉴》出版。2000年，青岛出版社出版了由孙斌、徐质斌主编的《海洋经济学》，这是国内出版的第一部海洋经济学著作，标志着中国海洋经济学理论体系正在逐步建立和完善，海洋经济研究也由部门转向区域。近年来，随着研究的深入，加强了海洋经济区划，海陆一体化开发、海岛开发、海洋农牧化分区等方面地拓展，并对其进行了系统的研究。

1.3.2 国内外可持续发展研究综述

1.3.2.1 可持续发展理论的发展历程

1）可持续发展理论的发轫时期

工业经济的迅速发展，使人类对资源与环境的影响进入了高熵时代。直接导致了全球资源的迅速匮乏与环境的急剧恶化，人类发展的未来堪忧，这种态势促成了可持续发展思想的产生。20世纪50年代至70年代末，是可持续发展概念提出的萌芽时期。在这个时期，不少资源经济学家、环境经济学家和经济学家从各自学科的角度，分别从资源的最优利用、环境的有效保护等方面进行了大量研究。他们的理论和发展观中自然地隐含了不少可持续利用、可持续分析和可持续发展观的思想，这为后来可持续发展概念的产生提供了认识基础。

在探索自然资源的开采利用和生物多样化保护的过程中，美国经济学家西里阿希·旺特卢普（Ciracy Wamtrup，1952）在《资源保护：经济学与政策》一书中，提出了最低安全标准法的思路。该书阐述了生态环境破坏的后果具有不确定性，可能造成无法弥补的损失，产生不可逆转的影响。其基本思路是以当代人道德规范为当代人和后代人设计某种代际的社会合约。他提出将人类活动自然系统的损害用费用大小和不可逆性的程度两个变量来表示，即当代人应把人类行为对自然系统的影响控制在一定的损失和不可逆性界限（最低安全标准）以内，在此前提下再考虑自然资源的开采和利用的问题。毕晓普（Bishop，1978）在1978年对西里阿希·旺特卢普的最低安全标准法的定义进行了进一步拓展：面对不确定性和不可逆性，最好的选择是使这种最大的损失最小化。最低完全标准方法给予较低的开发效益以特别关注，即，较低的开发效益将是使保护的最大损失最小化的最好选择。换句话说，在我们决定使自然资本发生不可逆转的损失之前应该确认开发的效益是非常巨大的。福伊斯特（Forester，1960）等在《科学》杂志上发表了题为《世界末日：公元2026年11月23日，星期五》的论文，向世人提出世界末日的警告。美国海洋生物学家，现代环境保护运动先驱卡逊（Carson，1962）用通俗笔调描述了自工业革命以来所发生的重大公害事件造成环境污染后的“寂静的春天”，其影响之深远，被认为是一个新的“生态学时代”的开始，并标志着可持续发展理论的发轫。美国经济学家博尔丁（Boulding，1966）将系统方法应用于经济与环境相关性的分析，并且倡导建立既不会资源枯竭，又不会造成环境污染和生态破坏的、能循环利用各种物质的“循环式”经济体系来替代过去的“单程式”经济。他的这种思想也成为循环经济思想的起源。戴利（Daly，1971）将古典经济学的“稀缺”概念延伸到更为广义的环境，并提出了稳态经济（Stationary Economy）的构想，还倡导自然环境、人类和财富均应保持在一个“静止”稳定的水平，而且这一水平要远离自然资源的极限水平，以确保不可再生资源的低速消耗，防止环境的破坏和自然美的大量消失。

20世纪70年代，发生了两次世界性能源危机。经济增长与资源短缺之间矛盾凸显，引发人们对经济增长方式的深刻反思。以D. L. 米都斯（Meadows，1972）为代表的美国、德国、挪威等一批西方科学家组成的罗马俱乐部通过运用多种宏观模型模拟人口增长对资源消耗的过程，提出世界趋势的研究报告《增长的极限》，首次向世界发出了警告：“如果让世界人口、工业化、污染、粮食生产和资源消耗像现在的趋势继续下去，这个行星上的增长极限将在今后一百年中发生。”而避免这种前景的最好方法是限制增长，即“零增长”。该报告在全世界引起极大的反响，并由于对当代人口、粮食、能源、资源和环境这5大问题的密切关注和激烈讨论，使人类意识到所面临的严峻问题。它已不是单纯的环境污染问题，而是生态能否维持平衡、社会能否持续发展等综合性问题。该报告揭示了：除非环境得到了保护，否则，即使经济活动保持在静态的水平也不是可持续的。

德国梅萨罗维克（1974）的《人类处于转折点》使可持续发展理论研究开始在摸索中成长起来；佩奇（Pege，1977）研究了技术进步的环境效应，在《环境保护与经济效率》一书中提出了“技术进步的非对称性”的概念，即资源开发技术和环境保护技术的不对称性。其研究结果表明：技术进步在客观上可能促进环境资源的开发利用，但不利于环境的保护与持续。在这个时期里，人们辩论环境质量与经济增长的关系转向对于环境的关注，其理论探索构成了第一次环境革命的核心。此外，1972年联合国人类环境会议上通过了《人类环境宣言》，宣言中提出了人类应该统一的7个共同观点和必须遵循的26项共同原则。其中，7个共同观点阐述了如人是环境的产物，也是环境的塑造者。保护和改善人类环境，关系到各国人民的福利和经济发展，是人民的迫切愿望，是各国政府应尽的责任，要为当代和子孙后代保护环境，为了在自然界获得自由，人类必须保护自然的观点。20世纪80年代末，杰·里夫金等人在《熵：一种新的世界观》一书中对建立在牛顿力学基础上的机械论世界观和发展观进行了批判，提出了熵世界观，用热力学第二定律来阐述人们对自然生态保护与人类生存之间的关系，并从世界观、发展观上指出了科学与技术对建立更有秩序的世界的局限性，使人们对充分利用不可再生能源与可持续发展的关系有了一个全新的视角，等等，这都为可持续发展观的诞生提供了基本的理论基础。

2）可持续发展理论的探索时期

20 世纪 80 年代初至 1992 年里约环境与发展大会召开，这是二次环境革命时代，可持续发展成为这一时代最引人注目的词汇，这也是可持续发展概念热烈讨论和可持续理论提出与探索的阶段。在这个时代里，在可持续发展的概念与定义方面展开了如上所述的论争，各种各样的定义不断出现，但影响较大的可持续发展的定义主要涉及下述 3 个方面：一是可持续发展的目标是发展，确保人类生存；二是可持续发展的本质是寻求经济、社会与生态（资源环境）之间的动态平衡；三是可持续发展的核心在于当代人，区际和代与代之间的公平性，维持几代人的经济福利。随着可持续发展概念讨论的深入，其理论研究也被相继提出并分别在经济学、社会学和生态学 3 个方向揭示其内涵与实质。

第一，经济学方向可持续发展理论研究。西方主流经济学家们认为，随着地球化学等自然科学的进步，用科学语言对经济发展的资源与环境约束的描述显得日趋复杂，在这个方面大量的经济学研究工作有待进行，但是这些领域并不需要建立一种全新的理论，只是需要一些技术上的操作。实际上，对“可持续发展”下定义需要涉及两个关键的方面，这就是经济增长的长期福利问题和经济增长的约束问题（它们实际上也是增长理论的核心部分），这两者都表现出共同的趋向。G. 希尔（G. Heal，1998）通过研究在不同代与代目标和资源约束条件下的最优增长路径，证明了在多数情况下，最优增长路径也就是一种可持续发展的路径。G. 希尔的观点表现出对经济发展前景的自信，所代表的是西方主流经济学界的观点，但这种观点显然并不是所有经济学家都能接受的。一些发展经济学家，如 E. 巴比尔等人（E-. Babier，1990），J. L. 西蒙（J. L. Simon，1986），J. M. 哈里斯（J. M. Harris，2003），J. C. V. 佩泽与 M. A. 托曼（J. C. V. Pezzey&. M. A. Toman，2002）等，提出了不同的看法。他们认为，“可持续发展”概念必须从以下 3 个角度加以解释才能完整地表述其内涵。首先，概念中应当包括“经济的可持续性”的内容。具体而言，是指要求经济体能够连续地提供产品和劳务，使内债和外债控制在能够加以管理的范围以内，并且要避免对工业和农业生产带来不利的极端的结构性失衡；其次，概念中应当包含确保“环境的可持续性”的内容，这意味着要求保持稳定的资源基础，避免过度地对可再生资源系统加以利用，维护环境吸收功能，并且使不可再生资源的开发程度控制在使投资能产生足够的替代作用的范围之内。最后，还应当确保“社会的可持续性”，这是指通过分配和机遇的平等、建立医疗和教育保障体系、实现性别的平等、推进政治上的公开性和公众参与性这类机制来保证“社会的可持续发展”。关于这方面的目标，J. M. 哈里斯（J. M. Harris，2003）承认，从技术上来说，人们一次只能使一个目标达到最优化（或最大化，或最小化）。从这个意义上来说，多角度的阐释方式相对于主流经济学有关单一目标函数的表达方式显然没有什么优势。但是问题在于，上述 3 种理解对于可持续发展来说都是必不可少的方面，任何一个简单的经济学模型都不可能涵盖这 3 个方面。经济学中着重研究可持续发展的内容包括：① 重点研究区域经济可持续发展，以区域经济结构、生产力布局调整与优化、要素供需均衡作为基本内容，用科技进步贡献率扣除投资的边际效率递减率的差额作为衡量可持续发展的重要指标。如世界银行《世界发展报告》（90 年代）代表了这方面的研究。② 以全球整体性发展为视野来研究区域发展问题。如 Regier（1986）考察了区域发展与全球发展之间的关系时，指出了只有“着眼于全球，着手于区域”才能实现可持续发展。③ 对人力资本的研究。Romer（1986）首先运用 Arrow（1962）的“边干边学”模型思想，认为在投资和生产过程中自然积累形成的人力资本使资本边际产量不再递减，而是呈现递增的趋势。可持续增长不能忽视技术进步，资源节约型技术进步可以减少增长对资源基础的压力，从而增强增长的可持续程度。

第二，社会学方向可持续发展理论研究。主要内容包括：① 以社会发展、公平分配、利益均衡等作为基本内容，把“经济效率与社会公正”的合理平衡作为可持续发展的重要判别标准。如联合国开发计划署的《人类发展报告》（1990 年起）采用的“人文发展指标”代表这方面研究。② 代际公平研究。如 Page（1988）最早提出“代际公平”的概念，并把它定义为：假定当前决策的后果将影响好几代人的利益，那么，应该如何在有关的各代人之间对自然资源进行公平分配？怎样才能做到代际公平呢？他还指出了“代际多数规则”。如果某项决策事关子孙万代的利益，那么，不管当代人对此持何种态度，都必须按照子孙后代的选择去办。又如，Tietenberg（1988）指出，可持续发展的核心在于公平性，使后代的经济福利至少不低于现一代，即现一代在利用环境资源时不使后代的生活标准低于现一代。③ 关于可持续发展社会的研究。世界观察研究所通过对全球人口、资源、环境的全面综合考察，提出了要建设一个可持续发展社会的设想。

第三，生态学方向可持续发展理论研究。主要内容包括：① 以资源环境保护与永续利用、生态循环平衡等作为基本内容，把“环境保护与经济发展的合理动态平衡”作为衡量可持续发展的重要评价指标，如，布氏（1992）和巴信尔（1990）等人的研究报告和演讲代表这一方面的研究。又如 Siebert（1987）研究表明环境对污染物的容纳能力是常量，这构成了经济增长的极限，另一些学者则认为，环境的纳污能力和与污染物的积累量之间存在两种关系：一是环境吸收和降低污染的能力是随污染的积累量增加而增加的；二是环境吸收污染物的能力是污染物的积累量的严格凹函数，当第一种关系成立时，污染物积累量不构成对经济发展的威胁，而当出现第二种关系时，仅当污染物积累量超过某一阈值时，才可能制约经济发展。② 关于可持续生态系统研究，如，Holling（1986）从生态系统的稳定性角度出发，认为可持续发展应当有某种恢复力的反馈作用才能保持稳定。又如，Redclift（1987）指出，当由于经济行为导致的环境污染使生态差异量和种类量减少，环境质量下降时，生产和经济系统在遭受环境和其他条件恶化影响下的恢复性就低，这样，从长期来看，系统就难以保持持续发展。因此，持续发展的本质在于维护生产和经济系统的恢复性，即寻求经济与环境之间的动态平衡。

3）可持续发展理论丰富与发展期

1992 年里约环境与发展大会至今，是可持续发展战略提出及实施、可持续发展评价理论丰富和发展阶段。在联合国《21 世纪议程》发表之后，世界各国政府相继制定国家《21 世纪议程》，并相应提出可持续发展战略、行动计划并进行组织实施。据不完全统计，到目前，全球约有 100 多个国家设立了专门的可持续发展委员会，近 2 000 个地方政府制定了当地的《21 世纪议程》。世界当今 3 大权威机构：世界资源研究所（WRI）、国际环境发展研究所（IIED）、联合国环境规划署（UNEP）更是联合声称：“可持续发展是我们的指导原则”，并据此研究现时与未来的世界发展与人类生存问题。这些可持续发展纲领性文件的指出，加上国际研究机构和各国学者的大量理论探索与实践，把可持续发展的理论研究推到一个新阶段并获得新的共识。随后，人们把研究重心转向国家可持续发展战略和行动计划及优先项目的研究，尤其对可持续发展实践的研究更为重视。这些研究体现了下述3方面特点：①着眼于全球、强调区际和国际联合行动。如在欧洲大陆，国际应用系统分析研究所（IIASA）等一些国际组织，着眼于全球和欧洲，进行了“生物圈的生态可持续发展”研究。(Clark et al.，1987)、欧盟1998年制定欧盟城市可持续发展的框架政策和行动。②着眼于第三世界国家结构调整、环境与可持续发展。如1992年，世界野生生物基金会国际总部（WWF－International）根据科特迪瓦、墨西哥和泰国地方研究机构执行的调整项目的实情研究，出版了《结构调整与环境》一书，获得的结论是：“不能把社会和经济因子与环境因子割裂开来，社会和经济因子都对环境起着有效的作用，在宏观经济改革的最初，必须综合考虑社会和环境的成本和收益。”这种综合是可持续性和可持续发展不可缺少的工具（K. Lyonette，1996）。随后，WWF为了对其研究《结构调整与环境》遗留的理论与实践问题作进一步研究，又开展了第二个研究《结构调整、环境与可持续发展》项目，这项研究重点评价改革对所选9个国家（巴基斯坦、越南等国）的长期影响。研究中使用了一批适合各国特定条件的新方法，设计了未来的经济改革，以了解其对发展中可持续社会的潜在贡献和限制。最终，本研究被设计来识别明显地导致国家进入不可持续发展战略的政策失误，在总结教训的基础上，制定能够纠正潜在缺陷的政策。该研究完成后以新作《结构高速环境与可持续发展》发表，它更立足于用可持续发展的观点，在9国的实情研究中，力图从不同的领域去探讨各种因素对这些国家可持续发展的作用力度，这些因素包括工业、农业、林业、采矿、生态环保、海洋资源、价格、金融、汇率、税率、市场、所有制、对外贸易等。在对这些国家的实情研究基础上，作者从可持续发展的经济、社会和环境尺度方面论述了结构调整对发展中国家可持续性的综合影响，进而提出了卓有见地和具远见性的建议（樊万选，1998）。③着眼于环境保护和生态平衡的研究。如，英国学者大卫·皮尔斯等人（Pearce，D. W.，1989，1991，1993）所著《绿色经济的蓝图》系列，其中，“蓝图1”介绍了可持续性的要领与思想，“蓝图2绿化世界经济”中，作者把“蓝图1”中的思想拓展到世界和全球问题上——全球变暖、臭氧层耗竭、热带森林、人口问题等。“蓝图3衡量可持续发展”通过应用英国环境现状的经验证据来研究英国对全球问题的贡献及研究可持续发展衡量问题，是一部综合“环境现状报告”和最新可持续发展理论与方法的专著。又如，Panayouto（1992），Dasgupta and Maler（1994）对环境退化率和经济发展水平“U”形关系，即环境库兹涅茨曲线（Environmental Kuznets Curres，EKC），EKC曲线的存在表明：沿着一个国家的发展轨迹，尤其是工业化的起飞阶段，不可避免地会出现一定程度的环境恶化。然而，随着发展进程，在经济发展达到一定水平后，其增长便从环境的敌人转为环境的朋友。此外，Forman（1990）从海洋生态学（Landscape Ecology）的角度阐述了空间尺度对可持续发展概念的重要性。[①]

世界各国的可持续发展战略概括起来，主要涉及3方面内容：①转变过去的单纯经济增长、忽视生态环境保护的传统发展模式，追求生态保护与经济发展动态平衡的新发展策略。②由资源型经济过渡到技术型经济，综合考虑社会、经济、资源与环境效益协调发展。③通

---

①　梁飞《海洋经济和海洋可持续发展理论方法及其应用研究［D］》，天津大学，2003，12。

过产业结构优化与调整、技术开发与创新、清洁生产与持续利用，以寻求社会、经济、资源与环境有序良性循环运行和持续稳定发展。但是，各国分别从自己的国情特点和自身利益出发，来提出其相应的可持续发展战略和发展策略，其模式及其指导思想也有所不同。如美国及大多数工业国家为代表的指导思想为：可持续发展即优先、持续地实现“合理的经济增长”，满足当代人的需求，促进环境的保护。荷兰则主张富裕国家应作出牺牲，有必要在全球范围内进行资源再分配，建立一个以工业国家作出牺牲为前提的零增长、零消费的可持续发展模式。又如，以德国为代表的许多欧洲国家强调可持续发展作为经济发展的指导思想，提倡统一产品政策（针对产品的整个寿命循环的全过程，从而总体上降低对环境的影响），保护产业和再生能源运动和生态现代化，以推动经济发展模式、物质生产与消费方式、人的观念等的转变和培植人人参与意识。再如，我国的可持续发展观则强调社会、经济、人口、环境的协调发展，以经济发展促进科技进步，进而实现控制人口增长与保护自然环境的目的。日本可持续发展观则强调普及教育、政府、企业和个人合作和加强国际参与，即通过可持续发展的途径，逐步实现全球环境保护目标，为解决全球环境问题发挥主导作用。

在各国可持续发展战略的实施过程中，为了科学衡量和评价各国可持续发展进程和择优选择并探索其路径，各国理论界和实践界的专家学者非常重视可持续发展的评价理论和实践研究，尤其是区域可持续发展的指标体系更成为人们关注的焦点。国际上较有影响的指标体系，如经济合作与发展组织（OECD）1990 年提出的“压力—状态—响应”（PSR）要领框架模型；联合国可持续发展委员会（UNCSD）1996 年提出的可持续发展指标体系；英国（UK）1995 年提出的可持续发展指标体系；美国（US）1996 年提出的可持续发展指标体系，世界银行（WB）的新国家财富指标（1995）、真实储蓄率指标（1995）；联合国统计局提出的环境—经济综合核算体系（SEEA）；还有人类发展指标（HDI）等。

当前可持续发展理论研究的总趋势主要围绕：① 区域可持续发展战略实施的行动计划构建；② 区域可持续发展研究；③ 区域可持续发展评价指标体系的动态评价、系统综合评价功能研究以及指标体系的科学性、可操作性研究。

1.3.2.2 国内可持续发展研究及其进展述评

我国的可持续发展理论研究，从 20 世纪 80 年代中期就开始跟踪国际相关研究的动向，以马世骏、牛文元为代表的一批专家学者积极投身于研究适于我国国情特点的可持续发展理论与方法。1985 年，马世骏院士参与了世界第一份可持续发展宣言书《我们共同的未来》的起草。1986 年，马世骏院士约请牛文元，共同拟定了关于布伦特兰报告的评议书，并有一些内容被引入《我们共同的未来》一书中。1992 年 6 月，在联合国环境与发展大会上，李鹏总理与全球 100 多个国家的首脑共同签署了《里约宣言》。1994 年中国率先在全球制定了《中国 21 世纪议程》。1994 年以来，全国各区域和机构将《中国 21 世纪议程》作为指导性文件，并把可持续发展思想贯穿于区域发展的“九五”计划和 2010 年远景目标纲要中。1995 年，党中央和国务院把可持续发展作为国家的基本战略，号召全民共同实施这一伟大宏图。至今，全国绝大部分的省份成立了地方 21 世纪议程领导小组及其办公室，不少省市制定了地方 21 世纪议程和行动计划并开始实施，有不少省市建立环境保护与可持续发展的教育与宣传网站。政府和学术团体也建立相关的组织机构，如中国 21 世纪议程管理中心（国家计委、科委，1992）、中国持续发展研究中心（北京大学，1994），21 世纪发展研究院（清华），21 世纪发展研究院（上海交大）和可持续发展研究中心（山东省）。此外，政府部门与相关研究机构已完成和正在制定的项目规划、计划、政策和对策文件包括：《中国环境与发展十大对策》(1992)、《中国环境保护战略》(1992)、《中国环境保护 21 世纪议程》、《中国林业 21 世纪议程行动计划》、《中国海洋 21 世纪议程》、《中国水利 21 世纪议程》等。还有部分研究成果如，《绿色战备》（李政道、周光召、牛文元，1997）、《1997 中国区域发展报告》（陆大道等，1997）、《中国沿海地区 21 世纪持续发展》（陆大道，1997）、《1999、2000 中国可持续发展战略报告》（牛文元等，1999、2000）。随着我国可持续研究机构和学术研究组织不断涌现，可持续发展文件和学术成果不断提出，推动了我国可持续发展理论的发展，其主要的理论研究和实证研究工作包括有可持续发展理论的系统学方向研究、可持续发展评价理论研究和可持续发展战略实施与能力研究。

1）可持续发展理论的系统学方向研究

早在布伦特兰夫人提出可持续发展定义之前，我国马世骏院士从生态学角度于 20 世纪 70 年代起，先后提出复合生态系统的可持续发展思想，如社会经济—生态复合系统、社会—经济—自然生态系统—资源物质系统、社会—经济—自然复合生态系统等概念。有些学者则以“良性循环”、“协调发展”、“永续利用”等思想进行环境规则、生态平衡的研究（刘培桐，1987）。在可持续发展定义提出之后，我国学者在学习、借鉴和应用国外学者的可持续发展的经济、社会和生态方向研究成果的同时，还从我国的实际出发，独立地开创了第四个方向——系统学方向。其突出特色是以综合协同的观点，去探索可持续发展的本源和演化规律，将其“发展度、协调度、持续度的逻辑自洽”作为中心，有序地演绎了可持续发展的时空耦合与三者互相制约、互相作用的关系，建立了人与自然、人与人关系的统一解释基础和定量评判规则（牛文元，1999）。

2）可持续发展评价指标体系研究

在我国提出《中国 21 世纪议程》之后，我国政府部门、学术界都非常重视对可持续发展理论尤其是评价理论的研究与实践。国内不少学者在借鉴国外相关研究的基础上，结合我国国情、区情特点，研究并不断探索我国的可持续发展评价理论和方法，其研究相当活跃，并取得不少成果。一些研究单位和院校，如中国科学院、国家环保总局、国家计委、国家统计局统计科学研究所、中国 21 世纪议程管理中心、北京大学、清华大学、天津大学等单位分别构建国家级、省级可持续发展评价指标体系、中国城市环境可持续发展指标体系、可持续发展战略评价指标体系和监测系统。一些学者也围绕评价理论与方法展开了讨论，如复合生态系统、发展度、协调度、承载力、综合调控、代际公平、真实储蓄率、生态足迹等，这些研究大大丰富了我国可持续发展评价理论的研究内容。

牛文元于 1993 年提出可持续发展度（DSD）指标体系，采用资源丰度、经济强度、社会稳定性、环境忍耐性和决策合理性 5 个指标来衡量可持续发展。赵景柱于 1995 年综合考虑世代的连续性、重叠性以及人类的生育年龄和工作年龄等因素，构造了时间跨度为 30 年的世代持续发展评价指标。1996 年，中科院地理科学与资源研究所毛汉英以山东省为例设计出 4 个系统层共计 90 个指标的可持续发展指标体系，从经济增长、社会进步、资源环境支持和可持续发展能力等层面评价。

3）可持续发展战略实施与能力研究

1992年里约环境与发展大会召开以来，我国认真地履行在联合国环境与发展大会上的承诺，组织有关部门制定中国的可持续发展战略，并将其战略目标、对策与实施等内容写入其纲领性文件《中国21世纪议程——中国人口、环境与发展白皮书》，近几年来，国家和各级地方政府，以《中国21世纪议程》为指导，采取了一系列重大行动，取得了初步的进展：① 提出了我国环境与发展十大对策；② 建立了推动可持续发展战略实施的组织保障体系；③ 制定了自国家至地方的各个不同层次的可持续发展战略；④ 将可持续发展纳入国民经济和社会发展“九五”、“十五”和2010年、2020年规划之中；⑤ 加快可持续发展的立法进程，不断强化执法力度；⑥ 教育、宣传、组织与动员掀起全民参与可持续发展运动；⑦ 积极开展环境与发展领域的国际合作。当前可持续发展战略实践，不论是政府还是学术团体，主攻方向围绕区域发展行动计划的制定、区域可持续发展，区域可持续发展评价指标体系的可操作性、实用性和数据的易得性等方面的探索与研究。

综上所述，可持续发展的理论研究，自20世纪60年代以来，成为全球发展研究的一个热点问题，各国各专业的学者从不同学科不同角度进行了相关研究，使可持续发展理论得到了迅速的丰富与完善。

1.3.3 海洋经济可持续发展相关研究

由于对海洋资源的过度开发和利用，近年来，海洋经济可持续发展问题成为学者们关注的焦点。韩增林、刘桂春（2003）为了量度海洋经济可持续发展的总体能力和水平，建立了共5层的树状指标体系，根据指标间的内在联系选取主成分分析和层次分析构建数学模型。吴凯等（2006）从优化海洋经济产业结构的角度，探讨了海洋经济的可持续发展问题。代晓松（2006）对辽宁省的海洋经济可持续发展问题进行了探讨。刘明（2008）从海洋产业发展、海洋资源供给、海洋科技以及海洋环境治理及保护4个方面构建海洋经济可持续发展评价指标体系。狄乾斌（2007）在分析系统动力学与海洋经济可持续发展研究的关系基础上，基于STELLA系统仿真建模软件建立了海洋经济可持续发展系统动力学模型，并论述了海洋经济可持续发展指标体系的特征，提出评价指标体系的构建原则，设计了包含海洋资源环境系统、海洋经济系统和社会发展系统3个子系统的海洋经济可持续发展评价指标体系框架，讨论了指标筛选与赋权方法。李悦铮（2002）的《沿海地区旅游系统分析与开发布局——以辽宁沿海地区为例》一书，对辽宁沿海地区旅游系统进行多层次、多方位的研究。其中，第4、第5章从总体和分区上论述了辽宁沿海地区旅游系统开发的主要内容、模式和布局问题（布局问题包括空间布局，即空间结构的研究）。马丽卿（2006）提出海洋旅游产业区域空间结构的4个基本要素（点、线、网络、域面），区域海洋旅游产业布局模式（极核式结构、点轴式结构、网络式结构等），海洋旅游产业空间结构拓展的意义和方法（区域合作、产品创新、产业整合）。陈月（2006）提出海洋旅游空间结构的3个基本要素（点状要素、线状要素、面状要素），并将这3个要素用于分析辽宁沿海地区的旅游空间结构的特点以及局限所在。韩增林、郭建科（2006）尝试把现代物流产业的兴起看成是现代城市产业结构高级化的一个重要方面，运用经济学和城市地理学的相关理论，从产业层面系统分析物流业的产业特性及其地域空间影响，进而在城市产业结构和布局调整过程中，参与城市空间结构的演化。

韩增林、栾维新（2001）主编的《区域海洋经济地理理论与实践》虽是一部论文集，但同时又是对海洋经济地理理论、方法论的总结，也是关于我国海洋资源合理开发、海洋产业布局理论和方法的总结，具有一定的理论价值和现实意义。徐质斌、张莉（2006）的《广东省海洋经济重大问题研究》包括 21 世纪初国内外海洋开发趋势与广东省战略选择、广东省海洋产业升级及经济结构优化、海洋经济统计与核算研究、南珠产业可持续发展战略研究、湛江海洋强市之路研究、珠海市资源增殖型渔业措施体系化研究。刁成宝（2001）的《大连现代化国际城市建设方略》、李隆华（2003）《经济全球化的实质和浙江海港城市的选择》、陆立军、杨海军（2005）《海洋宁波——海洋经济强市建设研究》，都是对沿海港口城市建设研究的专著。

近些年来，不少博士论文对海洋经济可持续发展从不同的学科角度进行了理论探讨与实证研究。如天津大学系统工程专业的梁飞（2003）在《海洋经济和海洋可持续发展理论方法及其应用研究》中运用系统理论和系统分析的方法，从复杂系统的角度，对海洋经济和海洋可持续发展问题进行研究，提出了系统调控模型并以海南省为例进行了实证分析。

同是系统工程专业的刘波（2003）从系统动力学的角度对海洋可持续发展的动力学机制进行了深入的分析和探讨。

狄乾斌（2007）以可持续发展理论为指导，运用系统科学思想，经济地理学、系统动力学和模型分析等研究方法对海洋经济可持续发展进行了定性与定量研究对海洋经济可持续发展的理论与方法进行了系统阐述，并对辽宁省海洋经济可持续发展进行了实证研究。

从上述对国内外海洋经济发展、可持续发展、海洋经济可持续发展研究的综述来看，国内外对于上述领域的研究侧重点并不相同，这与我国国情与体制的特殊性有关。中国的各级政府在发展经济中的主导地位对学界提出了更高的要求：希望学界提出如何促进海洋经济可持续发展的路径与战略。因此，国内各学科对于可持续发展的研究都侧重于更为细致的系统状态评价、运行机制的阐述及调控机制与发展战略的制定上。而国外的研究主要从企业的角度，以效益为目标，研究如何实现持久的经济增长；从政府的角度，研究如何实现社会福利的时间与空间公平，如何加强资源与环境这一公共物品的提供与管理。

1.4　研究方法与思路

1.4.1　本书采用的主要研究理论与方法

从上面的理论综述可知，关于人类社会发展的模式，各国已经形成了共识，即必须走可持续发展之路。数十年以来，经济学、生态学、社会学、地理学等多学科的学者不断对可持续发展的理论进行发展与完善，形成了各种理论与研究方法。对海洋经济发展，国内外也有不少学者进行了理论探索。

1.4.1.1　地理学理论与方法

从对可持续发展概念的阐述中可知，可持续发展的根本问题就是人与自然的关系问题。人与自然共同构成了一个巨大的、稳定的人地生态系统，其相互关系就是人地关系。吴传均先生曾指出：“地理学的研究核心”是“人地关系地域系统”。只有人地关系协调才能实现可持续发展，人地关系协调是可持续发展的根本前提。现代地理学正致力于人类活动对自然环境影响的研究，全力协助解决经济活动引起的人口、资源、环境问题，这也正是可持续发展所要解决的关键问题。实践证明，在改造利用自然的过程中，必须以地理学理论为依据，才能实现可持续发展，地理学理论是可持续发展的理论基础之一。因此，本书的研究以地理学理论，尤其是人文地理学理论为基础。具体来说，本书不仅以人地关系理论为思想指导，而且以经济地理学的产业空间分布理论、区域发展理论为基础分析了海南省海洋经济的区域分布与差异及区域发展模式。

1.4.1.2 系统理论与方法

本书侧重于实证研究，以人地系统理论为主要指导理论，同时运用海洋经济发展及可持续发展的相关理论基础与研究方法，对海南省海洋经济可持续发展综合系统现状进行描述与评价，运行机理的揭示及针对海南省海洋经济可持续发展战略提出对策与建议。基于以上研究目标，本文采用了系统分析方法，构建并分析了海南省海洋资源与环境系统、海洋经济系统、沿海地区社会系统这 3 大子系统以及 3 大系统共同构成的复杂综合系统，并从系统的角度揭示了这 3 大系统的相互作用与运行特征。

1.4.1.3 经济学理论与方法

在海洋经济可持续发展系统中，资源生态系统是支撑与前提，海洋经济系统为核心与发展动力，社会系统既是基础也是可持续发展的目标。在对海洋经济系统进行分析的过程中，运用了经济学的分析方法对海南省海洋经济的投入产出、海洋产业的发展特征、产业结构特征与产业优化调整进行了具体分析。

1.4.1.4 层次分析法主成分分析法等

对海洋经济可持续发展状态与趋势的评价是本书的研究重点之一，而评价结论的合理与否很大程度上取决于评价指标规格的构建。为了构建符合海南省发展实际的评价指标体系，本书采用了层次分析法、主成分分析法及相应的 AHP 软件、SPSS 软件等对大量指标进行分析与筛选。此外还采用了综合分析、比率分析等方法对海南省海洋资源与环境、海洋经济结构变迁、社会经济基础进行了具体描述与分析。

1.4.2 研究思路

本书研究的总体思路是“现状—评价—对策”。围绕着这一总体思路，具体研究思路框架如图 1.3 所示。

1.5 本书的创新之处

本书是一本侧重于实证研究的论著，因此本书在研究中对于理论与方法部分是侧重于对前人理论与方法的选择与组合。本书立足于人文地理学人地关系理论，运用系统理论与分析方法、产业经济学理论、经济地理学中的产业空间布局理论、区域经济中的区域经济增长与产业集聚理论、生态承载力理论，对海南省海洋经济、海洋资源生态、沿海地区社会环境 3

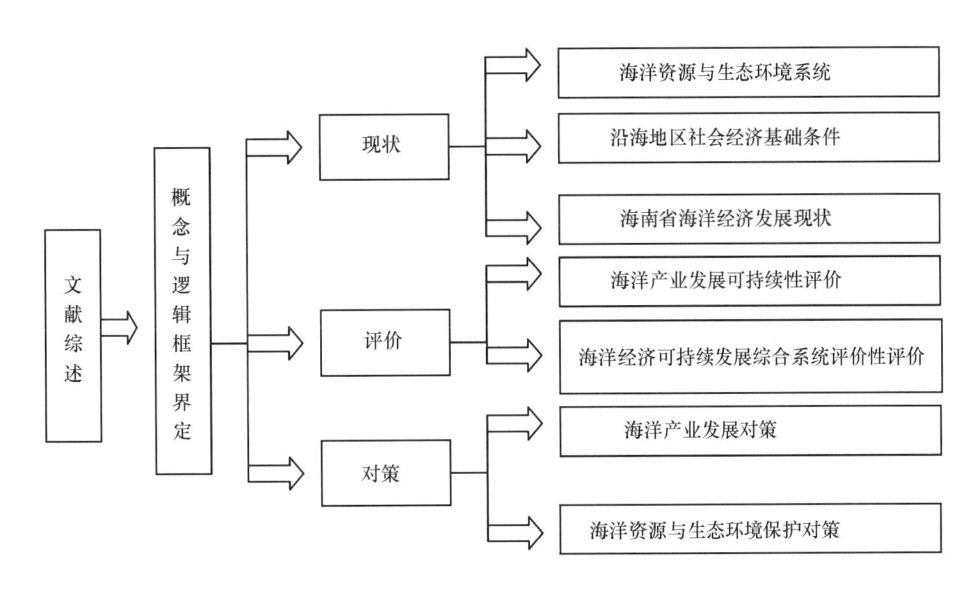

图1.3 本书研究思路

个系统及相互作用过程进行了全面的分析，多学科、多方法的结合成为本书的最大创新之处。

第一，关于海洋经济可持续发展系统的内涵，目前均认为包含3个方面，其相关论述也从这三个方面入手，即：海洋生态的可持续性、海洋经济的可持续性和社会的可持续性。本文提出了第四个方面：3大子系统相互作用的可持续性，即系统之间的协调性。各子系统内部运行的可持续性是复杂综合系统可持续性的必要前提，但并不是充分条件，各子系统内部运行的可持续性不能保证彼此之间的协调运行，如果3大子系统彼此之间运行不协调，那么整个海洋经济可持续发展系统的可持续性将无法保证。此外，目前的相关研究中均认为，海洋经济的可持续性表现在：① 海洋经济发展的协同性，即自然社会系统内人与人之间以及人与自然之间的相互扶持；② 海洋经济发展的生态高效性，即对海洋物质生产和交换来讲生态的高效率和高效用。从这两点来看，海洋经济的可持续性仍表现在海洋经济发展与自然生态系统和社会发展系统的协调性上。本书对此提出了不同的看法，认为海洋经济的可持续性应主要体现在海洋经济系统内部，即海洋产业结构的时间演进的顺利性及空间布局的合理性。

第二，本书运用海域承载力的相关理论及欧氏几何空间法，首次对海南省1998—2007年10年间的海域承载力及实际承载矢量进行了详尽地计算，以期测度出海南省海洋经济发展对海洋资源与环境的压力及环境本身的承压反应，以为后文的可持续发展提供生态基础。

第三，本书以海洋经济子系统为研究的中心与落脚点，符合海南省当前海洋经济—海洋资源—社会综合系统发展的低水平实际。基于此，本书从产业结构的静态、动态特征和结构效益角度，分析海南省海洋产业结构特征，并与全国及其他部分沿海省市的海洋产业结构进行比较研究，提出海洋经济发展必须立足于海洋产业结构的调整与优化，而海洋产业结构的调整必须走可持续发展之路，与以往从人文地理角度只侧重于人地关系的描述与定位有较大不同。

第四，本书不仅从产业经济学的角度阐述了产业结构优化调整对海洋经济可持续发展的作用，而且阐述了海南省海洋经济发展的空间布局与优化，从经济地理学的角度论述了经济的分布对于海洋经济可持续发展的重要意义与作用，拓宽了可持续发展的内涵。

第五，本书在对前人不同学科、不同角度建立的可持续发展评价指标体系综合比较的基础上，结合海南省海洋经济发展的实际特点，建立了符合可持续发展内涵与海南省海洋经济可持续发展综合系统独特性的评价指标体系，对于全面而准确地揭示海南省海洋经济可持续发展奠定了良好的基础。依据构建的海洋经济可持续发展评价指标体系，本书采用“海洋经济可持续发展度”量化模型，计算了海南省1998—2007年海洋经济可持续发展度，勾勒出了海南省海洋经济、海洋资源与环境、社会基础3大子系统相互作用的运行状况，是对海洋经济可持续发展研究的一个创新；并依据海洋经济可持续发展位的计算结果，编制海洋生态—经济—社会可持续发展系统耦合评判标准谱系来分析海南省海洋生态—经济—社会系统耦合关系，将海洋经济可持续发展研究提升到新的高度。

第 2 章　海洋经济可持续发展的基本概念

2.1　海洋经济可持续发展的相关概念

2.1.1　海洋经济

“海洋经济”的概念已提出 20 多年，但一直没有统一的定义，不同学科乃至同一学科的学者常常会根据不同的研究需要给出不同的诠释。学术界和相关文献中对海洋经济的几种定义和描述如下。

1）“海洋经济是以海洋为活动场所和以海洋资源为开发对象的各种经济活动的总和”。（杨金森《发展海洋经济必须实行统筹兼顾的方针》，1984 年）

2）“海洋经济是国民经济的重要组成部分。它是陆地经济的扩大和延长，是因人类物质文化生活增长而有开发的必要，因经济技术的发展又使其具有开发的可能而产生的。”（何宏权，程福祜《海洋经济和海洋经济研究》，张海峰编《中国海洋经济研究》，北京：海洋出版社，1984 年）

3）“所谓海洋经济，是产品的投入与产出、需求与供给，与海洋资源、海洋空间、海洋环境条件直接或间接相关的经济活动的总称。”（徐质斌《海洋经济与海洋经济科学》，1995 年）

4）“海洋经济是现代海洋开发的产物。所谓海洋经济，一般认为有广义海洋经济和狭义海洋经济两种概念。广义海洋经济是指人类在涉海经济活动中利用海洋资源所创造的生产、交换、分配和消费的物质质量和价值量的总和，包括直接的海洋产业和间接的海洋产业。狭义的海洋经济是指直接的海洋产业，所以也叫海洋产业经济。”（徐启望，张玉祥《海洋经济与海洋统计》，1998 年）

5）“海洋经济系人类在开发利用海洋资源、空间过程中的生产、经营、管理等经济活动的总称。”（辽宁人民出版社《海洋大辞典》，1998 年）

6）“海洋经济指的是在海洋及其空间进行的一切经济性开发活动和直接利用海洋资源进行生产加工以及为海洋开发、利用、保护、服务而形成的经济。它是人们为了满足社会经济生产的需要，以海洋及其资源为劳动对象，通过一定的劳动投入而获得物质财富的经济活动的总称。海洋经济是海洋开发活动的物质成果。”（孙斌，徐质斌《海洋经济学》，青岛出版社，2000 年）

7）“海洋经济是活动场所、资源依托、销售或服务对象、区位选择和初级产品原料对海洋有特定依存关系的各种经济的总称。也可以说，海洋经济是从一个或几个方面利用海洋的经济功能的经济。”（徐质斌，牛福增《海洋经济学教程》，经济科学出版社，2003 年）

8）“海洋经济是以海洋空间为活动场所或以海洋资源为利用对象的各种经济活动的总称。按照经济活动与海洋的关联程度，海洋经济可分为3类：一是狭义海洋经济，只开发利用资源、海洋水体和海洋空间而形成的经济；二是冠以海洋经济，只为海洋开发利用提供条件的经济活动，包括与狭义海洋经济产生上下接口的产业，以及陆海通用设备的制造业等；三是泛义海洋经济，主要是指与海洋经济难以分割的海岛上的陆域生产、海岸带的陆域产业及河海体系中的内河经济等，包括海岛经济和沿海经济。”（陈可文《中国海洋经济学》，北京：海洋出版社，2003年）

9）“海洋经济是指开发利用海洋的各类产业及其相关活动的总和。”［国务院，全国海洋经济发展规划纲要，（国发〔2003〕13号），2003年］这个定义更加简明，事实上也更加准确。

10）“海洋经济是人类开发利用海洋资源过程中的生产、经营、管理等活动的总称。”（中华人民共和国国家质量监督检验检疫总局 中国国家标准化管理委员会，GB/T 19834—2005，《海洋学术语—海洋资源学》，中国标准出版社，2004年）

11）“海洋经济是开发、利用和保护海洋的各类产业活动，以及与之相关联活动的总和。”（国家海洋局《中国海洋经济统计公报》，2007年）

12）“美国的海洋经济包括全部源于或部分源于海洋或五大湖的所有经济活动。海洋经济的定义既包含产业的，也包含地理功能。”（美国，《海洋经济和沿海经济计量：理论和方法》，2003年11月）

13）“海洋经济（Ocean Economy）是直接依赖于海洋属性的经济活动，或在生产过程中依赖于海洋作为投入，或利用地理位置优势，在海面或海底发生的经济活动。”（美国海洋政策委员会《美国海洋政策要点与海洋价值评价》，United Committee on Ocean Policy，2004）

2.1.2 海洋产业

产业是具有同一属性的经济活动的集合。海洋产业的发展是海洋经济发展的重要标志。国内外对海洋产业的定义或相关描述如下。

1）“海洋产业系人类开发利用海洋资源、矿物资源、水资源、空间资源发展海洋经济而形成的生产事业。”（辽宁人民出版社《海洋大辞典》，1998年）

2）“海洋产业是人类开发利用海洋、海岸带和空间所进行的生产和服务活动，是涉海性的人类经济活动。涉海性表现在以下5个方面。

（1）直接从海洋中获取产品的生产和服务；

（2）直接从海洋中获取的产品的一次加工生产和服务；

（3）直接应用于海洋和海洋开发活动的产品的生产和服务；

（4）利用海水或海洋空间作为生产过程的基本要素所进行的生产和服务；

（5）与海洋密切相关的科学研究、教育、社会服务和管理。

属于上述5个方面之一的经济活动，无论其所在的是否为沿海地区，均可视为海洋产业。海洋产业是海洋经济的构成主体和基础，是海洋经济存在和发展的前提条件”（国家海洋局发布实施的海洋行业标准《海洋经济统计分类与代码》，HY/T 052—1999，1999）

3）“海洋产业是人类在海洋、滨海地带开发利用海洋资源和空间以发展海洋经济的事业。根据对海洋资源开发利用的先后以及技术的进步，可将海洋产业划分为传统海洋产业、新型海洋产业以及未来海洋产业。传统海洋产业主要包括海洋捕捞业、海洋运输业、海水制盐业、传播制造业和海涂种植业。”（张耀光《试论海洋经济地理学》，1991）

4）“海洋产业是指人类开发利用海洋空间和海洋资源所形成的生产门类。海洋产业是海洋经济的构成主体和基础，是海洋经济得以存在和发展的基本前提条件。海洋产业是海洋经济的孵化器，海洋资源只有通过海洋产业这只孵化器才能转化并成为海洋经济。所谓产业，是指具有同一属性的经济活动的集合，是国民经济的一个门类。海洋产业的发展是海洋经济发展的主要标志，也是目前世界海洋经济发展水平的一个重要标志”（陈可文《中国海洋经济学》，2003）

5）“海洋产业是指人类开发、利用海洋资源和海洋空间所形成的经济性事业。海洋产业经济是海洋经济的主体和基础，是海洋经济得以存在和发展的基本前提和基本条件。海洋产业是指开发、利用和保护海洋资源而形成的各种物质生产和服务部门的总和，包括海洋渔业、海水养殖业、海水制盐业及盐化工业、海洋石油化工业、海洋旅游业、海洋交通运输业、海滨采矿和船舶工业，还有正在形成产业过程中的海水淡化和海水综合利用、海洋能利用、海洋药物开发、海洋新型空间利用、深海采矿、海洋工程、海洋科技教育综合服务、海洋信息服务、海洋环境保护等，海洋产业是一个不断扩大的海洋产业群，是海洋经济的实体部门”（孙斌，徐质斌《海洋经济学》，2000）

6）“海洋产业是指基于加拿大海洋区域及与此相连的沿海区域开展的海洋产业活动，或依赖这些区域活动而得到收益的产业活动。” Ocean industries are defined as those industries that are based in Canada's maritime zones and coastal communities adjoining these zones, or are dependent on activities in these areas for their income. （《加拿大海洋产业对经济贡献：1988—2000年》，Canada's Ocean Industries：Contribution to the Economy 1988 - 2000，2004）

2.1.3　海洋产业的划分

2.1.3.1　传统海洋产业

传统海洋产业是由海洋捕捞业、海盐业和海洋运输业等组成的古老的生产和服务行业。

2.1.3.2　新兴海洋产业

新兴海洋产业相对传统海洋产业而言，是指新近发展起来的海洋生产和服务行业，如海洋油气业、海水养殖业、海洋旅游业、海滨采矿业、海水淡化业及海水化学元素提取业等。

2.1.3.3　未来海洋产业

未来海洋产业是指，相对现有海洋产业而言，虽然现在还未形成规模和影响，但具有良好发展前景的海洋生产行业，如深海采矿业、海水直接利用业、海洋能利用业和海洋生物制药业等（中华人民共和国国家质量监督检验检疫总局发布的国家标准《海洋学术语——海洋资源学》送审稿，2004）。

综合分析上述定义，结合本书的研究目标，本书认为，海洋经济是指开发、利用与保护海洋资源与海洋空间的各类海洋产业及相关活动的总和。海洋产业则是指人类开发、利用与保护海洋资源与空间所进行的生产活动。海洋产业及其相关产业活动共同构成了海洋经济。

海洋经济和海洋产业的核心是“涉海性”，而根据涉海性的强弱，不同的海洋产业则构成了不同圈层。对此，国家海洋局发布实施的海洋行业标准《海洋经济统计分类与代码》中已经有详细描述，具体分类如图 2.1 所示。

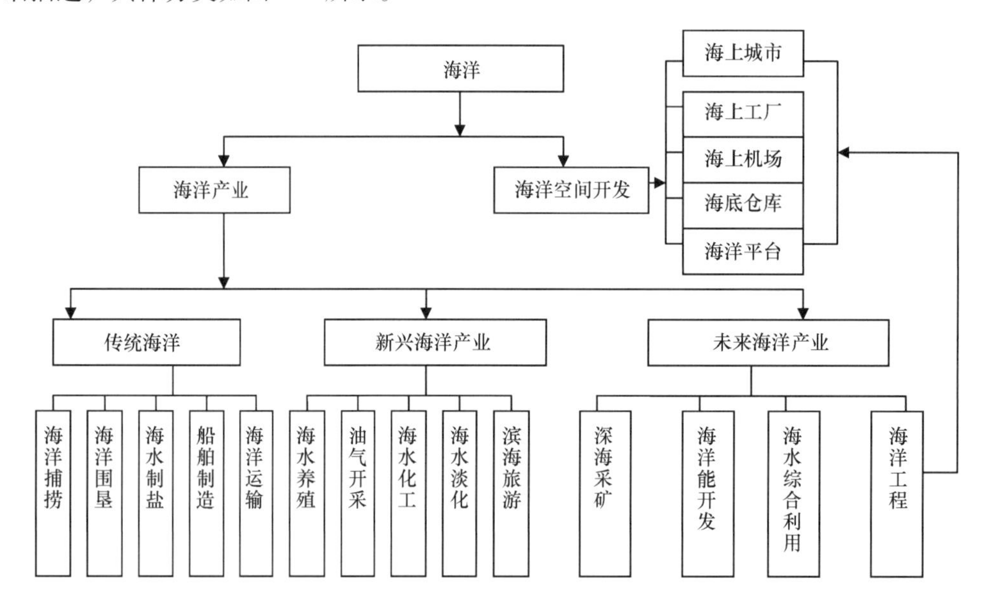

图 2.1　海洋产业结构分类

需要说明的是：① 为了研究中数据的可靠性、同一性与可获得性，海洋经济及其统计应该与现行国民经济统计保持一致。即海洋产业地划分要以《中华人民共和国国民经济行业分类与代码》（GB/4754—94）为依据。要以“一二三”次产业为层次，依据经济活动的同一性进行分类，制定出能够与我国国民经济行业分类相互衔接的海洋产业目录。海洋产业统计分类与指标的规范化可以使我国各地区的海洋经济资料得到统一，从而使地区与地区之间、地区与国家之间乃至地区与国际之间的海洋经济发展具有可比性。② 就概念本身而言，我们对涉海性的理解不能只有狭隘的空间意义。事实上，在国家海洋局对海洋产业的 5 个方面的描述中，各个方面的经济活动无论其所在地是否为沿海地区，均可视为海洋产业。但在海南省海洋经济可持续发展的研究中，由于海南省本身的经济绝大部分集中在沿海地区，因此我们在研究时，将区域研究范围限定在沿海地区，对非沿海地区则不予考虑。故本书研究的空间范围为海口市、三亚、文昌、琼海、万宁、陵水、东方、昌江、乐东、儋州、临高、澄迈及西南中沙所辖全部行政区域及其所辖海域和海岛。

2.2　海洋经济可持续发展的系统构成

海洋经济可持续发展系统（Marine Economic Sustainable Development System——MESDS），是研究海洋经济可持续发展的人类社会系统。从系统科学的角度来看，海洋经济可持续发展系统是一个由海洋资源与生态系统、海洋经济系统和社会系统 3 个子系统通过相互作用而形成的一个复杂开放的巨系统（OBES 系统）。

2.2.1　海洋资源与生态系统

海洋生态系统包括海洋资源子系统和海洋生态子系统。其中，海洋资源子系统是 OBES 复杂系统的物质基础。对于海洋资源的利用，受到人类当前科学技术水平、经济体制及海洋管理水平等因素的影响，会对海洋环境形成污染和冲击，导致海洋生物物种的变化及海洋环境的恶化，恶化的环境反过来会破坏海洋的生态环境，致使海洋资源再生能力减弱；而且经济子系统的消耗也增加了对海洋资源的开采和使用，使海洋资源存量不断减少。因此，实现海洋资源子系统的协调发展及其与其他子系统的协调发展必须考虑海洋资源的承载能力。一方面，应该注重合理利用海洋资源，提高其使用效率，走集约化发展之路，对不可再生的资源优化利用，对可再生能源可持续地利用，实现代际配置均衡，既不仅要考虑满足当代人的需要，而且还要兼顾后代人发展对海洋资源的要求；另一方面可以通过人工培育可再生资源和寻找新的替代非再生资源来增加海洋资源存量。

海洋环境子系统是 OBES 复杂系统的空间支持。海洋经济可持续发展与海洋环境承载力之间存在着冲突与协调两种既矛盾又统一的关系：海洋环境承载力的上升取决于环保投资和环境改造技术水平，一方面，经济发展能从财力和技术上对环保产业给予强有力的支持，两者是协调的；另一方面，经济总量的增长和消费水平的提高势必会增加污染物的排放，导致环境承载力下降，从而危害各种海洋生物存在和发展的空间，对人类生产和生活产生一定的不良影响，造成经济的巨大损失，两者又是矛盾的。因此，环境的保护是实现海洋经济可持续发展的根本保障。

2.2.2　海洋经济系统

海洋经济是 OBES 复杂系统的核心与动力。海洋经济子系统从海洋生态系统中获取资源与空间，成为其再生产的来源；从社会系统中获取资金、技术、人力及其他公共物品成为其再生产的支撑。另外，海洋经济系统的产出物又会回馈到另外两个系统中：海洋经济系统创造的物质和资金为其他子系统的完善提供了物质支持，排放的污染物又会影响海洋生态环境。

2.2.3　社会系统

由于本书是论述海洋经济可持续发展，因此将除海洋生态系统以外的海洋经济发展的环境均列入社会系统中。包括区域陆域经济基础，区域社会发展水平两大方面的内容。海洋经济子系统与其他子系统之间也存在着协调和矛盾的关系：各种非生产性投入（如环保、教育、消费等）会减少生产性投资，从而抑制经济增长，因此，一方面，海洋经济子系统与其他子系统之间存在利益冲突；另一方面，区域海洋经济与陆域经济存在着密切的产业关联，是国民经济的重要组成部分。海洋经济的发展，既依赖于陆域经济基础的支撑与补充，也必然促进整体国民经济的发展，提高人民生活的质量和水平。所以海洋经济子系统与其他子系统之间存在着协调关系。

综上所述，20 世纪 60 年代以来，海洋进入全面开发的新阶段，特别是科技进步，大大提高了人类开发利用海洋的能力，降低了对环境造成的污染，使海洋产业规模日益扩大，产品种类不断增加，海洋经济在国民经济中处于不容忽视的地位。但是海洋资源的浪费和过度开发现象，致使海洋资源短缺日趋严重，生态环境日趋恶化，这些直接或间接扰乱了海洋经济以至国民经济正常的发展秩序。

OBES 的协调性表现在构成系统状态的众多变量或影响系统发展的因素之间通过合作和竞争，使系统最终只受少数慢变量支配，体现出该系统的协同性，正是这种“协同作用”，推动整个系统向着持久、稳定和协调方向发展。在海洋开发中，每个企事业单位或每一海洋产业都在向着它们自己的目标进行活动，它们之间会出现相互制约、相互影响的问题，如开发利用海洋渔业资源可能会挤占海洋运输的航道，但是各部门能把局部利益凌驾于整体利益之上，应该相互支持，实现整体系统的运转，并使整体的行为得到改善和整体利益得到实现。这就要求人们在开发海洋资源时，能自觉地调整自身的需求和价值观，不断改造自身，规范自身的行为，同时运用人类的智慧和能动性，使自然摆脱艰辛而缓慢的自发进化过程。例如，海洋生物工程在海水养殖中的应用，使某些海水养殖品种按照人类的需要生长发育，这就实现了人与自然的协同进化。

海洋经济可持续发展要在利用中注重经济与环境的协调，以经济发展促进环境保护，以环境的改善保障和服务于经济的发展，实行开发与保护并举；同时，环境保护必须考虑海洋资源的持续供给能力，海洋资源的合理利用应促进 OBES 的发展和环境的良性循环。这是处理好经济发展与海洋资源环境社会发展三者之间相互关系的正确途径。

因此，海洋资源环境、社会、海洋经济子系统之间既彼此冲突又相互协调，它们之间的“协同作用”是海洋可持续协调发展的内在因素。根据哈肯提出的协同学原理可知，当外部控制参量达到一定阈值时，海洋资源环境、经济与社会子系统之间通过协同作用和相互效应，可以使系统由无规则混乱状态变为宏观有序状态，实现三者的协调发展。

2.3 海洋经济可持续发展的内涵

几十年以来，可持续发展的概念在实践中不断地被丰富和完善，不同学科也对该概念进行了不同的描述，但在世界范围内取得共识的，是由挪威首相 G. H. 布伦特夫人主持，由世界环境与发展委员会和联合国环境规划署合作研制、于 1987 年向 42 届联大“环境与发展会议”提交的研究报告《我们共同的未来》所提出的定义，该定义阐释如下：“可持续发展是既满足当代人的需要，又不对后代人满足其需要的能力构成危害的发展。”（Sustainable development is development that meets the needs of the present without compromising the ability of future generations to meet their own needs.）这个定义之所以能够成为目前人们的共识，是因为它具有以下显著的优点：① 比较正确而通俗地描述了可持续发展的特征，即不因满足当代人的需要而妨碍满足后代人的需要，也就是要使千秋万代的人能够在地球上生存和发展下去。② 比较明确地提出了可持续发展的要求，即不仅要求代际间的可持续发展，还要求同代人之间的可持续发展，尤其是要注意满足世界上贫困人民的需要。③ 赋予可持续发展以伦理学的意义，把坚持可持续发展提高到实现“社会公正”的原则上来认识。但是，该定义也有明显的缺陷：① 未能反映出实现可持续发展的内在机理及实现可持续发展的阻力；② 未能明确提出可持续发展的核心是保证发展，而发展的目的是满足人的基本需要。

海洋经济可持续发展是可持续发展理念在海洋开发领域的具体体现。目前普遍认为，海洋经济可持续发展，是一种技术上应用得当，海洋资源利用节约，生产集约经营，生态环境不退化，可以实现海洋资源的综合利用、深度开发和循环再生，经济上持续发展和社会普遍接受的海洋开发模式。它不仅包括保护海洋环境、建立海洋生态平衡和资源的合理配置等经济社会、政治层面的因素，而且还含有人的全面发展和人的素质全方位提高的内容。因此海洋经济的可持续发展应该包括 4 个方面的含义：海洋环境与生态系统的可持续性、海洋经济系统的可持续性、社会系统的可持续性及 3 大子系统的相互作用的可持续性，即协调性。本书将围绕这 4 个方面展开对海南省海洋经济可持续发展的论述。

2.3.1　海洋资源与生态系统的可持续性

海洋经济是建立在海洋资源与海洋空间基础上的，海洋生态系统的可持续性是整个海洋经济可持续发展系统的前提与基础。海洋生态系统的可持续性主要表现在两个方面：一是海洋生态过程的可持续性；二是海洋资源利用的可持续性。

这两个方面综合起来反映的是人类对海洋的利用，按照既要海洋生态系统提供产品和服务，又不损害长期的、持续的生物多样性和生态系统完整性的方式利用资源。

海洋生态过程的可持续性主要表现为海洋生态系统的完整性。海洋生态系统的完整性可以从结构、功能、人类价值观及自组织系统 4 个视角来考察。从结构的视角来看，海洋生态系统的完整性强调生态系统的“全部”，包括物种、景观元素和过程。结构视角上的海洋生态系统的完整性强调维持完整的生物群落，因此生物多样性成为其重要衡量指标；从功能的视角考察完整性，注重生态系统的整体特性。海洋生态系统是不断演化、进化的，环境的演变、物种的消亡和新生是海洋生态系统固有的属性。一些物种的消亡，如果有另一些物种来代替，而并不影响海洋生态系统的功能，那么就不影响海洋生态系统的完整性，真正完整性的破坏是指物种丰富性的丢失和结构复杂性的破坏，削弱了海洋生态系统应对较长时间尺度的灾变的能力；从人类价值观的视角来看，海洋生态系统的完整性强调了两个方面：一是海洋生态系统的变化是否由人类引起；二是这种变化是否为人类社会所接受，也就是对人类社会是否有利。从自组织系统的视角来看，海洋生态系统作为自组织耗散结构，通过减熵达到稳态。当环境发生变化时，系统会有以下几种响应：① 生态系统继续维持当前的最佳运转点；② 生态系统按照它最初的耗散结构在一个不同的水平上运转（例如，物种数量的增加或减少）；③ 生态系统中出现一个新的结构取代或增大现有的结构（如，在食物链中出现新的物种或路径）；④ 出现一个新的由完全不同的结构组成的耗散系统。科学家们认为，以上任何一种情况都不能认为是系统保持或具有了完整性。

综上所述，海洋生态系统的完整性应包含以下内容：① 在一定时期内的系统稳态。即在一定的时间范围内，海洋生态系统处于相对稳定的状态，能够保持物种多样性，生态系统的功能稳定；② 在受到外界干扰（包括人类活动的影响）时，海洋生态系统在演化中能够维持功能的稳定，或维持原有耗散结构不变或能以新的耗散结构替代原有结构；③ 海洋生态系统的演变能够被人类接受，即符合人类的利益。

海洋资源利用的可持续性，体现了人类可持续发展的另外一个本质特征，即对资源利用的公平性。海洋资源利用的可持续性是海洋经济可持续发展的物质基础。人口及人类欲望的不断增长，与有限的资源之间形成了永恒的矛盾。为了人类的持续生存，对资源的可持续利用，实现代际公平成为人类的共识。对海洋资源的利用，必须在保证海洋生态系统完整性的前提之下，正确解决资源质量、可利用量及潜在影响之间的关系，在利用资源的同时要保护资源种群多样性、资源遗传基因的多样性，加强对资源的深度与集约利用，提高资源的利用效率，减少资源浪费。

2.3.2 海洋经济系统的可持续性

可持续发展应以人为本，这是可持续发展的核心内涵。在海洋经济可持续发展的大系统中，海洋经济的可持续性是整个系统可持续发展的核心与动力。没有海洋经济的可持续，海洋生态的可持续便失去了意义，社会的可持续发展便失去了动力和物质基础。海洋经济的可持续性，主要体现在3个方面：一是海洋产业发展的可持续性；二是海洋经济系统与海洋资源生态系统的协调性；三是海洋经济系统与社会发展的可持续性。后两者我们将在海洋经济与海洋生态、社会3个子系统的相互作用协调性中进行阐述。因此在海洋经济系统可持续性上，我们侧重于谈海洋产业发展的可持续性。

海洋产业发展的可持续性，主要体现在时间和空间两个方面。

从时间上来看，海洋产业发展的可持续性主要体现在海洋产业结构的演化上。海洋产业结构的演化过程大致分为以下4个阶段：第一阶段是起步阶段，即传统海洋产业发展阶段。这一阶段的海洋产业结构表现出明显的“一、三、二”的排列顺序；第二阶段是海洋第三、第一产业交替演化阶段，在这一阶段，海洋产业结构也相应地由“一、三、二”型转变为“三、一、二”型；第三阶段是海洋第二产业大发展阶段。海洋产业结构在这一阶段进入“二、三、一”型；第四阶段是海洋产业发展的高级化阶段，也可称之为海洋经济的“服务化”阶段。在这一阶段，海洋产业结构演变为“三、二、一”顺序排列结构类型。在海洋产业结构演进的过程中，科学技术在对海洋资源利用过程中的作用越来越重要，人类对海洋资源利用的效率越来越高，对海洋生态系统的干扰越来越可控，整个海洋经济可持续发展水平也越来越高。

因此海洋产业结构的顺利演进与否，是一个区域海洋经济系统是否健康发展的关键标志，是海洋经济可持续性的重要表现。没有产业结构的不断优化与提升，就没有海洋经济总量的持续增长，就不能实现对海洋资源的集约利用，也就不能实现沿海区域社会发展水平的提高。

从空间上来看，海洋产业发展的可持续性主要体现在区域海洋产业的合理布局与协调发展上。任何产业都不能脱离具体的空间区域而存在，在目前中国以政府为主导的区域经济发展模式下，选择合适的区域进行海洋产业的布局，是发展海洋经济的重要课题。社会分工与比较优势理论指出，区域根据其各自的产业发展比较优势进行分工与协作，能够促进各个区域实现对资源的最优利用与最大产出，并促进区域的共同发展。因此，对于海洋经济可持续发展来说，只考虑其时间上的演化是不够的，海洋产业的空间布局的合理与否，影响到海洋产业的健康发展，进而影响到海洋产业的演进过程及对海洋资源的利用程度与经济效益。

2.3.3 社会系统的可持续性

社会系统的可持续性既是海洋经济可持续发展的基础，又是海洋经济可持续发展的目的。社会是人的社会，社会的发展归根结底表现为人的全面发展，即人类的正当需要能够得到充分满足，人能够实现自我的发展。对我国社会主义社会来说，就是人民不断增长的物质文化和精神文化需求能够得到满足，人人都能充分实现自我发展，实现社会公平等。具体可通过一系列的指标予以体现：如出生时的预期寿命、人均受教育年限、基尼系数（Gini）等。因此社会系统的可持续性关键是人的问题。

要实现社会的可持续发展，首先是人口数量的控制。但对于如海南省这样的省域来说，并没有人口政策的制定权力，也无法阻止外来人口的流入，除了严格执行计划生育政策之外，只能在市场机制的调节下，加强人口管理，以保证经济社会发展的良好秩序。

其次是提高人口素质。为了实现社会的良好发展，必须加强文化教育、医疗卫生、社会保障等公共服务，以提高人们的生活水平，提高人口素质。

最后是人口发展的公平性。这种公平性包括社会成员的人身平等、地位平等、权利平等、机会均等（如受教育的机会、发展的机会等）、分配公平等。目前我国仍处于社会主义初级阶段，改革开放的过程是我国不断摸索建立社会主义市场经济体制的过程，再加上我国人口多，人均资源少，在发展的过程上难免会出现诸多不公平的问题。当前，人们反映最为强烈的不公平现象主要表现在收入分配方面。现有的研究结果显示，改革前夕（1978 年）全国基尼系数约为 0.30，1988 年上升为 0.38，1995 年进一步上升为 0.45。1995 年以来，收入差距还在继续扩大。根据国际惯例，基尼系数在 0.3 左右收入差距较为适中，或者说收入分配较为公平，Gini 系数高于 0.4 则表明收入差距较大，收入分配较为不公。Gini 系数 0.45 是一个警戒线。就是说，如果一个社会的基尼系数超过了 0.45，那么这个社会的收入差距已经过大，贫富分化现象严重。根据最近两年的调查数据，我国的 Gini 系数已超过了 0.45，贫富之间显现出两极分化的趋势。这是当前社会不公平现象的一个最主要的表现，也是导致社会不安定的一个最重要的因素。

除了收入分配不公平以外，另外两项资源的分配不公平也引发了社会公众的不满情绪，这就是教育不公平和医疗服务不公平。当前我国社会的教育资源的分配的确存在着一些不公平之处，比如，城市居民，尤其是大城市的居民，享有的教育资源（如，教育经费、教学条件和师资等）和教育机会明显多于农村居民；再比如，各地大学数量的不同和高考招生的名额限制，使不同地区的人上大学的机会不等。另外，近年来教育收费的快速上涨，使一些贫困家庭的子女不得不放弃继续求学的机会。从而，教育机会的分配也出现了贫富、城乡、地区之间的不平等，这一问题也引发了人们的不公平感。

医疗服务作为一种重要的公共资源，是影响人们的生存状况和生活质量的重要因素。因此，医疗服务资源的分配形态也是衡量社会公平状况的一个重要指标。目前，医疗服务资源的分配存在着明显的城乡差异和地区差异，医疗资源集中于大城市，而边远农村地区医疗资源则十分匮乏。大城市居民易于获得较好的医疗服务，而广大的农村地区普遍存在着看病难的现象。近年来，由于医疗服务保障的城乡差异，我国大城市的人均寿命比农村高了 12 年，贫困地区儿童死亡率为大城市的 9 倍。更为严重的是，医药费用的连年上涨，医疗基本保障覆盖面窄，使得低收入人群和一些困难群众无力就医，还有一些家庭因病致贫。这方面的不公平现象还在继续发展。

社会的不公平现象加剧，社会发展的可持续性难以维持，最终会造成种种社会问题，从而抵消经济发展的成果，阻碍经济的发展，严重的可能将经济发展带来的成果完全摧毁，从而使经济发展不能持续。因此，社会公平是当前我国各区域经济可持续发展必须重视和亟须解决的问题。

第3章　海南省海洋经济可持续发展的海洋资源与生态环境基础分析

3.1　海南省海洋资源的分类

海南省是全国最大的海洋省份，海洋资源十分丰富，为了研究方便，需要从资源经济利用层面结合海南海洋资源的现状对海洋资源进行分类，具体分类方法见表3.1。

表3.1　海洋资源分类

资源类别		包含对象	发展目标
海洋自然资源	生物资源	海洋动物资源	发展海洋自然生态鱼类捕捞； 海洋养殖鱼类，贝类等
		海洋植物资源	种植红树林，养殖海带紫菜等
	矿物资源	石油天然气	开采天然气
		滨海砂矿	开采滨海砂矿
	化学资源	淡水	为沿海城市提供生活、工作用水
		常量元素	提取食盐、镁、钾等元素
		微量元素	提取铀、碘
海洋能资源		潮汐能、波浪能、温差能、盐度差能	建立发电站和发电装置，把各种海洋能转变为电能
海洋空间资源		交通运输	海上运输 海港码头 海上机场等
		文化娱乐设施空间	海上公园 海上运动 海上旅游等
		生产空间	海上电站 工业人工岛，围海造地
		通信和电力空间	电信中转站 海底电缆等
		储备空间	海底仓库 海上油库等

3.2　海南省海洋资源概况

海南省海域总面积约200×10^4 km^2，占全国海域面积的2/3，是全国最大的海洋省份。其中，环海南岛海域使用管理面积约2×10^4 km^2，与相关的陆域形成一个环岛“蓝宝石”海洋经济圈；可以利用的大陆架浅海83×10^4 km^2；南沙海域73×10^4 km^2。据不完全统计，全省共有岛、洲、礁、沙和滩600多个；海岸线长度1 882.8 km。海南省海洋生物多样性丰富，分布有珊瑚礁、海草床、红树林、滨海湿地、海岛等多种类型的海洋生态系统，海洋资源环境为海洋经济的可持续发展奠定了良好的基础。

至2010年11月1日，海南省人口为867.151 8万人，人均海洋国土面积为0.23 km^2，远远高出全国 0.002 7 km^2 的人均水平，也高于世界沿海国家 0.026 km^2 的水平。在全国沿海省市中排名第一，因此海南省是名副其实的海洋省。

如此辽阔的海域面积，蕴藏着极为丰富的海洋资源，成为海南省海洋经济开发得天独厚的资源基础。

3.2.1 海洋渔业资源

南海地处热带，海水温度高，且大陆架广阔，岛礁众多，又有众多河流带来丰富的有机质和营养成分，十分有利于海洋生物的繁殖，水产资源十分丰富。海洋浮游植物种类有 280 多种，光硅藻就有 155 种，浮游动物近 600 种，鱼类上千种，其中，有经济价值的达 200 余种，著名的有马鲛鱼、鲳鱼、红鲷鱼、石斑鱼、蓝圈、带鱼、宝刀鱼、鱿鱼、墨鱼、虾、蟹、贝、藻、海参、海龟、玳瑁等。主要渔场有昌化、清澜、三亚、西沙、中沙、南沙等处。此外，海南岛四周，浅海、滩涂面积广大，港湾多，发展人工海水养殖业具有广阔的前景，全省海岸带面积 70×10^4 hm^2，可发展养殖海岸带 40×10^4 hm^2。

总体来看，目前南海北部近海区资源利用已比较充分，但外海区资源属中等利用程度，尚有一定的开发潜力，在南海南部海域渔业资源发展潜力较大。从本土特色优势看，海南省具有海水宜养品种多，生长期长，养殖种类生长快，养殖周期短等得天独厚的优势。目前海水宜养面积多达 9×10^4 km^2，但利用程度未达 10%，养殖挖掘潜力可观。

3.2.2 海洋旅游资源

海南省拥有 1 822.8 km 的海岸线，其中，海南岛岸线就有 1 617.8 km。在这漫长的热带海岸带上，分布着各具特色的沙滩、岬角、珊瑚礁及红树林。到处阳光明媚、海水湛蓝、沙滩洁白、空气清新，还有多姿的椰林、优雅的海鸟，集中了国际旅游者喜爱的阳光、海水、沙滩、绿色、空气这 5 大元素。此类特色景点有如亚龙湾、大东海、三亚湾、天涯海角、光村银滩、石梅湾、海口西海岸带状公园、铜鼓岭月亮湾、东郊椰林、桂林洋、小洞天、临高角、高隆湾、日月湾、牛岭、博鳌港、大洲岛、西瑁洲、吴支洲、西沙群岛等。

珊瑚礁是海南省热带海岸的一大特色，离岸浅海，珊瑚广布，有的像树枝，有的像鹿角，有的像蒲扇，有的像菊花，形态各异，色彩斑斓，加上各色小鱼穿梭其间，景致更是幽雅独特，宛如传说中的“水晶宫”，这都是潜水旅游的好去处。此类景点，最美的要数三亚市南面浅海区和西沙群岛周围浅海区。

在海南岛沿岸，还有一种景色独特的红树林景观。这些成片的海岸青纱帐，少则几千平方米，多则几十平方千米，树高林密，气根纵横，随着潮涨潮落，有时没在水中，有时露出水面。这里不但林相奇特，又有各种鱼、虾、蟹、蚌，还有众多的水鸟、天鹅、白鹤，这些红树林既是海岸的天然卫士，又自成一个生态系统，是科学研究的理想场所。琼山市的东寨港、文昌市的清澜港都有大面积的红树林分布，这里都已开发成为省内重要的观光考察旅游区。

全省可供开发的风景名胜资源多达 241 处，现已开发 123 处，其中，83 处分布在海岸带范围，占已开发景点的 67.5%，尚有 49% 的旅游资源仍未利用，发展潜力巨大。

3.2.3 海洋港口资源

海南省海岸线绵长、曲折，拥有环本岛港湾84个，可开发的68个；洋浦、海口、清澜、新村、三亚和八所等港湾面积较大、海水较深、腹地较为广阔，适合建设港口。据沿海社会经济情况统计调查登记结果显示，海南省尚有40多处具有建港的优良自然环境条件，其中，20多个港湾可辟为大、中型港口。

3.2.4 海洋盐业资源

全国范围内，海南省被称为最为理想的天然盐场。因为海南岛沿岸太阳辐射强，气温高，蒸发量大，海水盐度高，且海湾滩涂多，2006年海南省人均占有滩涂63 m^2，浅海280 m^2，地势平坦，晒盐条件优越。现有不少盐场分布在海南岛周围，莺歌海盐场、东方盐场和榆亚盐场为海南3大盐场。其中，莺歌海盐场是我国第二大盐场。

3.2.5 海洋油气资源

海南省的油气资源丰富，集中连片，质量好。据预测，海南省管辖海域有油气沉积盆地39个，其总面积约64.88×10^4 km^2，蕴藏的石油地质潜量约328（折经济资源潜量152）$\times10^8$ t、天然气地质潜量约11.7×10^{12} m^3（折经济资源潜量4.2×10^{12} m^3）、天然气水合物地质潜量643.5×10^8 ~ 772.2×10^8 t（油当量），故有“第二海湾”之称。光海南近海就分布着3个新生代沉积盆地，北部湾、莺歌海和琼东南盆地，面积达12×10^4 km^2。截至2006年，全省已探明的石油地质储量达6 895.83 $\times10^4$ t，可采储量2 400.28 $\times10^4$ t；天然气储量2 735.78 $\times10^8$ m^3，可采储量1 913.99 $\times10^8$ m^3。

3.2.6 滨海矿产资源

海南省是我国滨海砂矿资源储量最丰富的地区之一。在海岸带已查明的固体矿产有钛矿、锆英石、独居石、玻璃石英砂、铁、褐煤、油页岩、铅、锌、锰、磷、沸石、膨润土、水泥碳岩等80多种，资源储量65×10^8 t。已探明的矿产地47处，其中，钛铁砂矿、锆英石和石英砂矿的探明储量居全国首位。钛铁矿储量为971.58 $\times10^4$ t，占全国储量的52%，其中，海岸带钛铁产地有21处，储量占全省的78.4%。锆英石储量144.95 $\times10^4$ t，占全国储量的67%；海岸带有25处锆英石矿床，占全省储量的89.4%。总之，海南滨海砂矿资源丰富，品位较高；滨海砂矿的采、选、冶和加工工业的前景十分诱人。

3.2.7 海洋药物资源

海洋药物是当今世界药物研发的热点。在最近10年中，已有近5 000种新的海洋天然产物被发现，有的海洋药物的研究和应用开发已经取得了丰硕的成果，有些海洋药物如藻酸双酯钠（PSS）已在临床上得到了广泛的应用。海南省是海洋大省，有着超过200×10^4 km^2的海域，蕴藏着丰富的药用资源。

3.2.8 其他海洋资源

珊瑚礁和红树林分布广泛，生态系统结构复杂；海洋水文条件良好，海底地貌类型多样，有我国其他海区无法替代的优越生态环境优势。此外丰富的滨海农业资源和风力资源也为海南省的海洋经济发展提供了良好的物质基础。

综上所述，从资源条件来看，海南省拥有着其他任何一个沿海地区都无法比拟的自然海洋资源条件，无论是从资源的绝对数量，还是从人均拥有量，均具有极大的优势。

根据国家海洋局海洋发展战略研究所发布的“2005 年沿海地区海洋经济可持续发展能力评价”，海南省的“海洋资源供给能力”以绝对优势居各沿海地区中的第一位。

第4章　海南省海洋经济可持续发展的社会经济基础分析

4.1　海南省经济发展现状

社会经济的发展为海洋经济提供了人才、资金、物质、公共设施、管理水平等要素，因此海洋经济的发展水平是建立在沿海地区整体经济发展水平的基础之上的。

原有的经济基础及经济的内生增长能力是一个区域经济发展中的主体因素。建省之前，海南经济发展极为缓慢。自建省之后，经济发展迅速，海南省的面貌发生了翻天覆地的变化。经济总体实力主要从以下几个方面得到体现。

4.1.1　经济总量

党的“十六大”以来，海南省经济发展步入平稳快速发展时期，自2003年进入两位数增长的平台以来继续保持加快增长态势。2012年全省GDP达到2 855.26亿元，比上年增长9.1%，从2002至2012十年间年均增长34.4%，为建省以来发展最快的时期。人均生产总值由突破了5 000美元大关。继2010年超3 000美元，2011年超4 000美元后，又上新台阶，标志着海南省经济发展进入了一个新阶段。(如图4.1、图4.2)。

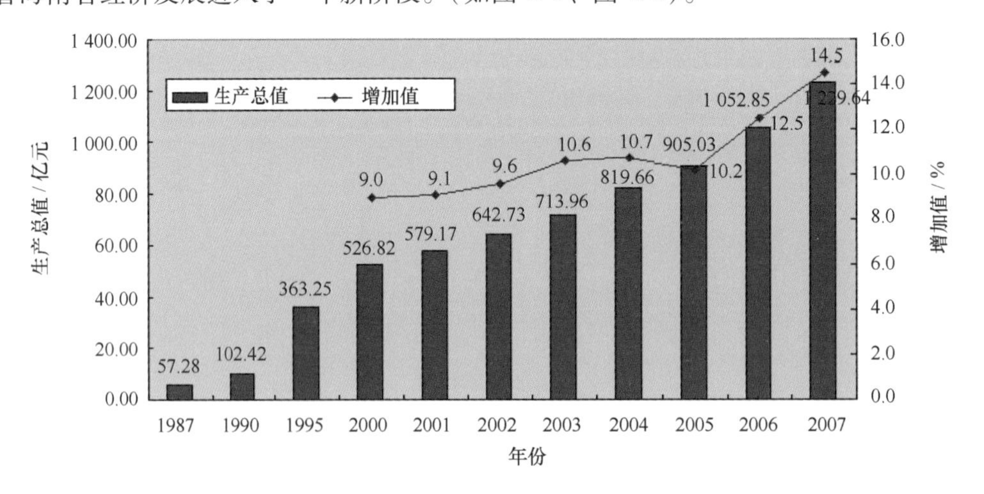

图4.1　1987—2007年海南省生产总值变化

资料来源：《2009年海南省统计年鉴》

4.1.2　投资能力

在区域经济发展的初期，区域经济发展速度主要取决于投资的能力。

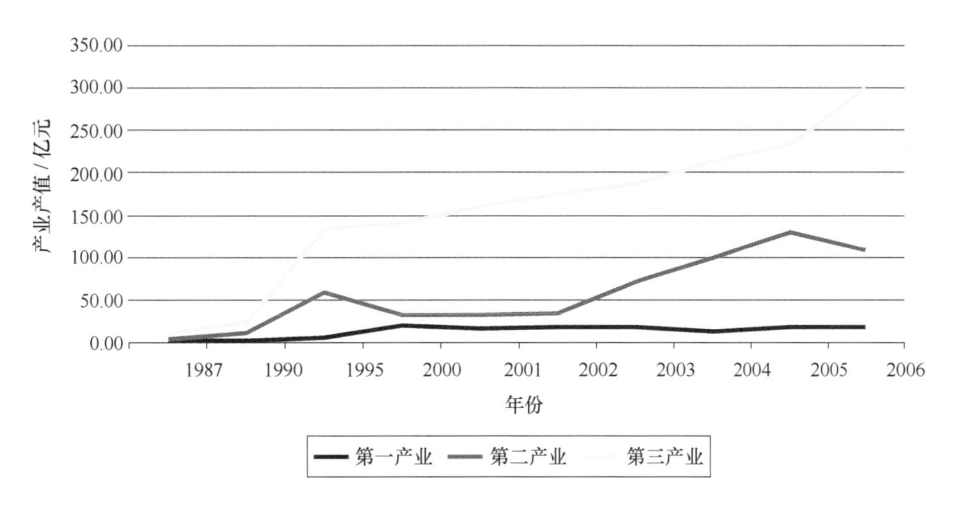

图 4.2　1987—2006 年海南省三次产业产值变化

资料来源：《2009 年海南省统计年鉴》

1）投资总额不断增长

新中国成立初期，海南经济基础薄弱，投资发展能力不足，1952 年投资总额仅 1 674 万元，“一五”时期（1953—1957 年），全部总投资只有 3.04 亿元。此后，在国家的支持下，海南在交通、电力、水利、橡胶等方面不断加强投资力度，投资有了较快发展，到改革开放的“五五”时期（1976—1980 年），投资发展到 15.27 亿元。从 1952 年至 1980 年的 28 年间，海南全社会固定资产投资累计完成 43.62 亿元。改革开放特别是建省办经济特区，为海南省的各项建设注入了极大的活力。随着社会经济结构调整的不断深入和“一省两地”发展战略的实施，各项建设扎实推进，固定资产投资项目不断增加，投资规模持续扩大，到“十五”时期，全省投资总额达到 141.33 亿元，是“一五”时期投资额的 45.5 倍。从 2003 年起，省委省政府实施“大企业进入、大项目带动”的发展战略，在基础产业投资大量增加的同时，交通、通信、能源、环保、水利等基础设施建设也得到加强，一大批重点工程项目开工建设，使海南省固定资产投资进入了快速发展的轨道，投资总量连续上了几个台阶，2004 年全省投资总量突破 300 亿元，2006 年突破 400 亿元，2007 年突破 500 亿元，2008 年突破 700 亿元，达 709.01 亿元。2009 年突破 1 000 亿，2012 年更是突破了 2 000 亿大关，从 1952 年至 2012 年，海南省全社会固定资产投资累计完成11 010.21亿元，其中，2003 年至 2012 年累计投资达 8 716.08 亿元，占新中国成立 60 年以来累计投资总额的 79.6%。见图 4.3。通过投资，巩固了农业的基础地位，推进了新型工业省建设，发展了现代服务业，促进了全省社会经济的全面发展，海南省经济总量和综合实力显著增强。

2）投资结构进一步优化

投资的产业结构不断优化。长期以来，海南作为国防前线，国家对海南的投资主要集中在国防建设和橡胶、铁矿、制糖、原木、盐业等原料生产上。改革开放后，特别是建省以来，投资领域逐步扩大，加强了农业、工业和城市基础设施的投资力度，全省三次产业投资有了不同程度的增长，1988—2012 年，全省全社会固定资产投资累计完成 10 885.7 亿元，其中，第一产业累计投资 278.89 亿元，年均增长 12.7%；第二产业累计投资 1 061.96 亿元，年均增长 18.6%；第三产业累计投资 3 523.13 亿元，年均增长 26.3%。三次产业投资有效地促进了产业结构的调整和升级，三次产业比例从 1987 年的 50.0∶19.0∶31.0 调整为 2008 年的 30.0∶29.8∶40.2，产业结构不断优化。

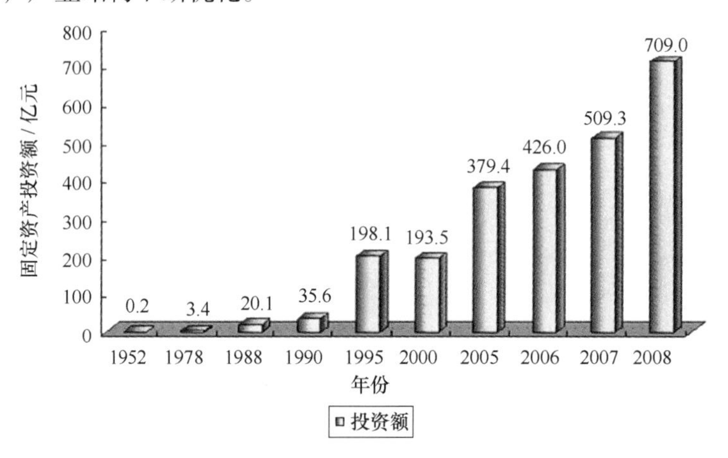

图 4.3　1952—2008 年海南省主要年份固定资产投资额

数据来源：《2009 年海南省统计年鉴》

投资主体实现多元化。改革开放前，全民所有制单位（相当于现在的国有单位）是海南固定资产投资的主体，1987 年全民所有制单位投资占总投资的 71.5%。改革开放以来，随着投资管理体制的不断改革，投资主体逐步呈现多元化，形成国有、集体、股份、外商、私营、个体等多种经济成分投资的多元化格局，特别是非国有经济成分投资十分活跃，投资比重不断上升，并逐步占据主导地位。2008 年国有经济单位完成投资 277.22 亿元，占总投资的比重下降到 39.1%，比 1987 年回落 32.4 个百分点，非国有经济单位完成投资 431.79 亿元，占总投资的 60.9%，比重相应提高 32.4 个百分点。

从上述可知，自 1987 年以来，海南省固定资产投资逐年增长，且主要集中于第二产业和第三产业，加强了第二产业和第三产业的发展能力。尤其是第三产业，从图 4.4 中可以看出，第三产业的固定资产投资无论从总量还是增长幅度，均高于第一、第二产业。这与海南省第三产业相对发达的现状是吻合的。此外，2002 年以来，海南省经济自主增长的能力不断增强，主要表现在：第一，企业自主投资主导整个投资大势。2006 年全部固定资产投资，国家投资和债券仅占 7.3%，而国内贷款、自筹资金、利用外资及其他资金占 92.7%；第二，企

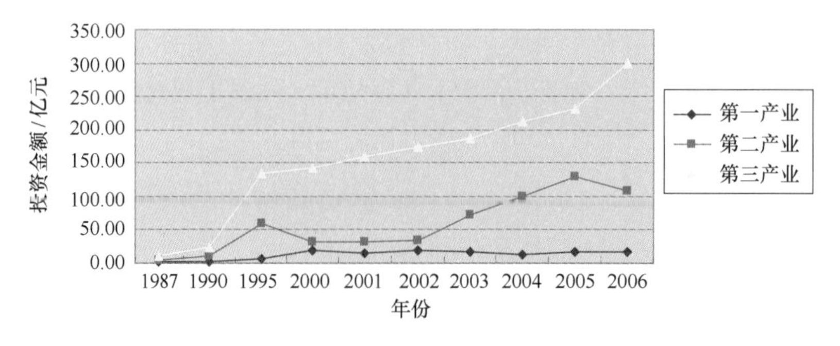

图 4.4　1987—2006 年海南省三次产业固定资产投资变化

数据来源：海南省统计局《2008 年沿海地区社会调查》

业经济效益明显提高。2006 年，列入财务统计的 420 家独立核算工业企业统计，工业利润总额 60 亿元，比 2002 年增长 3 倍。第三，地方财政收入快速增长，2006 年地方财政收入比 2002 年增长 99.2%。

4.1.3　消费水平

目前海南省的消费需求变化并非只是收入增长下的简单规模扩张，而是消费结构的明显升级。根据发达国家的经验，人均 GDP 达 1 000 美元后，居民消费将由实物消费为主，走向实物与服务消费并重的阶段，向着发展型、享受型升级。自 2003 年海南省人均 GDP 超过 1 000美元之后，消费需求呈现持续较快增长，居民消费亮点闪动。"汽车进家庭"已经明显启动，住房持续旺销，居民用在教育、文化、卫生、通信等方面的支出也明显增加。在消费结构升级的推动下，海南省正在步入一个收入需求弹性高涨的阶段，拉动经济持续加快增长。

但同时也要看到，虽然海南省居民消费水平比以前有了很大增长，但与国内其他地区相比，省内消费能力仍然相对较低，2007 年，海南省城镇居民人均可支配收入为 10 997 元，而同期全国平均水平为 13 786 元。市场的相对狭小，制约了经济的快速发展。海南省经济要发展，还必须将目光放到省外市场（图 4.5、图 4.6）。

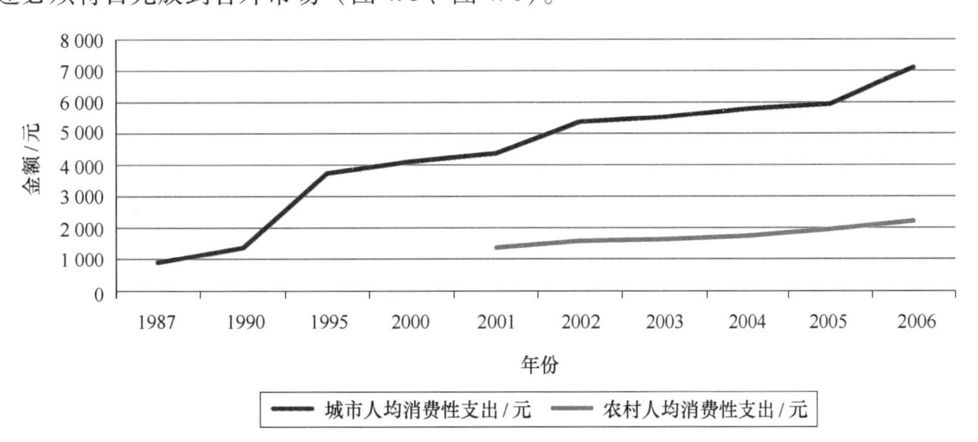

图 4.5　1987—2006 年海南省城乡居民消费水平变化

数据来源：《2009 年海南省统计年鉴》

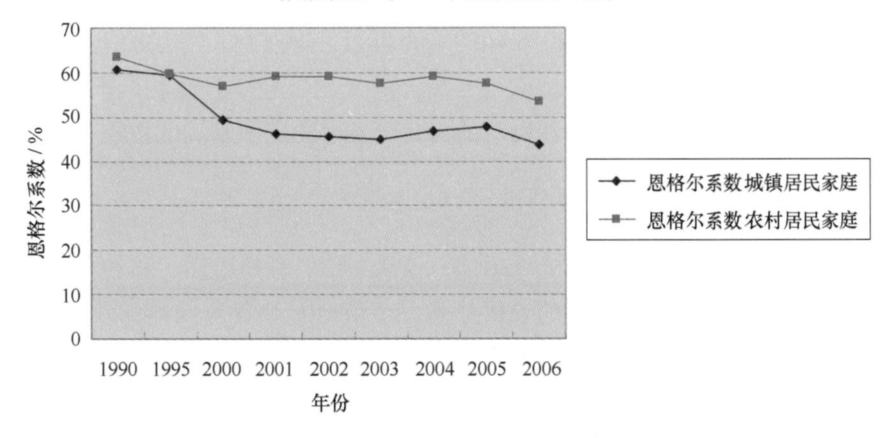

图 4.6　1990—2006 年海南省城乡恩格尔系数变化

数据来源：《2009 年海南省统计年鉴》

4.1.4 城市化进程

海南省城市化进程不断加快，城市化水平由2002年的42.5%提高到2006年的46.2%。当前海南省城市建设处于加速推进的阶段，伴随着城市化进程加快，所带来的交通、通信和城市公用事业大量增加，以及由此还必然带来的电、油、运、钢铁、有色金属、建筑材料和塑料化工等相关产业链的发展，将为经济持续增长提供动力。

4.2 海南省基础设施发展现状

区域经济发展的空间过程一个最重要的标志就是生产要素的空间流动。作为空间状态是生产要素流动所形成的经济集聚核心和经济扩散点。在这一过程中，区域内的交易成本成为阻碍经济集聚与扩散的关键。区域内的交易成本表现在技术层面和制度层面，而其中的技术层面表现在区域内实现交易的技术性要素，如道路基础设施、通信基础设施等。近些年来，海南省所实施的“大企业进入，大项目带动”发展战略，也带动了海南省基础设施的不断完善。2003—2006年累计完成固定资产投资1 407.06亿元。通过大力加强基础设施的建设，水利、电力、交通、通信等基础设施建设都取得了可喜进展，“基础瓶颈”问题基本得到消除，为海南省的大开发、省内区域经济一体化发展及与内地经济连接创造了条件。

4.2.1 交通系统发展

交通对于作为岛屿的海南省来说，其重要性远高于其对大陆区域的作用。曾经的海南，仅靠有限的海运与轮渡与大陆进行着物资与人员交流，经济发展十分封闭，因此经济发展长年停滞不前。建省以来，海南省大力加强交通运输网络建设，目前海南省已经形成了海运、空运、铁路、公路相互衔接、互相补充的立体交叉的交通运输网络。粤海铁路通道、东线高铁、西环铁路相继开通。西线高铁即将动工，估计到2012年将联通成环岛高铁线。届时，全省任意一地的交通距离都将控制在两小时之内。港口建设成效显著，万吨级深水泊位由2002年的10个增至2010年的33个，港口吞吐能力大大增强。航空事业快速发展，通往外地民用航空航线由2002年的291条增加到2010年的638条。由于航空、海运的迅速发展及粤海铁与省内高铁的贯通，海南省内的交通运输、与岛外的交通已经非常便利，不再是从前孤悬海外的境况。交通的发展，为海南省海洋经济的可持续发展奠定了坚实的物质基础。

4.2.2 通信系统发展

目前全省已形成包括数字微波、光纤通信、卫星通信、程控电话、移动电话、无线寻呼、分级交换等现代通信技术手段的完整的通信体系。全省电子政务专网和党政网投入运行，电子商务得到广泛运用，“数字海南”框架基本建立。

4.3 海南省管理制度现状

中国传统的计划经济体制是政府直接主导经济。改革开放之后，我国实行市场经济体制，对资源的配置与流动由市场和企业来主导。但是改革的过程也使地方政府的权力不断得到扩张，地方政府在直接配置资源的能力不断减弱的背景下，间接配置资源的能力不断得到加强，从而阻碍了市场及企业在区域经济发展及区域分工中作用的发挥。

海南省作为一个年轻的省份，没有繁重的历史及习惯包袱，一开始就将政府的职能定位在“小政府，大社会”，将公共服务型政府作为目标，力求精兵简政，市场自主。

4.4 海南省社会发展现状

4.4.1 社会人口发展与现状

人口是经济可持续发展中的重要制约因素。对海洋经济可持续发展来说，人是海洋开发活动的主体，具有二重性，他既是海洋物质财富的生产者又是生产物质的消费者。消费分为生活消费和生产消费两类，而生产消费本身就是生产过程。海洋物质财富的生产过程会产生3种结果：① 一定量的可供人们享用的物质财富，例如，海产品、海洋油气等。② 一定量的海洋资源的消耗。③ 一定量的废弃污染物。第一个结果有利于海洋的可持续发展，因为它可以支持人的生存和发展，而后两个结果则不利于海洋经济的可持续发展。需要多少海洋生产活动提供的物质财富才可以支持人的生存和发展，以及将生产控制到何种程度，才可以相应减少海洋资源的消耗和污染物的产生，这些都取决于人口的数量。人口多，生活消费就多，为满足消费就必须生产较多的海洋物质财富，因而消耗的海洋资源必然增多，排放的污染物也必然增多；人口少，就会出现相反的结果。所以，人口的多少是影响海洋可持续发展的基本因素。除了人口数量以外，还有人口结构，包括性别、年龄、地区等构成状况，以及人的素质，包括体质、教育程度、专业技术、思想观念和精神状态等也会影响海洋的可持续发展。

4.4.1.1 人口的增长

在东部和相邻的中部省份中，海南省的人口密度最低，人均资源拥有量较高，经济发展的人口压力较小。但海南省人口的自然增长率一直居高不下，使得未来海南省人口发展前景不容乐观。自20世纪80年代至2000年，海南省的人口增长呈显著下降趋势；从2000年开始，人口自然增长率便比较稳定；从2000年到2006年，人口自然增长率缓慢下降；但自2007年开始，人口自然增长率又开始略有回升，且自然增长率仍然很高。在多年的计划生育政策作用之下，全国人口自然增长率已经大大下降，2009年降到了5.02‰。但海南省的人口自然增长率同年仍高达8.96‰，仅低于西藏、新疆与宁夏这3个少数民族自治区，居全国第四位。未来经济发展中的人口压力不容忽视（见图4.7）。

4.4.1.2 人口的构成

从人口的性别构成来看，根据2010年第六次全国人口普查的数据，海南省男女比例为52.59:47.41。总人口性别比（以女性为100，男性对女性的比例）由2000年第五次人口普查的112.54下降为110.90，但仍高于全国105.20的性别比，男女比例失调依然严重。

从人口的年龄构成来看，2010年，全省总人口中，0~14岁的人口为1 734 663人，占总人口的20.00%；15~64岁的人口为6 260 847人，占总人口的72.20%；65岁及以上的人口

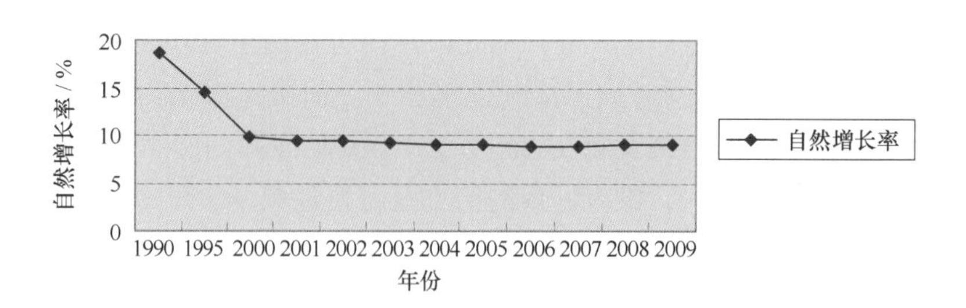

图 4.7　1990—2009 年海南省人口自然增长率变化

数据来源：《2010 年海南省统计年鉴》

为 676 008 人，占总人口的 7.80%。同 2000 年第五次人口普查相比，0～14 岁人口的比重下降了 7.43 个百分点，15～64 岁人口的比重上升了 6.37 个百分点，65 岁及以上人口的比重上升了 1.06 个百分点，低于全国 1.91 个百分点的比例。按照国际通用的人口老龄化标准（一个国家 60 岁及以上老年人口达到总人口数的 10% 或者 65 岁及以上老年人口达到人口总数的 7% 以上），海南省与全国一样，已经进入老龄化社会。但由于海南省人口的高自然增长率，使其老龄化速度低于全国。

从人口的学历构成来看，同 2000 年第五次人口普查相比，2010 年每 10 万人中具有大学程度的由 3 180 人上升为 7 768 人；具有高中程度的由 12 512 人上升为 14 666 人；具有初中程度的由 32 485 人上升为 41 741 人；具有小学程度的由 34 378 人下降为 22 736 人。全省总人口中，文盲人口（15 岁及以上不识字的人）为 354 189 人，同 2000 年第五次人口普查相比减少 200 556 人，文盲率由 7.05% 下降为 4.08%，下降了 2.97 个百分点。

从人口的职业构成来看，由于海南省的工业不发达，且发展速度缓慢，工业对人口就业的吸纳能力有限，大部分的人口都集中在第一产业，其次是第三产业，建省以来，人口在产业间的流动主要是从第一产业向第三产业流动。与人口在产业间的分布一致，海南省人口的城镇化水平也比较低。如图 4.8 所示。

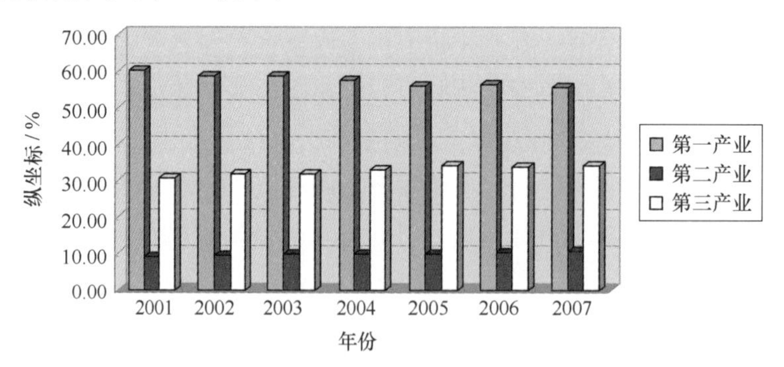

图 4.8　2001—2007 年海南省按三次产业划分的从业人员构成

数据来源：《2010 年海南省统计年鉴》

4.4.2　服务事业发展与现状

在大力推进经济发展的同时，海南省更加注重加快社会发展，教育、卫生、文化、科技、社会保障等各项社会事业取得了较大的进步，“少有所学、壮有所劳、病有所医、老有所养”的社会发展良好局面初步形成。实施优先发展教育战略，不断加大教育资金投入，全面完成了农村中小学危房改造，在全国率先对义务教育阶段的学生实行“两免一补”，各级各类教育事业得到迅速全面发展。2006 年普通高等学校在校学生 90 138 人，比 2002 年增长 1.6 倍；普通中等专业技术学校在校生 67 628 人，增长 80.0%；普通中学在校学生 61.33 万人，增长 28.8%。适龄少年入学率达 85.89%，毛入学率达 97.93%。适龄儿童入学率达 99.81%，比 2002 年提高 0.37 个百分点。医疗卫生事业取得明显成效。疾病预防控制、卫生监督、医疗救治体系、公共卫生体系框架基本建立；完成 308 个乡镇卫生院的“一无三配套”改造；新型农村合作医疗制度比国家要求提前两年覆盖全省所有的乡镇和行政村；城镇居民基本医疗保险制度启动，“三不靠”居民纳入医保。2006 年末共有卫生机构（含诊所、卫生室）2 337 个，病床位 2.02 万张，比 2002 年增长 5.8%；各类卫生技术人员 3.82 万人，比 2002 年增长 5.2%。大力推进文化事业建设，在文学领域、音乐领域、舞蹈领域、戏曲领域、电视电影领域、美术领域等领域都取得了较大成就与发展，文化事业日益繁荣。科技研究开发取得较大成果。2002—2006 年累积取得重大科技成果 339 项。社会保障事业迅速发展。2006 年末全省参加养老保险人数 94 万人，比 2002 年增长 18.5%；医疗保险参保人数 90.96 万人，比 2002 年增长 1.2 倍。规范建立了城乡居民最低生活保障、农村五保户供养等多个方面的城乡救助体系。

第5章　海南省海洋产业发展现状分析

建省伊始，海南省便提出了“以海兴琼，建设海洋大省”的发展思路。20年来，海洋经济持续快速增长，产业结构逐步优化，四大支柱产业保持了持续快速发展，与建省初期的1988年相比，增长了近70倍。

海南省是海洋资源大省，其海洋资源的利用正在形成一个不断扩大的海洋产业群。海南省建省以来，海洋渔业、海洋运输业、海洋旅游业和海洋油气业等传统海洋产业获得了长足的发展，成为海南省海洋经济发展的主体和海洋收入的主要来源。同时，新兴海洋产业，如海洋生物制药业、海洋化工业、海洋电力业等从无到有，发展较为迅速。

目前，海南省的海洋经济已基本形成了海洋渔业、海洋旅游、海洋油气综合开发、海洋交通运输业4大支柱产业的发展格局。2010年，4大支柱产业对全省海洋的经济贡献为54%。

海洋经济可持续发展系统的核心是：在与环境资源协调的前提下，海洋产业自身的健康、快速发展。根据世界可持续发展商务总会的调查，一项产业能否实现可持续发展，有3个因素：一是该产业自身有活力；二是社会有需要；三是生态可承受。而对于海南省海洋海洋产业的持续、快速发展主要取决于两个方面：一是各产业自身的经济活力；二是各产业的发展与资源环境的协调。本章主要考察第一点，即各海洋产业自身的经济活力。

海洋产业自身的经济活力，又主要体现在两个方面：一是各海洋产业产值的增长，这是海洋产业发展量的增长；二是海洋产业结构是否达到及能否实现协调与优化，这是海洋产业发展质的提高。

目前，海南省海洋产业的发展现状是：各海洋产业产值不高，海洋产业结构处于较低级的发展阶段，各海洋产业均有着很大的发展空间。

5.1　海南省海洋渔业的发展现状与存在问题

5.1.1　海洋渔业发展现状

海洋渔业又称为海洋水产业，是人类最古老的海洋产业，也一直是我国和我省最传统的海洋产业，多年来占我国和海南省海洋经济的极大比重。海洋渔业作为海洋经济的先导产业，连续8年保持两位数增长，目前海南省海洋渔业包括海水养殖、海洋捕捞、海洋渔业服务和海洋水产品加工等活动，是一个包括一二三次产业在内的综合产业部门。

5.1.1.1　海洋渔业产量与产值不断增长

海洋渔业一直是海南省海洋经济收入的主要来源。1988年以来，海南省海洋渔业产量与产值逐年稳步提高，如图5.1所示。

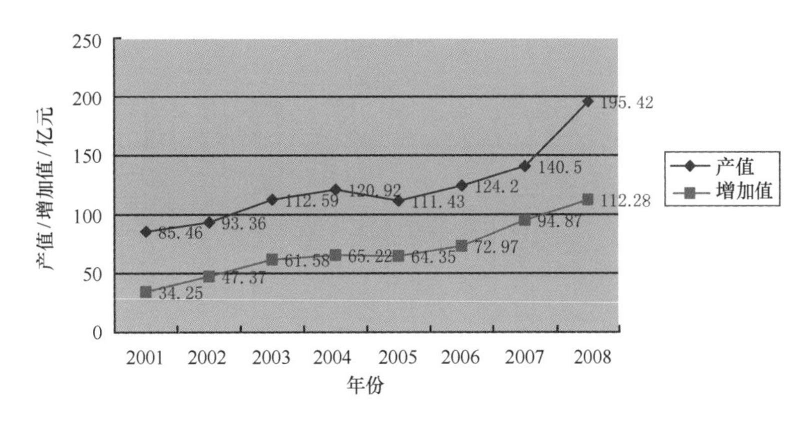

图 5.1　2001—2008 年海南省海洋渔业总产值及增加值变化情况

数据来源：海南省统计局《2008 年沿海地区社会调查》

5.1.1.2　海洋渔业产业结构逐步优化

海南省海洋渔业内部的 4 大产业：海洋水产品加工业、海洋渔业服务业、海洋捕捞业、海水养殖业中，各产业所占的比重基本保持不变。从结构来看，海南省的海洋渔业仍然处于层次较低的初级阶段。海洋捕捞占到海洋渔业半壁以上江山，是海南省海洋渔业的支柱产业。其次是海水养殖业，2006 年其产值占渔业总产值的 28.23%。海洋水产品加工业是海南省海洋渔业中附加值最高的一项产业，但是所占比重仍然很低。目前海南省正积极调整海洋渔业结构，海洋捕捞正在压减近海捕捞，鼓励深海捕捞；主攻水产养殖，且鼓励水产养殖由港内向近海发展，养殖品种向名贵化发展，提高水产养殖的科技含量；大力发展水产加工，促进水产品加工由初级加工向精深加工转变，延长海洋渔业产业链条，提高科技与劳动附加值。具体来看（图 5.2、图 5.3）：

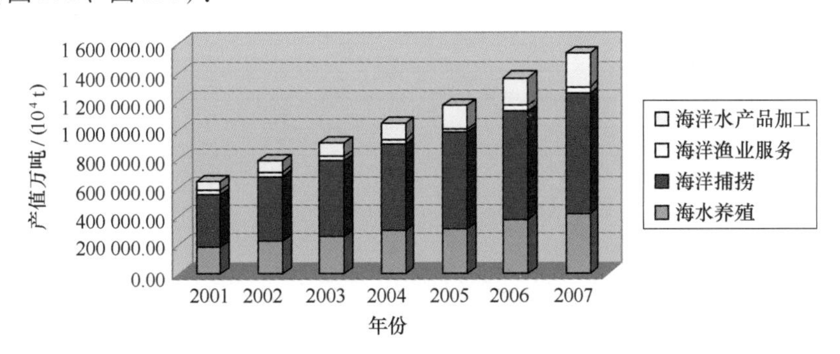

图 5.2　2001—2007 年海洋渔业内部构成

数据来源：海南省统计局《2008 年沿海地区社会调查》

——海洋捕捞业产量持续稳定增长，并不断向外海拓展。海南省海洋捕捞业从 1988 年建省时的 10.6×10^4 t 发展到 2007 年的 90.7×10^4 t，增长了 7.6 倍，年均增长率为 12%，一直稳居海南省海洋渔业的主干地位。

近年来，海南省遵循海南省海洋经济发展规划，加大财政投入、制定优惠政策，鼓励渔民组建渔民合作组织，加大向西、中、外沙外海渔场的捕鱼力度。外海捕捞产量逐年上升。2000 年，海南省外海捕捞产量仅有 266 t。而 2006 年，海南省三亚市则成功地组织了历史上

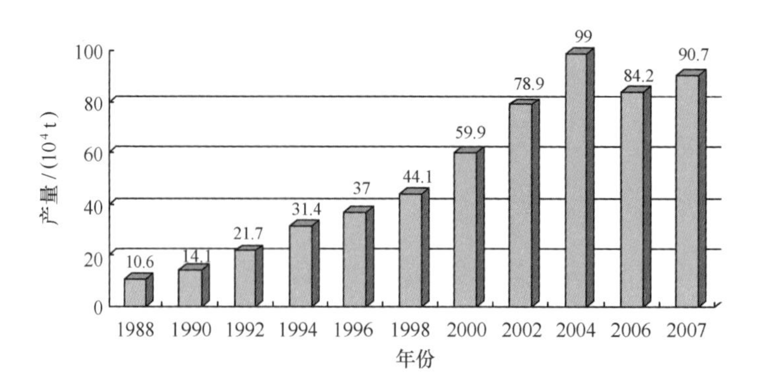

图 5.3　1988—2007 年海南省海洋捕捞产量变化情况

数据来源：海南省统计局《2008 年沿海地区社会调查》

第一支赴西、中沙外海捕捞的船队，并获得巨大的成功和良好的经济收入，吹响了向外海远海捕捞的号角。2006 年全省在西沙作业的拖、围网和补给船只约 110 多艘，产量约 15×10^3 t，初步形成捕捞生产的局面。2007 年全省外海渔船发展到 1 800 多艘，外海捕捞产量 48×10^4 t，占海洋捕捞产量的 37%。到 2010 年，海南省外海捕捞产量将达到 80×10^4 t。

——水产养殖业快速发展，养殖技术不断提高。从海洋捕捞为主向海水养殖转变，是我省海洋渔业发展的基本方向。1988 年以来，海南省水产养殖业从 1988 年的 1.7×10^4 t 发展到 2007 年的 39.8×10^4 t，增长了近 24 倍，年均增长率为 18.4%。高于海洋捕捞业的增长速度。其中，海水养殖由 1988 年 0.3×10^4 t 增加到 2007 年的 17.3×10^4 t，淡水养殖由 1988 年的 1.7×10^4 t 增加到 2007 年的 22.5×10^4 t（图 5.4）。

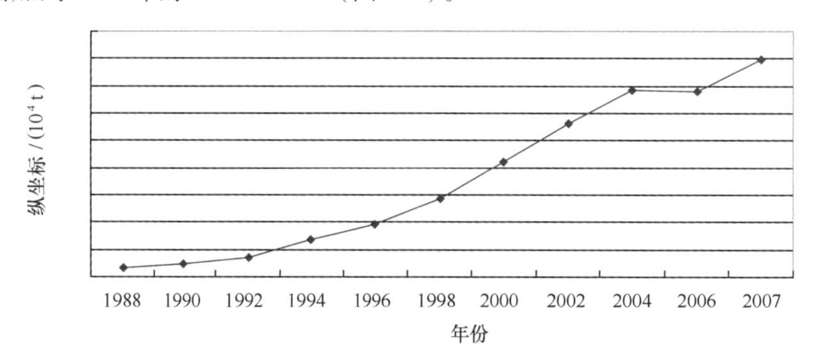

图 5.4　1988—2007 年海南省海洋水产养殖产量变化情况

数据来源：2007 年、2008 年《海南省统计年鉴》

海南省的养殖业成就主要体现在以下几个方面。

1）罗非鱼产量的高速增长。为促进专业化养殖，海南省采取了多种措施促进罗非鱼产业化养殖。这些行动计划的实施使得 2007 年罗非鱼养殖量达 18.0×10^4 t，占全省淡水养殖产量的 80.5%，产值 10.7 亿元。罗非鱼产业解决了 3.5 万人的就业问题。

2）对虾养殖业稳定发展。近几年来，海南省加大了对传统低位虾池的改造力度，2007 年全省对虾养殖面积占全省海水养殖面积的 60%，产量占全省海水养殖产量的 57%，产值

22.4亿元。以南美白对虾和斑节对虾为主养品种，其中，南美白对虾放养面积占虾类养殖的93%。①

3）深水抗风浪网箱养殖成为海南省海水养殖新的亮点。养殖品种主要是军曹鱼和卵形鲳鲹。目前深水抗风浪网箱基地共6个，分布在陵水、临高、海口、昌江和三亚5个沿海市县。2007年，全省已投放深水网箱204组804口，养殖效益不断提高。

4）水产苗种生产规模进一步扩大。2007年全省海、淡水种苗场已达到648家，比1994年增长5.8倍，其中，淡水种苗场110家，海水种苗场538家。全年的育苗量为305亿尾（粒），比1994年增长22倍，其中，淡水种苗31亿尾，海水种苗274亿尾（粒）。

——水产品加工及出口继续保持高速增长。2000—2007年水产品加工及出口高速发展（图5.5），已形成冷冻加工品、干制品、腌制品、海洋制药业及水产工艺品等多品种的水产品加工体系。加工出口量从0.82×10^4 t扩大到10.5×10^4 t，出口值从0.26亿元美元增加到3.65亿美元，7年分别增长12倍和13倍，目前全省拥有海洋水产品加工企业244家，加工能力71.45×10^4 t/a，实际加工34.00×10^4 t/a，水产品加工产值23.5亿元。其中，出口加工企业32家（获得HACCP认证的有23家，获得欧盟注册的有10家），2006年共完成水产品出口量7.35×10^4 t、出口额2.57亿美元，位居全省农产品出口额首位。近些年，海南省的对虾、罗非鱼及带鱼在国际市场上具有较好的声誉，这3大水产品出口额占水产品出口总额的89.9%。主要出口美国、日本、韩国和欧盟等国家和地区，对这些地区的出口占全部出口量的80%。为了保持和加强海南省水产品在国内外的竞争能力，海南省加强对水产品的质量安全控制，保证其“绿色食品”的品牌不动摇。在农业部开展的水产品药残监督抽查中，海南省水产品检测合格率达99%，位居全国前列（图5.6）。

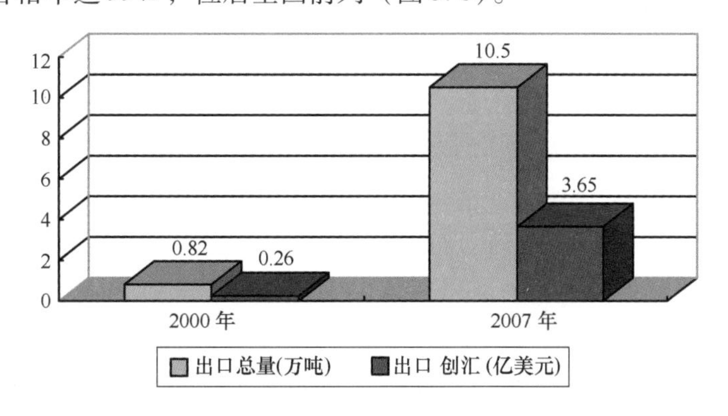

图5.5 2008年及2007年海南省水产品出口总量及出口金额

数据来源：《海南省渔业发展“十一五”规划》

5.1.1.3 海洋渔业的基础设施逐步完善

2003—2008年，海南省根据农业部、国家海洋局等部门的投资方向，多渠道筹集资金投入海洋与渔业基础设施建设，完成了多项基础设施项目建设。5年来总投入资金39 636.6万元，建设海洋与渔业基础设施项目117项（次），其中，中央投资17 201万元，约占总投资

① 海南年鉴社编辑出版：《海南省年鉴2008》，海南年鉴社，2007年12月。

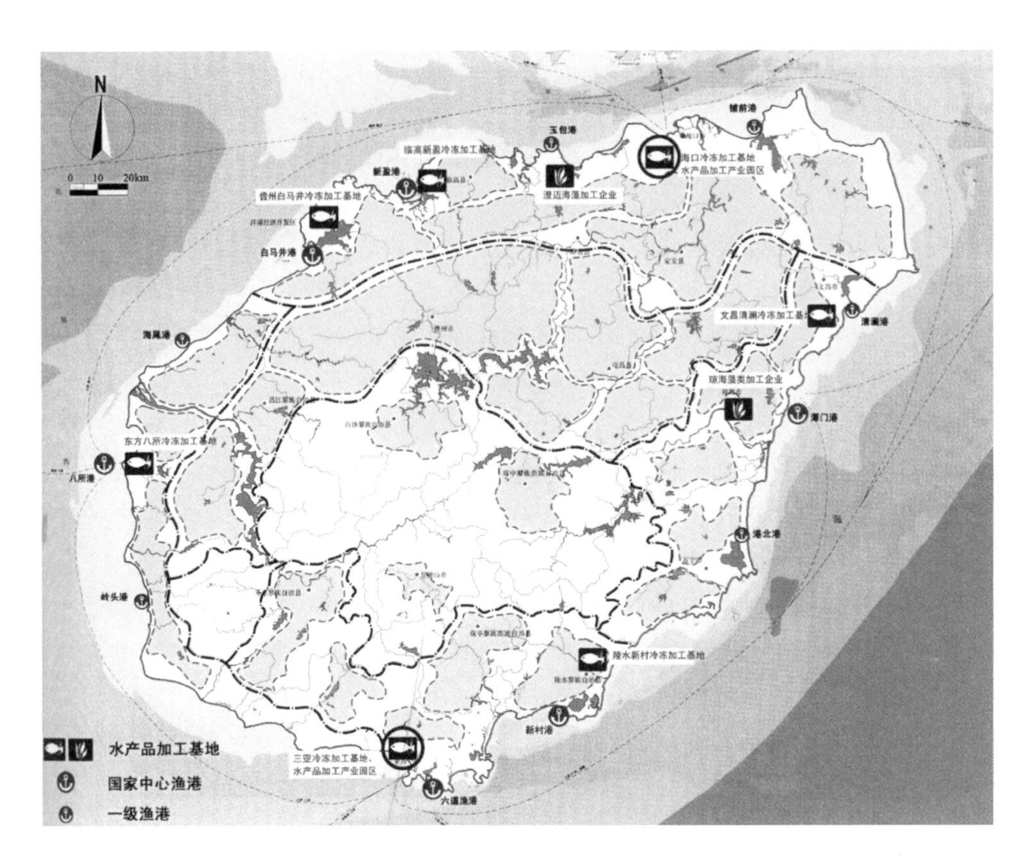

图 5.6　海南省水产品加工基地

资料来源：《海南省社会主义新农村建设总体规划》

的 43.5%；省级投资 5 149.9 万元，约占总投资的 13%；市县投资 13 240 万元，约占总投资的 33.4%；利用社会资金 4 063.7 万元，约占总投资的 10.3%。

渔港是海洋渔业重要的基础设施。渔港建设的现代化程度直接影响到渔业生产的产量及水平。2006 年，海南省共拥有中心渔港 4 个，码头全长总和 2 250 m，可容纳 50 t 及以上的船舶 5 400 艘，50 t 以下船舶 4 100 艘；一级渔港 8 个，码头全长总和 2 611 m，可容纳 50 t 及以上的船舶 3 400 艘，50 t 以下船舶 4 600 艘；二级渔港 10 个，码头全长总和 2 182.5 m，可容纳 50 t 及以上的船舶 1 790 艘，50 t 以下船舶 4 200 艘；三级渔港 15 个，码头全长总和 1 130 m，可容纳 50 t 及以上的船舶 2 200 艘，50 t 以下船舶 5 470 艘。具体分布如表 5.1 所示。

表 5.1　2006 年海南省渔港概况

渔港名称	渔港级别	码头长度/m	可容纳 50 t 及以上船舶数/艘	可容纳 50 t 以下船舶数/艘
甲	乙	1	2	3
玉包港	三级	1 000		300
东水港	二级	1 480		500
新兴港	无级别	2 000		1 000
林诗港	无级别	300		100

续表 5.1

渔港名称	渔港级别	码头长度/m	可容纳 50 t 及以上船舶数/艘	可容纳 50 t 以下船舶数/艘
清兰渔港	一级	426	700	1 000
铺前渔港	二级	36. 5	200	350
谭门港	中心	850	1 000	1 300
青葛港	一级	150	300	400
新村中心渔港	中心	650	1 000	500
黎安渔港	二级			300
赤岭渔港	三级			200
白马井	中心	350	2 400	300
新英	一级	1 100	550	500
海头	一级	120	120	600
排浦	二级		20	500
南滩	二级		20	550
泊潮	一级	100	30	600
黄沙	三级			300
盐丁	三级			250
美龙	三级			200
沙井	三级			300
八所渔港	中心	400	1 000	2 000
新盈	一级		800	900
调楼	二级		750	800
头咀	三级		600	750
黄龙	三级		400	750
抱才	三级		400	600
美夏	三级		300	400
港北渔港	二级	56	50	400
乌场渔港	三级			120
三亚港渔业港区	一级	315	400	600
三亚后海渔港	三级	80	200	300
三亚港门渔港	三级		100	200
三亚角头渔港	三级		200	300
晶化渔港	二级	360	200	
海尾渔港	一级	400	500	
新港渔港	二级	50	200	
洋浦港	二级	200	350	800
干冲港	三级	50		500

数据来源：《海南省渔业发展“十一五”规划》

此外，为了提高海洋捕捞能力和效率，实现海洋捕捞从近海向外海及远洋的转移，海南省近些年来还加强了渔船的改造和远洋渔船的建造。

5.1.1.4 渔业从业人数和渔民收入逐年增加

渔业从业人数从2000年的19.93万人扩大到2007年的24.83万人，增加4.9万人，增长24.6%；渔民人均纯收入从2000年的4 667元增加到2007年的7 636元，增加2 969元，增长63.6%。

5.1.2 海洋渔业发展存在的问题

5.1.2.1 渔业总产量不高，总产值相对较低

尽管海洋渔业产值不断增长，水产品产量也逐年增长，但与海洋大省相比，还存在相当的差距。2007年海南渔业总产值140.5亿元，其中，海洋捕捞产值95.6亿元，海水养殖产值44.8亿元，远低于浙江、福建、山东等沿海发达省份。2007年海南水产品产量132.2 $\times 10^4$ t，仅相当于山东总产量的1/5（表5.2、图5.7）。

表5.2 2007年全国主要沿海省市海洋渔业产值 单位：万元

地区	海洋渔业总产值	海洋捕捞	海水养殖
天津	83 995	42 336	41 659
河北	485 371	234 434	250 937
辽宁	2696781	981 718	1 715 063
上海	171 000	170 832	168
江苏	1 486 585	710 988	775 597
浙江	3 239 700	2 187 300	952 400
福建	3 684 127	1 517 148	2 166 979
山东	4 727 002	1 996 213	2 730 789
广东	2 579 782	1 113 113	1 466 669
广西	1 031 497	540 723	490 774
海南	1 404 900	956 275	448 625

资料来源：《2008年中国海洋年鉴》

5.1.2.2 渔业生产效益低，经济增长方式粗放

近年来，海南省海洋渔业产值每年均以两位数的增长速度发展，但与广东、山东等海洋大省相比，还有相当大的差距。如再考虑海洋渔业资源储量，则差距更大。渔业产值低的根本原因在于渔业生产效率低。目前渔业经济增长主要是依靠劳动和资源拉动，属于粗放型生产方式。从模拟的渔业CES生产函数结果显示，劳动对产量的贡献最大，分配系数为0.344 29，自然资源的分配系数次之，为0.313 461，资本的分配系数最小，为0.082 73；捕

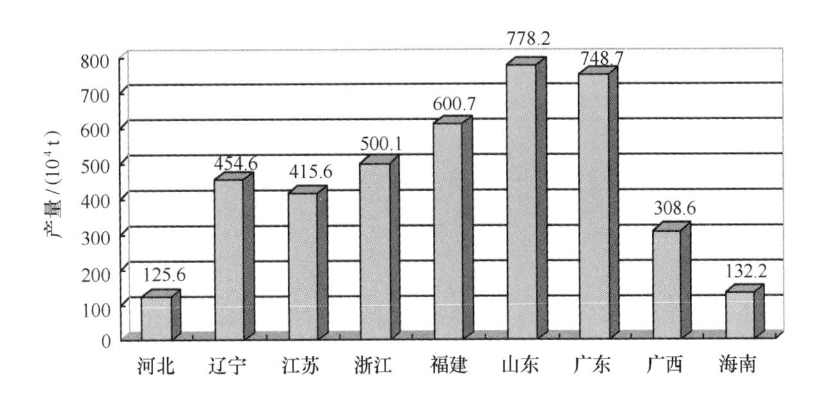

图 5.7　2007 年全国主要沿海地区水产品产量情况

资料来源：《2008 年中国海洋年鉴》

捞业的 C－D 生产函数也显示，劳动对产出的影响较大，劳动的产出弹性为 1.140 527，资本的产出弹性较小，为 0.076 9。所以，要转变渔业经济增长方式，增加渔业生产方面的投资，提高集约化水平和渔业现代化的水平。

5.1.2.3　海洋渔业内部产业结构不甚合理

如前所述，海南省海洋渔业内部的四大产业结构分配很不合理，海洋捕捞占海洋渔业比重的一半以上，成为支柱产业；其次是海水养殖业，2006 年产值占渔业总产值的比例接近 1/4；海洋水产品加工虽然附加值较高，但水产品加工能力低、加工设施落后，市场化不够，综合加工开发效益不高，附加值低。此外，渔业服务业模式单一，服务质量差，宣传推广不够，严重制约了渔业经济的发展。观光渔业，垂钓渔业等休闲渔业起步晚，发展慢，在海洋渔业中所占比重极低。

再对海洋渔业进行结构细分，可以看出，海洋捕捞仍以近海捕捞为主，外海特别是西南中沙渔业资源开发不足，据评估，西、南、中沙场海域潜在渔获量为 $101 \times 10^4 \sim 111 \times 10^4$ t/a，而从 2000—2007 年，海南省每年在该海域的渔获量不超过 8×10^4 t；海水养殖以海岸带及港湾养殖为主，浅海养殖才刚起步，尚未形成体系；从养殖面积来看，现在的养殖面积只占可供养殖面积的不到 1/10，尚有沿海滩涂面积 5×10^4 hm^2，近海 10～20 m 水深范围有 6 000 km^2，基本上未被开发利用；从养殖品种来看，目前主要是南美对虾和罗非鱼，这两种产品的产量占养殖总产量的一半以上，由于产品结构单一，因此抵御市场风险的能力很弱。

西沙、中沙、南沙渔场渔业资源量为（150～200）$\times 10^4$ t，还有大量资源可供开发。2011 年海南省在西、中、南沙的年捕捞产量仅约 4.8×10^4 t、为可捕量的 4%，主要原因是西沙、中沙、南沙渔场生产的渔船往返路途遥远，渔船吨位小、科技水准低，生产成本大，后勤供冰、供水、供油等服务跟不上外海渔场生产的发展需要。因此发展外海捕捞补给船，为生产渔船提供水产品运输、销售、保鲜、供油、供冰、供水，以及简单的医疗药品等服务，已经成为当务之急。

海南省海洋渔业的构成情况说明全省海洋渔业产业结构层次依然偏低。以捕捞业为主的海洋渔业对渔业资源，尤其是近海渔业资源的破坏是极大的。由于捕捞强度过大，海南省近海渔业资源一度陷入枯竭的边缘，在国家采取了休渔、人工增殖放流等措施之后这一状况才得以缓解，但渔业生产与资源环境之间的矛盾却依然紧张，没有得到根本解决。

5.1.2.4 海洋渔业产业化、组织化程度低

近年来，一大批企业和私营业主，以市场为导向，立足资源优势，大力发展水产种苗产业，形成了国内知名的冯家湾—椰林湾对虾育苗产业带，2008年被科技部批准为我省首个国家级星火科技产业带；此外，还形成了陵水至三亚海水鱼类育苗产业带；东海岸鲍鱼、东风螺育苗产业带；内陆罗非鱼育苗产业带，建成了立足海南、服务全国的热带水产良种良苗繁育基地，大量优质健康的水产种苗供应全国20多个省市区以及东南亚、东亚国家，经济效益和社会效益显著。沿海地区依托渔港推进小城镇建设，带动了第二、第三产业协调发展，扩大了就业，繁荣了经济，人民收入不断增加，渔村面貌发生了深刻的变化，促进了社会主义新农村建设。说明海洋渔业只有走上产业化发展的道路，方能提高经济效益，保障渔民的利益。但目前只有对虾和罗非鱼养殖由于得到了加工出口企业的带动形成了产业化经营模式，其他渔业生产由于缺乏龙头企业的带动而仍然处于个体分散经营为主，组织化程度很低，抗风险能力十分不足。

同时，渔业社会化服务体系不健全，行业组织功能涣散，组织协调能力低，没有发挥中介组织的凝聚作用，行业组织化水平不高，难以形成规模和合力。海南渔业集团作业较少，零星作业、分散管理、各自为政的现象大量存在，使渔业经济难以形成规模效益。渔业产前、产中、产后的社会服务网络不健全，渔业信息化滞后。推行渔业股份制、股份合作制和“公司+科技+渔民”、“加工厂+渔（农）民”的联合开发模式，实施政府投资引导“大企业进入、大项目带动、高科技支撑”战略，发挥龙头企业的作用，优化资源、资金、技术和劳力等生产要素组合，利用产业化的载体，吸引金融资本和社会各界资金投入，形成规模效益，向产业化、专业化经营方向迈进才是海南省渔业发展的正确道路。近年来，一批渔业企业跳出渔业谋发展，实行跨区域跨行业多元化经营，成为带动区域经济发展的龙头。海南省现有6×10^4亩高位虾池、30×10^4亩罗非鱼池、50×10^4 m^3水体的工厂化育苗和养殖设施，以及近2 000艘外海作业渔船、800口深海抗风浪网箱，基本上都得益于社会化投入在近10年建成的。中国石油深圳分公司投入巨资，在海南省开展深水网箱制造业和养殖业，采取股份合作方式，带动陵水、临高等地渔民发展，还建设水产品加工厂，收购产品加工出口，促进这一新兴产业迅速发展。然而，相对于海南省的渔业资源和从业人数而言，渔业社会化仍未得到大力推广，传统养殖与捕捞方式仍占主体。

5.1.2.5 资金投入不足，渔业基础设施比较落后，加工能力较低

目前渔业行业已经大踏步走上了集约化、专业化、市场化的道路，海南省传统落后的养殖模式急需转为各种工厂化养殖、生态养殖、设施养殖等先进的科学的养殖模式；小型、低速的木质捕捞船急需由高吨位、机械化的先进远洋捕捞船更新换代；加工厂也急需引进先进的加工流水线进行生产；并且大量剩余渔业劳动力也需逐渐转向养殖、加工或者运输、流通领域。这些都需要大量的资金投入。但目前无论是来自财政，民间资本还是银行信贷的投入都存在着严重不足。

（1）财政投入不足

与海洋渔业的贡献相比，渔业基础设施的投入相对不足。如2007年，全省渔业总产值占

大农业总产值的比重为 23.02%，渔业增加值（包括种苗）占大农业增加值的 24.55%，而 2006—2008 年，海洋与渔业厅部门预算项目支出占整个农口预算项目支出的比例仅为 11.53%、10% 和 12.8%（表 5.3）。

表 5.3 海南省各部门对海洋渔业基础设施的投入

项目单位	2006 年		2007 年		2008 年	
	项目支出		项目支出		项目支出	
	金额/万元	比重/%	金额/万元	比重/%	金额/万元	比重/%
合计	26 613.84		32 894.31		41 477.09	
农业厅	4 199.62	15.78	4 542.54	13.81	5 403.90	13.04
林业局	5 229.78	19.65	8 565.43	26.04	12 262.80	29.59
水务局	7 603.49	28.57	9 164.30	27.86	9 784.64	23.61
海洋厅	3 063.28	11.51	3 299.28	10.03	5 309.25	12.81
气象局	986.40	3.71	1 286.40	3.91	1 554.40	3.75
西沙办	730.30	2.74	830.30	2.52	1 075.30	2.59
农综办	4 766.77	17.01	5 161.86	0.13	5 993.90	14.46
扶贫办	34.20	0.13	44.20	0.13	63.10	0.15

数据来源：《2009 年海洋与渔业基础设施建设调研报告》，海南省海洋与渔业厅

（2）民间资本投入有限

由于海南省经济基础较薄弱，人均收入水平较低，渔民经济实力不强，没有足够的资金投入来改善渔业设施。

在捕捞业中，捕捞渔船的升级，捕捞拖网的改善，渔港的建设等各方面尚需要大量资金注入，以改善目前设施落后的状况。如大力推广高口拖网、变水层拖网、四指高目流刺网和三重定置流刺网，提高外海作业能力等。在养殖业中，鱼池的现代化建设，水产苗种的改进，养殖网箱的改造需要大批的资金。在水产品加工业中，高附加值产品少，技术含量低。在加工品中只有烤鳗、精加工紫菜、模拟食品、鱼油和保健品等技术含量较高，产品附加值也较高。大部分加工品由于技术含量低而附加值不高，处于加工业的低端阶段，海南水产品加工现状不容乐观，加工企业的整体实力还相对较弱。因此，应加大投入，改善加工水平。

目前海南省渔业总体上处于规模报酬递增阶段，加大渔业投入，扩大渔业生产规模，可以大幅度提高渔业生产总值。

（3）银行信贷规模不增反减

渔业行业相对一般行业来说，是个“高投入、高风险、高收益”的行业，其投资资金需求量往往较大。对于银行来说，向渔业行业的企业和个人进行放贷，可能贷款回报会比较丰厚，但是，由于恶劣多变的天气、频繁暴发的水产疾病、渔业资源的减少、渔业环境的污染等潜在因素，都决定了渔业是个具有极高风险的行业，渔业信贷的不良贷款率也相对高于平均不良贷款率。因此，银行在放贷时会在风险和利润之间进行抉择，当风险和利润对于银行来说处于均衡状态时，才是银行进行放贷的最佳选择，因此银行在进行信贷选择时，更倾向

于投入到风险低、收益相对稳定的工商业，即存在信贷行业歧视。

5.1.2.6 渔业科技创新和保障体系薄弱

建省以来，海洋渔业得到了迅速的发展，其中，科技进步贡献率达到50%以上，有些年份高达80%以上。但尽管如此，与世界和中国其他海洋大省相比，海南省海洋渔业的科技含量仍然较低，渔业科技创新严重不足，科技成果转化能力弱。此外，海洋渔业的科技保障体系比较薄弱。

5.1.2.7 海洋生态环境破坏严重，威胁海洋渔业的持续发展

由于目前海南省海洋渔业仍主要依靠天然渔业资源，在提高产量与收益的动力驱使下，在新的捕捞设备与技术的支撑下，捕捞强度日益加大，渔业资源日渐衰竭。2012 年海南省的伏季休渔时间又延长了 1 个月，以保证渔业资源的充分修复。

由于缺乏统一规划以及科学管理，部分海域海水养殖密度过大，海水养殖对港湾、近海的生态环境破坏十分严重。

5.2 海南省海洋港航业发展现状与存在问题

5.2.1 港航业的发展现状

5.2.1.1 港航业经济总量迅速增长

2007 年，海南省港口货物吞吐量首次突破 $7\ 000 \times 10^4$，达到 $7\ 331 \times 10^4$，比 2002 年增长了 182.18%，比建省初期增长近 8 倍（如图 5.9 所示）；港航业总产值达到 42.72 亿元，比 2000 年增长了 5 倍，全省综合吞吐能力达到 $5\ 471 \times 10^4$，相当于 2002 年的 5 倍。2008 年，全省港口货物吞吐量进一步增加到 $7\ 800 \times 10^4$，海口港跻身 $4\ 000 \times 10^4$ 港口之列，其货物吞吐量占整个海南省货物吞吐量的 58.8%；同时洋浦港跨入 2 000 万吨港口之列，且比该港 1998 年的货物吞吐量增长了 52 倍（图 5.8 和图 5.9）。

5.2.1.2 港航基础设施投资规模日益壮大

至 2008 年，海南省已建成沿海港口码头总泊位 153 个，其中，万吨级以上深水泊位 30 个，分别比 2002 年增长了 46.15% 和 76.47%。2007 年全省沿海航道里程为 31.73 km，比 2002 年增长 27.53%。全省港口集装箱吞吐量为 41×10^4 TEU，比 2002 年增长 141.18%；外贸货物吞吐量为 1 320 万吨，比 2002 年增长 877.78%。[①] 新建成的洋浦炼化码头是目前我国最大的原油码头，最大可停靠 37.5 万吨级油轮，是我国内地 4 个能够接卸 30 万吨级油轮的原油码头之一。正在施工中的总投资 16.6 亿元的马村港区未来将发展成为以能源、集装箱、散杂货及危险品运输为主，设施先进、功能完善、文明环保的现代化综合性港区。国内航线已覆盖所有沿海港口，形成了北有海口港、南有三亚港、西有洋浦港和八所港、东有龙湾、

① 《夯实基础 加快发展 全力推动我省港航业再上线台阶》，2008 年海南省港航工作会议材料。

图 5.8　洋浦 30 万吨级原油码头

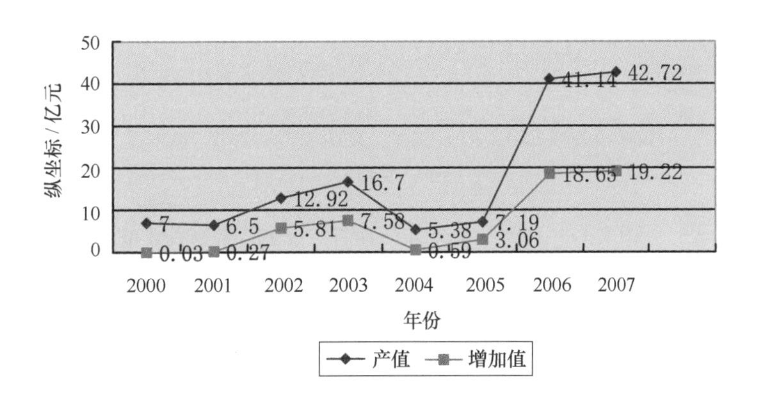

图 5.9　2000—2007 年海南省港航业产值增加值变化情况

资料来源：《2008 年海南统计年鉴》

清澜港的“四方五港”格局（其体港江设施情况见表 5.5）。目前海南省拥有包括 5 大港口在内的各类港口共 19 个，初步形成了结构合理，设施较完备的现代化港口体系（图 5.10、图 5.11、表 5.4、表 5.5）。

表 5.4　2002 年和 2007 年海南省港口吞吐能力比较

	2002 年	2007 年	2007 年比 2002 年增长/%
综合吞吐能力/（10^4 t/a）	994	5 471	450.4
沿海航道里程/km	24.88	31.73	27.53
集装箱吞吐量/（10^4 TEU）	16.9	41	141.18
外贸货物吞吐量/（10^4 t）	135	1 320	877.78

资料来源：海南省统计局《2008 年沿海地区社会调查》

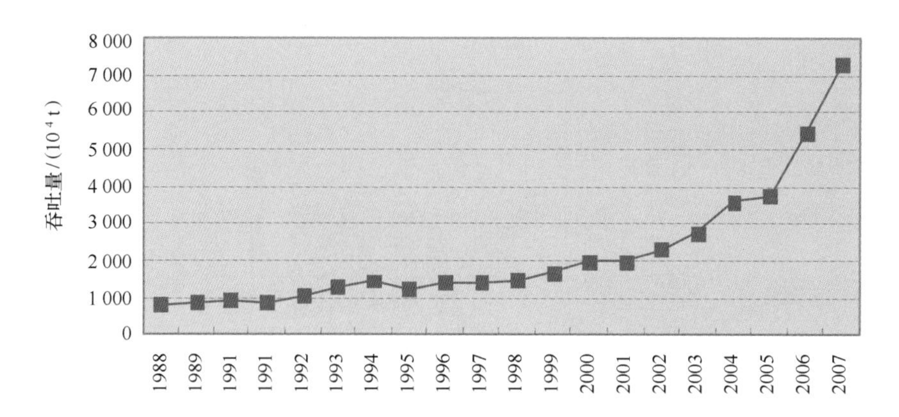

图 5.10 1988—2007 年海南省货物吞吐量的变化情况

资料来源：《2008 年海南统计年鉴》

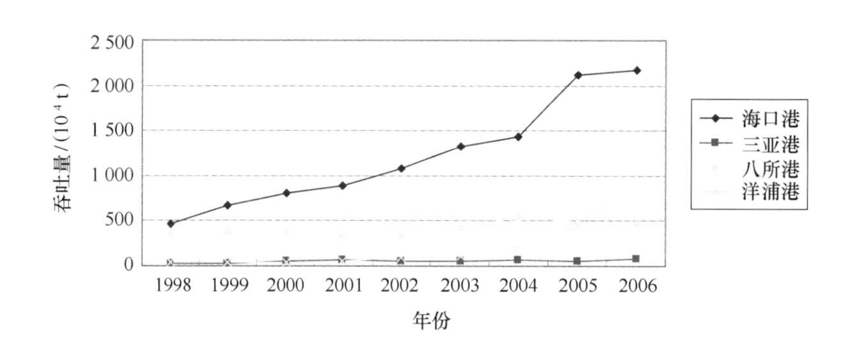

图 5.11 1998—2006 年海南省主要港口货物吞吐量

资料来源：海南省统计局《2008 年沿海地区社会调查》

表 5.5 2007 年海南省主要港口设施情况

港口名称	码头长度/m	泊位个数/个	万吨级	生产用泊位			综合吞吐能力/（10^4 t/a）
				码头长度/m	泊位数/个	万吨级	
洋浦港	3 854	17	9	3 854	17	9	3 312
八所港	1 729	10	7	1 729	10	7	680
海口港	5 268	61	6	5 268	54	6	1 354
三亚港	2 122	46	2	2 122	46	2	120

资料来源：海南省统计局《2008 年沿海地区社会调查》

在政府补助资金及其他配套政策的带动下，海南省港航业形成了中央企业为主，地方企业为补充的投资格局。华能、金光、中石化、中海油等大公司纷纷投资建设专用码头，以满足新项目的运输需要。企业投资港口及企业专用码头建设积极性的不断增强，极大地促进了海南省港业基础设施建设。

2003—2007 年，全省港口建设的总投资达到 29.88 亿元，与上一个 5 年进行同口径比较，增幅达到 438.13%。尤其是近 2 年，海南省港口建设实际投资总额每年均保持在 10 亿元左右，2007 年全省港口航道建设总投资达到 10.3 亿元，比 2002 年增长了 199.42%。虽然受到全球金融危机的影响，2008 年仍完成投资 9.04 亿元。海南省港口建设投资由不足公路建设投资的 1/10，增至与公路建设实际投资总额基本相当，极大地促进了海南省港航业的发展，与海南省海洋大省的发展实际趋向吻合。

随着港口和码头建设的发展，航运企业数量也在不断增加。在沿海、近海、远洋运输方面，已建立起一支多种类、多层次、多功能、具规模的船舶航运队伍。2007 年全省水上航运企业达到 77 家，营运船舶 265 艘，总吨位达到 123×10^4 t，分别比 2002 年增长 92%、179% 和 36%，2008 年海南新注册的航运企业继续呈现快速增长势头，截至 2008 年 11 月底，已批准筹建 29 家，新开业 9 家，新增营运船舶 22 艘，新增运力 52 706 载重吨。目前，全省专营和兼营海洋运输的公司达 100 多家。

为了应对国际国内港航业发展的新趋势以及激烈的市场竞争，海南省港航企业重组加快，效益明显提升。近年来，海南相继完成了琼北三港、八所港的重组改制，引进了中海油化学公司、中远集团、海南农垦、海南航空等国内外知名企业参与港航与物流发展。本土港航企业的外向型开拓意识明显增强，海南港航控股、国投洋浦港、八所港都已开展了向省内外输出港口管理承包业务。海峡航运正在积极推进在 A 股市场上市的步伐。通过整合重组和改革开放，海南省港航企业管理和经营水平得到了显著提升，经济效益显著好转，自我发展能力显著增强。

5.2.2　港航业发展中存在的问题

5.2.2.1　整体发展水平比较落后

2006 年海南省沿海地区远洋货物周转量达到 188×10^8 t·km，仅相当于上海的 1/8，广东的 1/3；沿海旅客周转量 2.1×10^8 人·km，远低于辽宁、浙江和山东发达省份；海南省远洋客运尚属空白。省外大型国际航运枢纽的集装箱班轮国际干线数量已经开设到了几百条，而海南即使是集装箱班轮地区支线，也才刚刚起步（表 5.6、表 5.7）。

表 5.6　2006 年沿海地区海洋货物运输量和周转量

	货运量/10^4 t		货物周转量/（$\times10^8$ t·km）	
	沿海	远洋	沿海	远洋
合计	78 200	54 413	9 883.13	42 577.30
天津	2 070	11 169	430.74	11 280.85
河北	1 112	1 666	316.41	1 735.00
辽宁	3 525	3 676	357.22	2 004.10
上海	22 062	11 748	2 904.72	10 704.23
江苏	4 578	2 505	390.28	1 540.88
浙江	22 090	953	2 565.48	746.98
福建	7 336	899	1 090.25	331.40
山东	2 421	6 010	238.74	3 844.87
广东	6 735	7 241	1 065.34	1 767.32
广西	350	231	33.99	13.50
海南	4 640	719	380.68	188.17

数据来源：《2007 年中国海洋统计年鉴》

表 5.7　2006 年沿海地区旅客运输量和周转量

	客运量/万人		旅客周转量/（亿人·km）	
	沿海	远洋	沿海	远洋
合计	9 080	780	30.88	11.21
天津	—	4	—	0.39
辽宁	704	10	8.69	0.47
上海	1 261	2	4.33	0.26
浙江	2 406	—	5.96	—
福建	918	34	1.20	0.10
山东	1 373	44	4.53	2.1
广东	953	686	3.52	7.89
广西	61	—	0.56	—
海南	1 404	—	2.10	—

数据来源：《2007 年中国海洋统计年鉴》

5.2.2.2　港口和航道及基础配套设施建设有待加强

海南省各港区整体布局及基础设施不够完善，建设区域国际航运枢纽和物流中心所必需的进出港深水航道、现代高效专业的大吨位码头、修造船基地、支持保障救援系统、高效快捷的港口集疏运系统等硬件设施条件，还处于严重滞后状态，亟待加快配套建设。

船舶运输能力结构落后。虽然海南省航运企业数量在不断增加，无论是在沿海近海、远洋运输方面，都有相应的船舶队伍，但从船舶运输结构上看其主要运力属先进设施主要集中于近程海运上，在中远程海运上，较先进的客滚船运输仍只占到 1/3 强，比重较低（表 5.8）。

表 5.8　海南省船舶种类及数量吨位分布

	吨位/吨	数量/艘
游船	525	3
高速客船	387	10
客船	132	34
货杂船	4 165	10
客货船	1 410	1
货船	253 103	30
玻璃钢渡船	65	3
本质渡船	156	7
铁质渡船	162	6

数据来源：海南省统计局

将表5.8中数据直观地反映在图上，如图5.12所示。

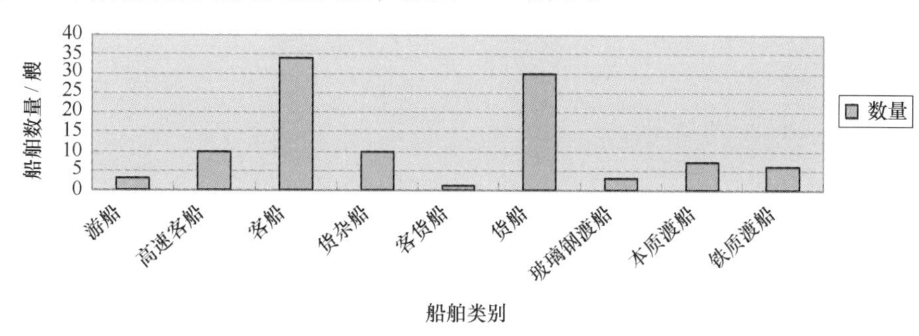

图5.12 船舶构成数量结构

由上述可知，海南省海洋交通运输业仍处于较低的发展水平上，港口基础设施有待进一步提高完善，船舶结构还需进一步向现代化船舶为主体的方向调整，以加大运力，提高运输效率。

港口、航道的改造、建设资金不足。造成了航运业相关服务设施缺乏，不能全面适应大宗货物及特种货物装卸要求。

5.2.2.3 港航业人才发展缺乏

建设区域国际航运枢纽和物流中心需要金融、证券、期货、保险、贸易、信息、航运服务等第三产业的支撑，需要一大批高素质并具备丰富经验专业人才的参与。海南省在这些方面还存在很大差距。

港口航运投融资方面，缺少专业的船舶投融资机构。目前金融机构对海洋航运业了解不多，不能有效地提供大笔的船舶融资服务，且银行对中小航运企业船舶融资限制很严，成为海洋航运业发展的瓶颈。

航运业人才缺乏。职工队伍专业结构、年龄结构、知识结构失调。港航发展急需的专业人才缺乏，特别是可以引领行业发展的高层次人才极为缺乏。

海洋交通运输管理机制有待完善。无论是政府、还是企业，海南省交通运输管理机制和管理水平还不适应形势发展，行业管理整体还比较粗放低效。港航产业的功能定位、资源配置工作亟待推进，与国内先进水平相比较还有较大差距。安全质量环保体系不够健全、应急救援与突发事件处置能力薄弱等问题还比较突出。

港航发展战略、港航规划和港航立法亟待加强。尚未形成完整的港航发展战略体系；在港航规划体系方面，海南省港口规划经常处于频繁的修编状态，部分港区岸线利用混乱、条块割据问题严重，航运规划工作还没有真正启动；在港航立法方面，目前仅出台过3部省政府规章和少量的部门管理规章，还没有推出过一部地方性法规或省委省政府的产业发展促进政策意见。

5.3 海南省海洋油气业发展的现状与存在问题

5.3.1 海洋油气业发展现状

5.3.1.1 海洋油气资源丰富

海洋油气开发包括油气资源的勘探、开采、储运和经营，是知识与资金密集的高科技产业。油气化工业是国民经济的重要支柱产业，为国民经济各部门提供能源、基础原材料及配套产品。海南省发展石化产业具备很多优势，涵盖区位、资源、港口等诸多方面。地质资源调查结果表明，海南省所辖超过 200×10^4 km^2 的海域中，共有含油气构造 200 多个，油气田 180 个，油气资源蕴藏量达 500 多亿油当量。中国已探明的 5 个天然气富集区，就有 3 个分布在海南岛周边。利用得天独厚的陆上和海洋油气资源，海南省不断加大对油气资源的勘探开发规模和力度，积极做好油气资源下游产业链的项目投资建设工作，力争将油气资源优势转变成为海南省的经济优势和产业优势。海南省油气化工业的发展目标是成为以巨型油田和天然气开发为主导的大型石化工业基地，加速工业化进程，带动全省经济快速发展。

依托南海丰富的油气资源优势，海南省的油气业迅速崛起。20 世纪 90 年代中期随着崖 13－1 气田的开发，海南省海洋油气开发实现了零的突破，年供应天然气约 40×10^8 m^3。随后，东方 1－1 气田陆上终端、东方—洋浦—海口输气管道工程等项目相继开工。目前，海南省所产天然气主要用于化肥及甲醇生产、燃气发电、民用等。近 5 年来，作为天然气储量大省的海南省，对澄迈福山、莺歌海崖、东方市海域 3 大气田进行了开发。2006 起，天然气生产已达 60×10^8 m^3，年销售收入达 150 亿元。

5.3.1.2 海洋油气产业的发展迅猛

1）油气业产值迅速增长

经过 20 多年的发展，海南省在海洋油气开发上取得了重要进展。油气化工业成为海南省经济发展的重要拉动力量。2007 年，油气化工业完成产值 429.1 亿元，比 2006 年增长 176%，占全省规模以上工业总产值的 42.8%，拉动工业总产值增长 39.7 个百分点，极大拉动了海南的经济发展，其中，天然气及天然气化工规模以上工业产值 93.14 亿元，石油化工规模以上工业总产值 342.77 亿元（表 5.9，图 5.13）。[①]

表 5.9　2005 年海南油气资源勘探开采情况

	累计可采储量	剩余可采储量
原油/t	2 393.10	1 524.60
天然气/（10^8 m^3）	1 939.20	1 584.20
溶解气（伴生）/（10^8 m^3）	9.78	9.18
凝析油（伴生）/（10^4 t）	305.20	195.80

① 数据来源：中国（海南）改革发展研究院课题《实现海洋强省目标的行动方案》，2009 年 8 月。

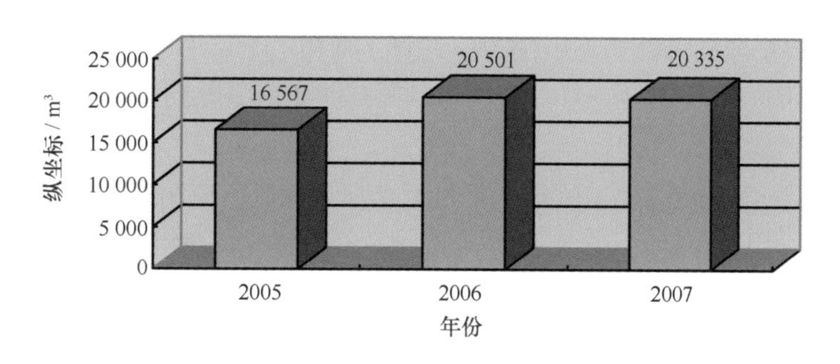

图5.13 2005—2007年海南省天然气产量变化情况

2）油气化工业发展迅速

天然气项目数量增加，目前已建成项目有：年产30×10^4 t合成氨；52×10^4 t尿素的富岛化肥一期；年产45×10^4 t合成氨；80×10^4 t尿素的富岛化肥二期；年产3 200万条编织袋项目；3×10^4 t甲醛项目；5×10^4 t复合肥项目；3×10^4 t/a食品二氧化碳干冰项目；60×10^4 t甲醇项目、12×10^4 t三聚氰胺项目于2006年开工。相关化工产品产量增长很快。如合成氨，2007年比2000年产量增长了近2.5倍，如图5.14所示。

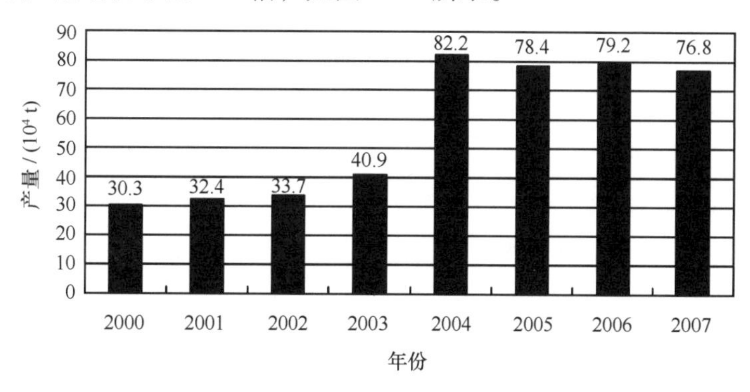

图5.14 2000—2007年海南省合成氨产量变化情况

数据来源：《2008年海南省统计年鉴》

2007年海南炼化累计加工原油及原料油802.45×10^4 t，生产汽油、柴油、航空煤油、聚丙烯、硫黄等石化产品742×10^4 t，出口产品77×10^4 t。累计实现工业总产值335.87亿元，工业增加值27.78亿元，实现税金15.13亿元，高附加值收益率达到90%以上。2008年全年原油加工量805.78×10^4 t，比2007年增长1.28%，全年销售收入达392.39亿元。

3）油气产业结构不断升级

从产业链结构来看，海南省油气业包括开采、输送以及油气配套项目和下游项目，油气加工业不断向精深加工方向发展，产业关联效应不断增强，对区域经济的带动力度日渐加大。具体来看。

——油气开采。目前海南省已开发的油气田主要有：年产34×10^8 m³的崖13－1气田，每年供应海南省天然气约5.24×10^8 m³；东方1－1气田一期项目，年输气能力为16×10^8 m³；东方1－1气田二期项目，年输气能力为8.9×10^8 m³；乐东22－1、15－1气田可开

采储量 $375\times10^{8}\ m^{3}$；文昌 13－1 油田和文昌 13－2 油田，年产原油 250×10^{4} t；文昌油田群，每年向海南输送原油 200×10^{4} t；福山油气田，年生产原油 10×10^{4} t、天然气生产能力 $2\times10^{8}\ m^{3}$、液化气生产能力 5×10^{4} t。

——输气。海南省已建成的天然气主干线有 2 条，共约 370 km。一条是三亚南山—八所天然气管线，全长约 120 km；一条是东方—洋浦—海口输气管道，全长约 252 km；在建的有海口—文昌天然气管线。海南省政府正积极推进天然气管网的东线段的建设，计划在数年内实现“全省环岛天然气管道一张网”。

——配套和下游项目。海南东方形成了以化肥为核心的天然气产业链群，其中包括生产规模 3 200 万条的编织袋项目、3 万吨甲醛项目、年产 5 万吨复合肥项目、年产 3 万吨食品二氧化碳干冰项目、年产 3 000 t 二氧化碳可降解塑料生产装置、6 万吨聚甲醛、50 万吨醋酸，新型环保化工产品奥里乳化油固硫剂，年销售额达 2.9 亿元。围绕天然气的上下游产业，配套企业和下游企业约 40 家。洋浦开发区的炼油产业由炼油/大芳烃和乙烯联合装置提供初级原料，往下游发展聚烯烃、聚酯、丙烯酸、异丙苯、碳四馏分深加工、碳五综合利用、氯碱/PVC 7 个系列的精细化学工业产品及化学工业新产品，配套企业和下游企业约 30 家。

海南省目前已建立起 800 万吨炼油、140 万吨化肥、60 万吨甲醇、20 万吨丙烯、8 万吨苯乙烯等生产装置，100 万吨烯烃、80 万吨甲醇等项目正在建设中，60 万吨 PX 国家已批准建设，300 万吨 LNG、400 万吨 LPG 等项目正在加快推进前期准备工作。

2008 年 4 月，国家同意海南省开展乙烯工业项目的前期工作。乙烯工业是以石油为原料、生产三大合成材料及有机化工产品的基础原材料工业，其产品广泛应用于国民经济、人民生活、国防科技等领域，可以带动精细化工、轻工纺织、汽车制造、机械电子、建材工业以及现代农业的发展。大乙烯项目选址洋浦开发区。该项目被誉为海南省“一号工业项目”。该项目建设不仅能为海南省带来数百亿元的投资，数千亿元的产值及数百亿元的财政贡献，同时还将积极推动海南省石油化工产业链的延伸发展，对海南省调整产业结构、较快提高经济实力、实现又好又快发展意义重大。

在海南省西部工业走廊上，东方化工城的天然气化工和洋浦经济开发区的石油加工与石油化工两大油气化工基地雏形初具，已分别建成全国最大的大颗粒尿素生产基地和出口基地，国内技术最先进和单系列能力最大的甲醇生产装置，产能位居全国第二的单套炼油装置等。总投资约 50 亿元、加工规模达年产 200 万吨的中海油海南精细化工（DCC）项目已于 2011 年 5 月投产（表 5.10）。

表 5.10　截至 2008 年年底已建成或在建石油化工项目一览

项目	状态
800 万吨炼油	建成
8 万吨苯乙烯（年产 8 万吨催化干气制苯乙烯项目）	建成
23 万吨基础油	建成
30 万吨凝汽油	建成
21 万吨聚丙烯项目	建成
300 万吨 LNG 项目	在建

续表5.10

项目	状态
1 000万立方米石油商业储备基地	在建
100万吨乙烯项目	在建
150万吨烯烃项目	在建
60万吨PX项目	在建
90万吨PTA项目	在建
30万吨燃料乙醇	在建
30万吨醋酸	在建

根据海南省发改厅的“十一五”规划，海南省石油化工产业的发展目标是：到2010年新增产值302亿元，到2020年总产值达1 082亿元。2010年海南省又再兴建乙烯100万吨、PTA60万吨、聚丙烯50万吨、苯乙烯28万吨等项目。

目前，中海油、中石油、中石化三家中国最大的油气开采和加工企业“三油”联合，团结奋战，参与海南省的油气化工产业开发。其中仅中海油公司的投资总额就超过100亿元人民币。美国、德国、荷兰、新加坡等国家的一批跨国公司和中国香港地区也加入到投资者的行列。

5.3.2 海洋油气业发展存在的问题

海南省油气资源蕴藏极为丰富，虽然近年来海南省油气业发展增速较快，但与其他富油区相比，油气业发展相对比较落后，主要存在以下问题。

5.3.2.1 油气资源勘探开采量不足，油气企业规模整体偏小

油气资源勘探开采量不足，将制约海南油气化工产业发展。目前海南省天然气综合开发基地已初具规模，两个化肥厂用气就已达约10×10^8 m^3，年产140×10^4 t的甲醇装置用气约19×10^8 m^3，44×10^4 kW·h，洋浦电厂用气约7×10^8 m^3，12×10^4 kW·h南山电厂用气约2×10^8 m^3、80×10^4 t合成氨用气约10×10^8 m^3，12×10^4 t三聚氰安用气量约为1.36×10^8 m^3，一共约为50×10^8 m^3见图5.15。另外考虑到在建和未来建设油气化工项目用气量也不小，即使继东方1－1气田开采投产后，乐东22－1，乐东15－1也将相继投产，未来10年供海南海加工利用的天然气约50×10^8 m^3，天然气用量仍面临缺口。

5.3.2.2 油气产业关联度低，对区域经济拉动力有限

油气化工产业尚处于粗放型起步阶段，产业关联度低，对区域经济的拉动作用有限。2004年，海南石油天然气产业的工业总产值上游行业为5.1亿元，下游行业为5.3亿元，相比全国和其他发达省市，上下游比例明显不合理。地方油气化工产业也因资金投入量少，专业人才缺乏，技术水平低，导致油气加工能力弱，特别是深加工能力更弱，使得本地加工的石油天然气化工产品品种少，附加值不高，产业链未能有效延伸，油气化工产业尚处于粗放型起步阶段。此外，进入石油石化领域的地方企业也很少，缺乏依托省内大的化工企业进行

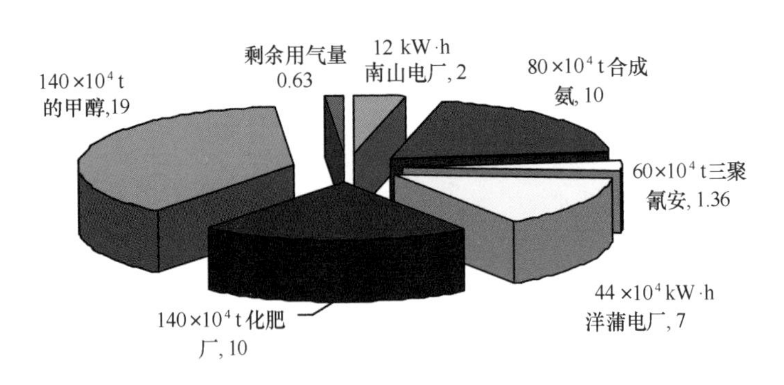

图 5.15 主要天然气化工项目用气情况（单位：10^8 m^3）

数据来源：中国（海南）改革发展研究院《实现海洋强省目标的行动方案》，2009 年 8 月

深加工的中小企业群，致使石油工业对海南省地方经济的拉动作用十分有限，产业乘数效应小（表 5.11）。

表 5.11 2004 年全国部分地区石油天然气产业工业总产值分布　　单位：亿元

省份	上游行业	下游行业	上下游行业比值
全国	6 261.20	11 738.30	1:1.87
辽宁	353.70	1 697.10	1:4.80
甘肃	89.10	483.95	1:5.43
广东	479.60	950.60	1:1.98
河北	261.20	493.70	1:1.89
内蒙古	40.60	87.40	1:2.15
江苏	48.80	618.90	1:12.68
上海	19.80	827.20	1:41.78
湖北	80.70	314.20	1:3.89
海南	5.10	5.30	1:1.04

数据来源：胡健，焦兵《石油天然气产业集群对区域经济发展的影响》，《统计研究》，2007 年第 1 期

5.3.2.3 油气资源开发利用与环境保护压力加大

良好的生态环境是海南省得天独厚的优势，海南省的任何发展都必须以保护环境为前提，这一点已经在政府及民间达成了共识。海南省提出了建设国际旅游岛、生态省的大战略，对海南省生态环境提出很高的要求，而重化工业，特别是油气化工产业在某种程度上会与环境保护相互冲突，如何将油气资源合理利用与环境保护相结合，构建生态型、环保型油气化工产业，海南省下了很大的工夫。以海南省炼化为例，采用国内最先进的全加氢工艺路线，实现生产过程和产品的清洁化，选用了先进成熟的环保技术。但尽管如此，海南省发展油气业化工业面临的环境保护压力依然很大。同时，进一步加大油气资源的开发利用规模，提升其产值迅速增长，是拉动海南省经济发展的重大步骤之一。

——本地利用天然气的规模有待提高。作为天然气大省，海南省利用天然气规模，尤其在城市燃气利用方面规模过小。在国家天然气发展总体规划中，计划到21世纪中叶全国76%的城市将用上天然气，天然气将逐步成为城市燃气市场的主要燃料。而2007年，海南省城市燃气供气总量为8.5×10^{8} m^{3}，包括液化石油气7.1×10^{8} m^{3}、天然气1.39×10^{8} m^{3}。用气人口为136.3万人，其中，天然气用气人口为32.8万人，液化石油气用气人口为103.5万人。与同期海南城市人口327万相比，近1/3的城市人口尚未用上城市燃气，天然气使用人口比例更低，仅为城市人口的1/10。

——溢油应急体系建设亟待完善。海南省级溢油应急机制还未建立，不利于整个辖区溢油应急反应的统筹安排和大规模溢油事故的应急反应。沿海各市县的溢油应急计划建立也不全面。目前，只有东方市和洋浦经济开发区的溢油应急计划已公布实施，而且都普遍存在缺少实际演习和缺乏溢油应急设备的问题。

虽然海南省油气资源丰富，但却没有获得理想的发展速度，海南省更是没有从油气工业的发展中获得其溢出效应和对地方经济的拉动作用，总的来说是出于以下原因。

1）南海争端激烈，形势复杂

自被探明有丰富油气资源以来，南海便成为当今世界多国产生重叠海域且争议面积最大、最为激烈的海域。自20世纪90年代起，南海周边国家为了经济利益，开始在“争议海域”①内开采油气资源。仅1999年，南海就年产石油超过$4\ 000\times10^{4}$ t、天然气310×10^{8} m^{3}，分别是当年我国整个近海石油年产量和天然气产量的2.5倍和7倍。到90年代末期，周边国家已经在南沙群岛海域钻井1 000多口，在现已投产的500余口油气井中，有100多口位于我国南海断续线②内，参与采油的国际石油公司超过200家。但是，对南海拥有无可置疑主权的我国，至今尚未在南海南沙领域获得过一滴油、一立方米气。“守着金矿饿着肚子”，就是当前海南省油气业的真实写照。

2）中央与地方“条块分割”的油气开发体制严重制约海南省油气及化工产业发展

按国家有关规定，国家对外合作开采海洋石油资源的业务，统一由中国海洋石油总公司全面负责。海南省享有200×10^{4} km^{2}海域管辖权，有着最丰富开发前景的海洋油气资源，但受现行油气开发体制制约，海南省在南海油气资源开发上不能组织开采和综合利用，不能享受本省资源所带来的经济利益。这极大地束缚了海南省在开发南海中所能发挥的重要作用。

3）油气化工企业科研力量薄弱

海南省油气化工企业科研开发能力非常薄弱，用于科研的经费支出很少，投入科研经费的强度系数不足0.15%，石油化工行业几乎没有产业科研成果。从整体上看，目前海南省油

① 南海周边的5个国家——菲律宾、越南、马来西亚、文莱和印度尼西亚先后向南海提出主权要求，焦点主要集中在南海4个群岛中最大的南沙群岛超过80×10^{4} km^{2}的海域上。被称为“争议海域”。

② 20世纪80年代，由于《联合国海洋法公约》以距离标准重新定义了大陆架制度和引入200 n mile专属经济区制度，客观上使沿海国扩大了海域管辖范围，从而增加了南沙群岛争端的复杂性。南海周边邻国纷纷强占南沙岛屿以圈定专属经济区。南海断续线海域面积为200×10^{4} km^{2}，越南、菲律宾、马来西亚、印度尼西亚、文莱5国要求的海域就占了154×10^{4} km^{2}。

气化工企业仍采用传统型技术装备和生产工艺，与全国各省市的同类工业比较，相对落后。这些问题的长期存在，制约了石油化学工业的发展。由于本土油气企业科研力量薄弱，产品缺乏竞争力，因此企业难以得到资金投入，制约了本省中小油气企业的发展。因此中央油气企业对本省经济的拉动找不到响应点，巨额的油气工业产出难以在海南省产生拉动效应。

4）油气化工产业缺乏统一、科学的发展规划

一个空间区域的产业发展应该有一个综合统一的发展规划，这样产业内部各个部门之间有相对确定的比例关系，才可以形成相互辅助、相互促进的内、外部规模效应，使区域经济产业发展效益达到最大化。而目前海南省的油气工业就正好缺乏综合统一的规划与实施步骤。一直以来，引进的项目多为一次性产品，而附加值高，耗能少，精深加工的化工产品项目则较少。

虽然目前天然气发电、天然气居民推广使用、天然气汽车等项目已取得一定成效，但下游精深加工，综合利用程度高的产业发展项目依然很少。这也是导致海南省油气业产业链条短，上下游发展不均衡，油气业发展的乘数效应小，对区域经济带动作用弱的重要原因。

5）海南省本土油气企业弱小，缺乏资金支撑

海南省本土油气企业普遍存在资金不足、科技力量薄弱等先天不足状况，因此面对海南省丰富的油气资源供应，却没有能力进行配套加工，尤其是精深加工。由于本土企业不能有效参与，油气业对海南省地方经济的拉动作用自然也就极为有限。因此，海南省若想真正从油气资源的开发中获取近水楼台之利，扶持本土油气配套企业，延伸产业链条，构建产业网络，才是目前最好的途径。

资料链接：海南省发展海洋油气及化工产业的优势条件

（1）丰富的资源优势

海南省油气资源丰富，集中连片，质量好。据预测，海南省管辖海域有油气沉积盆地39个，其总面积约$64.88\times10^4\ km^2$，蕴藏的石油地质潜量约$328\times10^8\ t$（折经济资源潜量$152\times10^8\ t$）、天然气地质潜量约$11.7\times10^8\ m^3$（折经济资源潜量$4.2\times10^8\ m^3$）、天然气水合物地质潜量$643.5\times10^8\sim772.2\times10^8\ t$（油当量），故有“第二海湾”之称。

（2）无可替代的区位优势

海南省是地理上距离泛珠三角最近的能源供给地。此外，海南与印度尼西亚、文莱等东盟著名石油、天然气生产出口大国隔海相望，与泛珠三角其他地区相比，距中东产油区海上航程最短，是我国经马六甲海峡进口原油的最近和最理想的靠岸点，我国进口原油的60%、日本及韩国进口原油的80%经由此航线。除本岛具有特大型天然良港码头外，各项基础设施已经具备作为国家石油天然集散、加工战略基地的条件，是今后几十年我国参与国际油气开发战略的最好地区之一。

（3）具有发展油气重化工业所需的环境容量优势

海南省四季高温，阳光充足，动植物资源丰富，生长期更新快，可以加快吸纳和转化工业排放物的过程；海岛的多雨高湿、频繁而强烈的大气对流气候，可以加快工业排放物的沉降、净化过程，又可以大大减弱工业排放物在大气层的聚集、增浓效应；巨大的海水能量能

产生对工业排放物的巨大稀释、降解作用。

（4）具备发展油气化工业的重要基础条件

① 交通运输条件。公路建设四通八达，公路网密度61.6 km/km^2，比全国平均水平高2倍；高速公路达到626 km，高速公路通车里程占总里程的3%，比全国平均水平高1.2个百分点。粤海铁路建成，实现了海南铁路与全国联网。全省拥有海口美兰、三亚凤凰两个国际机场，开通国际、国内航线300多条。

② 具有发展重化工业所需要的优良海港。海南省现有大小港湾68个，深水港口资源丰富。全省码头泊位达到126个，其中，万吨级泊位23个，总吞吐能力达到4 100×10^4 t。其中，海口（包括秀英港、海口新港、马村港）、洋浦、八所、三亚、清澜5个国家一类对外开放口岸，都可以停靠10万吨级轮船，最大的原油码头达30×10^4 t，对海南重化工业发展至关重要。

③ 能源供应。电力工业近年来取得长足发展，全省装机容量达200×10^4 kW，220 kV环岛单环主网架建成，保证了工业生产对电的需求。水利建设成效显著，海南省第一、第二大河和昌化江通过输水渠道输入西部5大工业开发区，全岛工程性缺水问题取得重大进展。

资料来源：中国（海南）改革发展研究院编，《策划天涯——立足海南的追求和探索》，人民出版社，2008年3月；《石化产业：海南未来经济发展支柱》，海南统计局网站，2008年3月。

5.4 海南省滨海旅游业发展现状与存在问题

5.4.1 滨海旅游业发展现状

海南省海洋自然旅游资源极其丰富，其行政区域包括海南岛及周围岛屿、西沙群岛、南沙群岛、中沙群岛的岛礁及其海域，所辖海域面积达200×10^4 km^{2}余，是陆地面积的近60倍。海岸带景观分布在海南岛长达1 882.8 km的海岸线上，沙岸占50%~60%，沙滩宽数百米至千余米不等，缓缓延伸，海水清澈，沙白如絮，清洁柔软，是我国唯一的热带海岛旅游休闲度假区和避寒胜地。阳光、沙滩、海水、绿色、空气5大要素为开展热带滨海旅游提供了良好的条件，岸边绿树成荫，空气清新，海水温度一般为18~30℃，一年中多数时候可进行海浴、日光浴、沙浴和风浴。环岛沿海有不同类型滨海特色的景点，在东海岸线上，特殊的热带海涂森林景观——红树林和特有的海岸地貌景观——珊瑚礁，均具有较高的观赏价值，并已在琼山市东寨港和文昌市清澜港等地建立了4个红树林保护区。海南省的旅游业主要依托海洋而展开，因此海南省旅游产品的90%以上均为海洋旅游产品，因海洋旅游业没有专门的统计数据，因此本书以旅游业的统计数据作为海洋旅游业的数据来进行研究。

5.4.1.1 滨海旅游业经济总量增长快速

2001—2008年，海南省滨海旅游业产值和增加值年均增长分别为10.4%和14.5%。2008年尽管受国际金融危机影响，海南省滨海旅游业仍稳步增长，全省滨海旅游业总产值176多亿元，较2007年增长10%以上，增加值97多亿元，占全省海洋生产总值的22%，成为海洋经济4大支柱产业之一①（图5.16）。

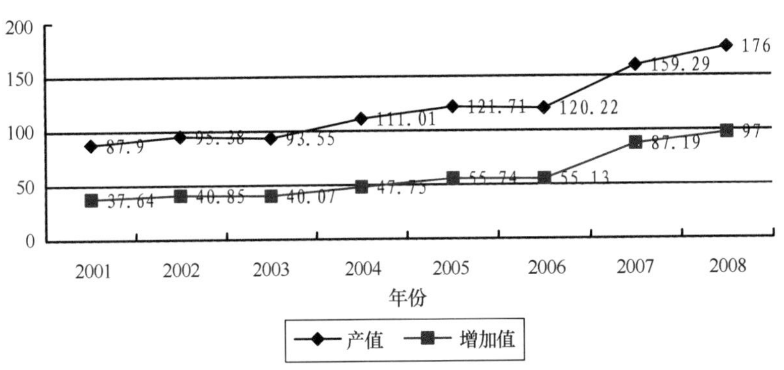

图5.16　2001—2008年海南省滨海旅游业产值和增加值（单位：亿元）

数据来源：《海南省海洋旅游产业人才队伍建设研究》

5.4.1.2　旅游人数和旅游收入快速增长

旅游产业已成为海南省发展的支柱产业。2008年，全省接待游客总数为2 060万人次，是1988年的17.4倍，其中，接待海外游客97.93万人次，是1988年的4.8倍；全省旅游收入192.33亿元，是1987年的23倍，占全省GDP的13%，其中，2008年旅游外汇收入3.9亿美元，比上年增长31.88%（表5.12）。

表5.12　1987—2008年主要年份旅游接待人数及收入

年份	旅游接待总人数/万人次	国内旅游收入/亿元	旅游外汇收入/万美元	旅游收入总额/亿元
1987	75.08			1.14
1990	113.47			4.09
1995	361.02			52.39
2005	1 516.47	114.56	12 845.77	125.05
2006	1 605.02	123.57	22 912.28	14 143
2007	1 845.50	149.63	3 016 004.00	171.37
2008	2 060.00		39 000.00	192.33

数据来源：海南省旅游发展委员会官方网站

5.4.1.3　滨海旅游产品开发初具规模

海南省发展滨海旅游业以来，根据海南省旅游资源比较优势，确立了以度假旅游产品为主，度假、专项旅游和高档次观光旅游产品相结合的发展方向。除了传统的观光游览旅游产品外，增加了特殊旅游产品。已经建设了亚龙湾、大东海、南山文化旅游区、天涯海角、博鳌旅游区等一批特色鲜明、内涵丰富且较有影响的精品旅游景区和滨海度假区。目前海南省

① 《占全省生产总值近30% 海洋经济成海南经济新亮点》，《海南日报》，2009-04-01。

已经开发出的海洋旅游产品如表 5.13 所示。

表 5.13 海南省主要海洋旅游产品

类型	内容
海洋亲水活动	海上游乐休闲健身（滑水、冲浪、飞艇、帆板），浮潜、半潜、全潜观光，海底探险，热带海滨浴场，盐场、盐水浴保健旅游产品等
海洋文化体验	热带森林，热带滨海城市，海洋工艺品、纪念品，海洋宗教朝拜，海洋爱国主义教育，海洋科学考察，渔家乐，少数民族风情等
海洋主题活动	海洋主题公园（海洋馆、水族馆），海洋体育赛事，海洋节庆等
特有的海洋旅游活动	粤海铁路海峡观光，海底隧道，港口风情，椰树林海岸等

5.4.1.4 旅游基础设施密度高

交通设施更加完善。海南现拥有海口美兰、三亚凤凰两个国际机场，与 39 个国内外大中城市通航，民用航线由 1987 年的 5 条增加到 2007 年的 474 条，年吞吐量 1 580 万人次，为岛外客人来琼提供了便利。环岛高速公路、粤海铁路通道、三亚 10 万吨级邮轮码头，以及已于 2010 年 12 月 30 日正式投入运营的东环轻轨铁路，使海南省交通呈网状结构，把海南省独具特色的热带滨海旅游资源与其他功能的旅游资源更方便地联结起来。

接待设施日趋完善。1988 年以来，海南省旅游业飞速发展，旅游接待设施也日益完善。海南省已形成吃住行游购娱一条龙的配套接待体系，为海洋旅游的快速持续发展提供了优良的条件。至 2008 年年底，全省共有旅行社 191 家，其中，国际旅行社 53 家；星级饭店 259 家，其中，五星级标准饭店和四星级饭店近 100 家；希尔顿、喜来登等 13 家国外顶级管理公司已进入海南省；A 级景区 30 个，其中，10 个 4A 级景区；旅行汽车 1 800 多辆，全省具有规模的自驾车公司 8 家。导游 9 800 多人，旅游从业人员 13 万多人，已具备年 2 500 万人的旅游接待能力（表 5.14）。

表 5.14 2003—2008 年旅行社变化情况

项目＼年份	2003	2004	2005	2006	2007	2008
旅行社总数/个	157	158	158	158	155	191
国际社	39	40	40	43	42	53
国内社	118	118	118	115	113	138

数据来源：《2008 年海南省统计年鉴》、海南省旅游发展委员会官方网站提供

5.4.2 滨海旅游业发展中存在的问题

5.4.2.1 发展水平低，产业基础薄弱

旅游收入水平相对较低，与海南省丰富的滨海旅游资源不相称。2007 年海南省滨海旅游

收入159亿元，与沿海发达省相比存在较大差距，仅相当于广东省滨海旅游收入的1/6，山东省滨海旅游收入的1/4。2008年海南省全省接待旅游过夜人数2 060万人次，旅游总收入192.33亿元，旅游饭店客房开房率59.18%。同年，深圳旅游住宿设施接待过夜游客2 659.3万人次，旅游业总收入517.83亿元，宾馆、酒店、度假村开房率达61.5%。

旅游业在区域经济中的地位不如国际同类海岛。2008年，海南省旅游产业占GDP的比重为14%，虽远高于全国平均水平，但分别低于同为以旅游业为支柱产业的冲绳岛、济州岛、巴厘岛3个、5个、37个百分点。

游客逗留天数和人均消费额较低。从这两个反映旅游业发展水平及收入基础的重要指标来看，海南省入境游客平均只停留4天，仅是巴厘岛游客停留天数的一半；人均消费470美元，远低于冲绳岛和巴厘岛的780美元的人均消费。

海南省的客源市场以国内观光游客为主，旅游业发展层次较低。客源市场的特点决定了旅游产品的提供特点以及旅游收入的大小。海南省以国内观光游客为主要客源市场的特点决定了海南省滨海旅游较低的发展层次。由于旅游业的发展层次低，海南省滨海旅游业在与国内外的市场竞争中主要是以低价为主要竞争手段。旅游企业大多规模偏小，实力相对比较薄弱，市场竞争能力弱，抗风险能力差。

5.4.2.2 滨海旅游业产业结构层级较低，限制了旅游业的内在增长能力

根据不同的划分标准，滨海旅游业内部结构可以有以下分法。

一是从客源市场来分，可分为入境游与国内游。

二是从企业发展来分，可从旅游行社与星级酒店的构成来反映旅游业的产业结构发展特点与层级。

三是从产品要素来分，体现在食、住、行、游、购、娱这6个方面，其中，食、住、行、游为基础要素，购、娱为提高要素。这6大要素的提供情况的构成，则反映了滨海旅游业的产业结构。根据这一分法，将旅游业划分为旅游餐饮业、旅游饭店业、旅行社业、旅游景区景点业、旅游交通业与旅游购物业。通过分析这些行业的产值及相对比重来分析滨海旅游业内部结构的变动及特点。

首先从入境游与国内游两方面来看。海南省的滨海旅游业一直是以国内旅游为主，即主要接待对象为国内游客。以2008年为例，2008年全省接待游客总数为2 060万人次，是1998年的2.4倍；国内旅游创收为165.01亿元，占全部旅游收入的比重为85.8%（表5.15）。

表5.15 1998—2008海南省主要年份旅游接待人数及收入

年份	旅游接待总人数/万人次	国内旅游收入/亿元	旅游外汇收入	旅游收入总额/亿元	国内旅游收入占全部收入比重/%
1998	855.97	58.97	0.96亿美元	66.96	88.07
1999	929.07	63.78	1.05亿美元	72.46	88.02
2000	1 007.57	69.51	1.09亿美元	78.56	88.48
2001	1 124.76	79.10	1.06亿美元	87.89	90.00

续表 5.15

年份	旅游接待总人数/万人次	国内旅游收入/亿元	旅游外汇收入	旅游收入总额/亿元	国内旅游收入占全部收入比重/%
2002	1 254.96	87.84	0.92 亿美元	95.38	92.09
2003	1 234.1	86.95	6.6 亿元	93.55	92.94
2004	1 402.89	104.24	6.77 亿元	111.01	93.90
2005	1 516.47	114.56	10.49 亿元	125.05	91.61
2006	1 605.02	123.57	17.86 亿元	141.43	87.37
2007	1 845.5	149.63	21.74 亿元	171.37	87.31
2008	2 060	165.01	27.32 亿元	192.33	85.80%

数据来源：海南省旅游发展委员会官方网站

从收入来看，国内旅游收入占全部旅游收入的比重先是逐年上升，从2005年开始，逐渐减少，从收入的构成角度反映了海南省滨海旅游业的发展历程。自建省以来，海南省滨海旅游业得到迅速的发展，在全国经济持续快速增长，人民生活水平不断提高的大背景下，海南省旅游业依托国内游客市场，大力发展热带海岛观光旅游，旅游收入逐年增长。但毕竟观光旅游属于一个旅游区域较低级的旅游产业发展阶段，以依托自然旅游资源，人均旅游消费低为特点，且主要依赖国内市场的观光旅游需求弹性过大，旅游业比较脆弱。

2005年以后，海南省入境旅游收入逐年增长，反映了海南省滨海旅游客源市场趋向多源化发展，这是一个可喜的现象，说明海南省旅游业的发展层次不断提高，在国际旅游市场的知名度不断扩大，旅游业产业结构正朝着良性方向发展，产业稳定性不断增长。但同时我们也应该看到，海南省入境旅游收入所占比重一直较低，到2008年仍占不到15%，这说明我省滨海旅游业产业结构调整还有很大潜力可挖，任重而道远。

从旅游企业的构成变化来看，以旅行社和星级酒店为代表的海南省旅游企业经历了数量从少到多，级别由低到高的发展过程。

从表5.14中数据可以看到，海南省旅行社的数量处于稳步发展当中，国际社的数量相对国内社略高，这也与前述入境旅游收入比重逐年升高的状态相吻合。

从星级饭店构成图来看（图5.17）。2002—2008年，海南省增加的星级饭店都是三星级以上饭店，且星级越高，增长速度越快：2008年与2002年相比，五星级饭店增加近两倍，四星级饭店增加一倍，三星级饭店增加19.6%。而一星和二星级饭店数量没有变化。这既反映了旅游者对旅游产品要求的提高，也反映了海南省滨海旅游业的发展随着全国旅游市场的升温在不断提高接待档次，旅游业产业结构在逐步得到优化。

从入境、国内旅游的6大要素构成来看，海南省滨海旅游收入主要来自于客房收入和餐饮收入、交通收入。即收入的主要部分是食、住、行这些需求弹性小、增长空间有限的行业，而对于游、购、娱，尤其是购和娱方面的收入所占比重较小。仅以2005年、2006年、2007年3年的数据进行说明（表5.16）：

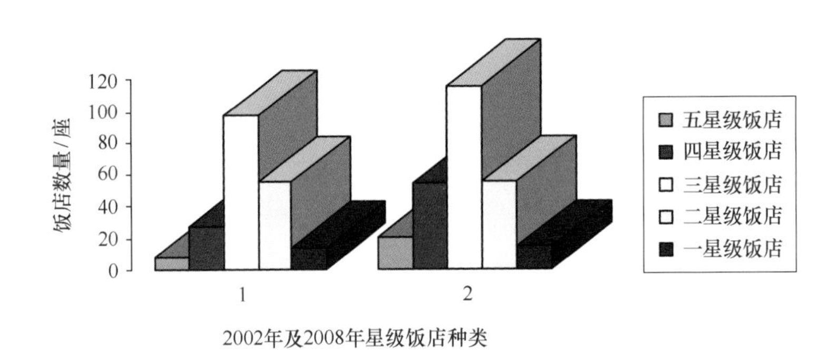

图 5.17　海南省星级饭店构成比较

表 5.16　2005—2007 年海南省滨海旅游收入构成

	2005 年		2006 年		2007 年	
	金额/万元	比重/%	金额/万元	比重/%	金额/万元	比重/%
客房收入	138 848.8	53.21	189 287.6	50.70	265 120.2	53.25
餐饮收入	101 525.6	38.91	146 899.0	39.35	185 455.5	37.25
旅游商品销售收入	4 289.0	1.64	5 244.7	1.40	3 704.9	0.74
其他收入	16 282.5	6.24	31 923.8	8.55	43 642.2	8.76

从表 5.16 及图 5.18 中可以很清楚地看到，海南省滨海旅游收入主要来自于客房与餐饮收入，二者合计比重超过 90%。尤其是以客房收入为主，一直占总收入的一半以上。这种状态既表明目前海南省滨海旅游业仍处于低层次发展，从另一个角度来看，也说明海南省滨海旅游业有很大调整提升的空间。

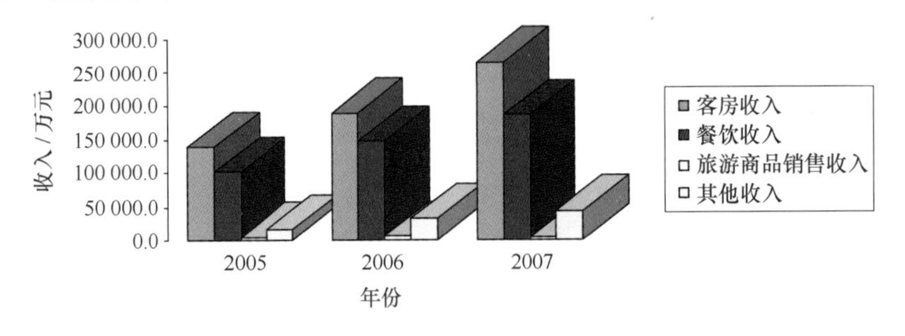

图 5.18　2005—2007 年海南省旅游收入结构

从图表中还可以看出，旅游商品销售收入的比重处于逐年下降状态。而旅游商品销售是旅游收入构成中需求弹性较大的一部分，也是海南省滨海旅游业实现产业结构升级的重要路径。但从目前来看，这一方面显然做得还很不够。

海南省旅游业产业结构离合理化要求还有相当差距，这是在对老旅游地产业结构进行优化调整时的大背景，同时也是我国旅游业产业结构现状的反映。目前，无论是涉外旅游还是国内旅游，游客的消费主要停留在 6 大要素的基础要素层面上。国内旅游是游客消费能力的现实反映，而涉外旅游则体现了我国旅游业体制、制度上的不合理。

从旅游整体产品结构来看，海南省的滨海旅游产品多数是低端观光型产品，高端的休闲度假产品少，海洋旅游精品不多，尤其是没有突出海南省的地方文化特色。就滨海自然景观而言，海南省在国内尚有“唯一的热带海洋风光”这一相对优势，但放到国际旅游市场，这一优势就消失殆尽了。能够与其他自然同质旅游景点区别开来的就是独特的地方文化了。但目前海南省的滨海旅游开发中并没有体现和突出海南省的地方特色文化，没有形成具有地方性、民族性、独特性的滨海旅游度假区，缺乏有国际影响力的海洋旅游精品。

5.4.2.3　旅游软件建设不足，发展后劲不足

建省20多年以来，随着旅游业的发展，旅游硬件设施发展完善很快，但旅游软件建设则相对落后，改善缓慢。

旅游人才供求总量不足与结构性缺乏矛盾突出。全省旅游从业人员总量为166 472人[①]，占全省人口比重的2%，比全国平均水平的6%低近4个百分点。旅游人才供给主要来自于旅游院校，全省旅游院校在校生不足1万人，远远不能满足旅游业快速发展的需求，供需之间存在较大的缺口。海南省的旅游教育现在有研究生、本科、专科（含高职）和中等职业教育4个层次，相关的博士生也已经出现，从总体上看层次结构趋于合理。目前旅游业的常规人才需求如导游、调酒师等已进入大致需求平衡时期，然而在数量上却远远不能满足海南省旅游业的未来发展，特别是高层次管理人才相当缺乏。现在海南省旅游业最为紧缺的人才有市场营销、旅游景区的开发与规划、会展旅游、度假管理、人力资源开发、项目管理、资本运作等。

国际性旅游氛围包括语言环境、国际旅游要素、公民国际素养、国际亲和力和运行国际惯例等方面，海南省还存在明显差距，这是海南省国际旅游岛建设的重要障碍。例如，与其他同类岛屿相比，海南省本地居民的英语普及率极低，绝大部分居民连基本的英语问候语都不会说。

医疗卫生设施相对落后，医疗人员整体水平不高，医疗资源分布不合理。不能满足岛外游客休闲度假的需求。

旅游市场秩序亟待改善。不少旅行社实行低团费甚至“零团费”争夺客源，再采用增加购物点和强迫游客参加自费项目来弥补损失；一些旅游购物点和民族风情表演点利用高回扣争夺客源，敲诈勒索的事件屡有发生，严重损害了海南省的形象，阻断了很多回头客，这种杀鸡取卵的经营方式亟须大力整治。

游客咨询服务平台缺位严重。游客咨询服务平台集旅游展示、旅游咨询、旅游集散和调度、电子商务、数据采集和市场监测、旅游危机处理功能于一体。按照国际惯例，旅游咨询中心与旅游交通、旅游公厕一起，被视作每个旅游城市三大必备旅游设施。因此，是否建有旅游咨询中心，也常被当做是衡量一座旅游城市发展程度的标尺，是旅游业发展现代化、高级化的标志，是旅游功能成熟的表现。发达国家和新兴的工业化国家中的旅游服务中心，其功能已不仅仅局限于旅游业自身。从趋势上看，这种以社会性公益服务为主要目的的游客服务系统的发展，已成为衡量城市文明程度的标准之一，也是现代城市功能的一种体现。

近几年来，海南省自助游比例逐年增高，到2007年春节期间，海南省自助旅游的比例已接近60%。然而作为自助游最重要的配套设施，游客咨询服务平台仍十分薄弱，目前只有纸

---

① 《海南国际旅游岛旅游人才队伍建设专题研究报告》，海南省旅游发展委员会，2009年3月。

质、网络和电话这3种介质的服务形式，且内容均为静态的景点介绍、线路推荐和交通工具及酒店的预订，这些旅游服务主要是由旅游行社、酒店、景点等企业设立的以扩大营业额为主要目的的盈利性质的咨询服务。对旅游咨询服务中公益性强的旅游救援，行李寄存、雨伞出租、提供急救药物、针线包等便民服务则没有充分而便利地提供。使来海南省旅游的游客不能便利地获得他们所需要的帮助，在一定程度上影响了海南省旅游业的发展。

5.4.2.4 滨海旅游管理体制尚未理顺

旅游业是一个综合性的产业，涉及的行业众多，而各行业又各有其主管部门，这就客观上造成了旅游行业“行业多头”的现实状况。旅游管理部门，又不可能包揽其他管理部门的职能，因此，旅游行业管理难以做到对行业的全面管理。传统的海洋旅游资源的管理分散在林业、土地、农业、地矿、建筑、文物管理、海洋管理等多个部门，条块分割，各自为政，宏观管理缺乏协调性。对旅游经营中的人员管理、服务标准、质量监督、游客投诉等种种具体问题的管理均存在着政出多头，事解无门的状况。

此外，旅游业是一个新兴的行业，旅游法律法规不健全，旅游管理缺乏强有力的法律法规支持，影响了旅游管理的权威性，另一方面，旅游局在与相关部门工作协调的过程中因处于平级位置而难以在管理中成为中心，从而阻碍了旅游市场的健康运行。

5.5 海南省海水利用业发展现状与存在问题

5.5.1 海水利用业发展现状

当前，世界淡水资源日益紧张，人们将眼光投向了地球最大的水资源——海洋。海水利用已经成为许多沿海国家解决淡水短缺、促进经济社会可持续发展的重大战略措施。海南省是一个海洋省份，拥有全国2/3的海洋面积，海水资源十分丰富，且水质良好，但与世界沿海国家以及我国其他一些沿海省份相比，海水利用发展相对滞后，也正因为如此海水利用业存在着巨大的发展空间。

此外，加大海水利用对于缓解海南水资源供需矛盾有着重要的现实意义。海南省淡水资源总量约319×10^8 m^3，人均水资源量4 293 m^3，高于全国2 700 m^3 的平均水平。但据专家测算，淡水资源总量中可开发利用的很有限，仅约100×10^8 m^3。此外，到2015年，海南省全省城市工业及生活用水每年总需求量17.6×10^8 m^3，而2005年至2015年之前的供水能力为9.2×10^8 m^3，供水能力难以满足用水要求。水资源供需矛盾将会成为制约海南省经济发展的“瓶颈”。

目前，海南省海水利用业发展极为缓慢，利用量低。2005年海水直接利用量为8.9×10^8 m^3，仅比上年增长0.8%，而且主要用于火电厂冷却水、养殖业如海水养殖鲍鱼、虾、江篱菜和部分岛屿海水淡化等，其他工业、农业和服务业均未使用海水（图5.19）。

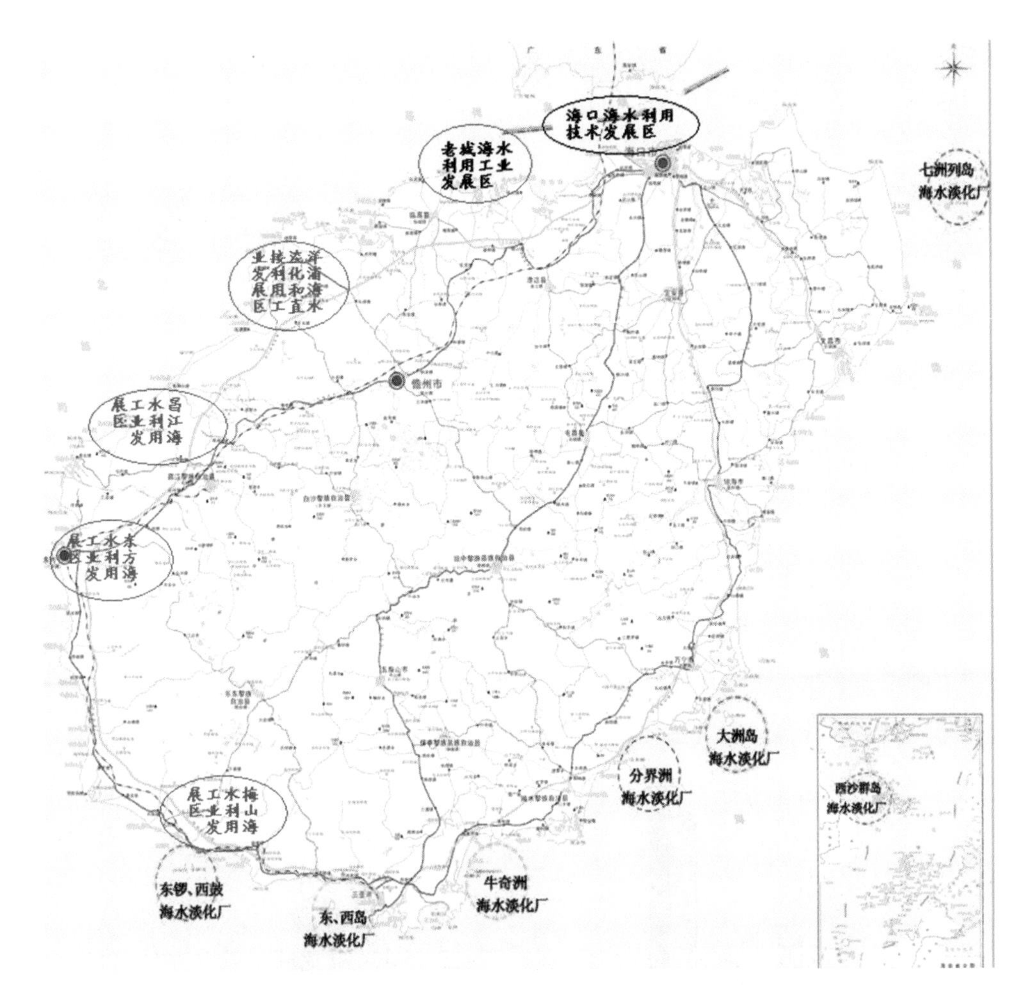

图 5.19 海南省海水利用区域总体布局

资料来源:《海南省“十二五”期间海洋经济发展规划》

5.5.2 海水利用业存在的主要问题

1) 缺乏统筹规划和宏观指导

沿海地区的海水利用尚未列入全省水资源利用发展规划。由于没有统一规划，这一产业的发展缺乏政府支持与指导，影响了该产业的发展。

2) 缺乏资金投入，产业规模小

主要表现在海水产业化投入严重不足，海水利用示范工程缺乏资金来源，规模示范效应不够；海水开发利用科研投入少，缺乏技术支撑，海水利用技术国产化率有待提高。

3) 水资源开发利用的市场机制不完善

目前，海南省供水价格处于保本经营，供水价格未能真正反映水资源的供求变化。在现有的技术条件下，海水淡化的成本远高于现行的供水价格（海水淡化成本约 5 元/t，而目前海南省的水价 2.15 元/t)，成本与收益倒挂，客观上造成了海水利用产业发展的滞后。因此，加大海水利用的政策支持力度，努力提高海水利用技术，降低海水利用成本，是下一步海南省发展海水利用产业迫切需要解决的问题。

4）市场容量小，投资收益率低

一方面海水淡化完全按成本核算，成本较高，而目前自来水、福利水工程等有政策扶持，两相比较，海水淡化的经济收益低且难以保障，因此影响了地方和企业的积极性；另一方面，由于缺少对沿海用水大户使用海水的刚性定额或法定要求等，使得一开始就靠市场行为发展的海水利用业市场不能得到有效保证，从而制约了产业发展。

5.6 海南省海洋能利用现状与存在问题

5.6.1 海洋能利用现状

海洋能是一种蕴藏在海洋中的重要可再生清洁能源，主要包括潮汐能、波浪能、海流能、温差能、风能、太阳能、生物质能和盐差能。据专家预测，海洋可再生能源将成为21世纪沿海地区和岛屿重要的补充能源（图5.20）。

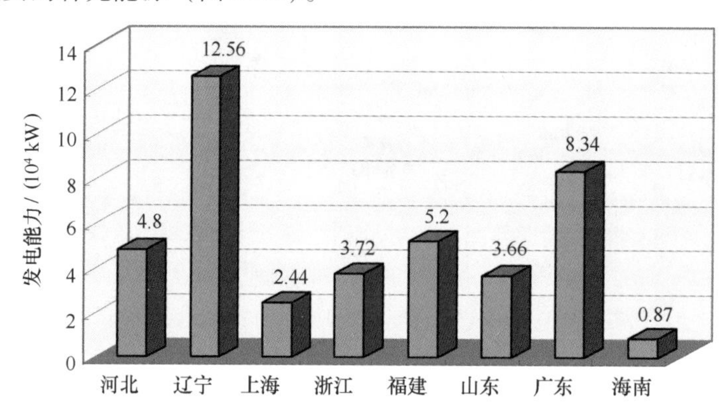

图5.20　2005年沿海地区风能发电能力

资料来源：《2006年中国海洋统计年鉴》

海南省蕴藏着丰富的海洋能，但对海洋能的利用程度十分落后。目前已利用和规划利用的海洋能大都为海洋风能。2007年，海南省首次对风电场建设加以规划，形成《海南省风电场规划报告》，初步规划了12处风电场为会文、月亮湾、抱虎角、潮滩鼻、玉包、马袅、临高角、峨蔓、海尾、四更、感城和莺歌海风电场。12处规划风电场装机容量共123.45×10^4 kW。根据该规划，海南省政府已批准建设6座风电场，总装机容量29.7×10^4 kW，总投资约30亿元。目前在建风电场有华能文昌风电场、儋州峨蔓风电场一期工程、东方感城风电场一期工程、东方高排风电项目、东方四更风电场项目。另外，海南省将创建世界上第一座试点性浮海风电场（总装机2×10^4 kW）。见表5.17。

表 5.17　海南省风电场规划

风电场名称	位　置	年平均风速/（m/s）	规划装机容量/（10^4 kW）
潮滩鼻风电场	文昌市会文镇南部沿海	7	12
峨蔓风电场	儋州市西北部沿海和岛屿	6.61	25.5
四更风电场	东方市西部沿海	6.41	12
感城风电场	东方市西南部沿海	6.46	17.1

资料来源：《海南省风电场规划（2008—2015 年）》

目前，海南省已形成总装机容量为 5.83×10^4 kW 的风能利用规模，其中，西部沿海东方市风力发电场，总装机容量 8 700 kW，年平均发电量 $1\,300\times10^4$ kW·h 左右，年等效满负荷小时数约为 1 500 h。

5.6.2　海洋能利用存在的问题

海南省海洋能资源情况见图 5.21。

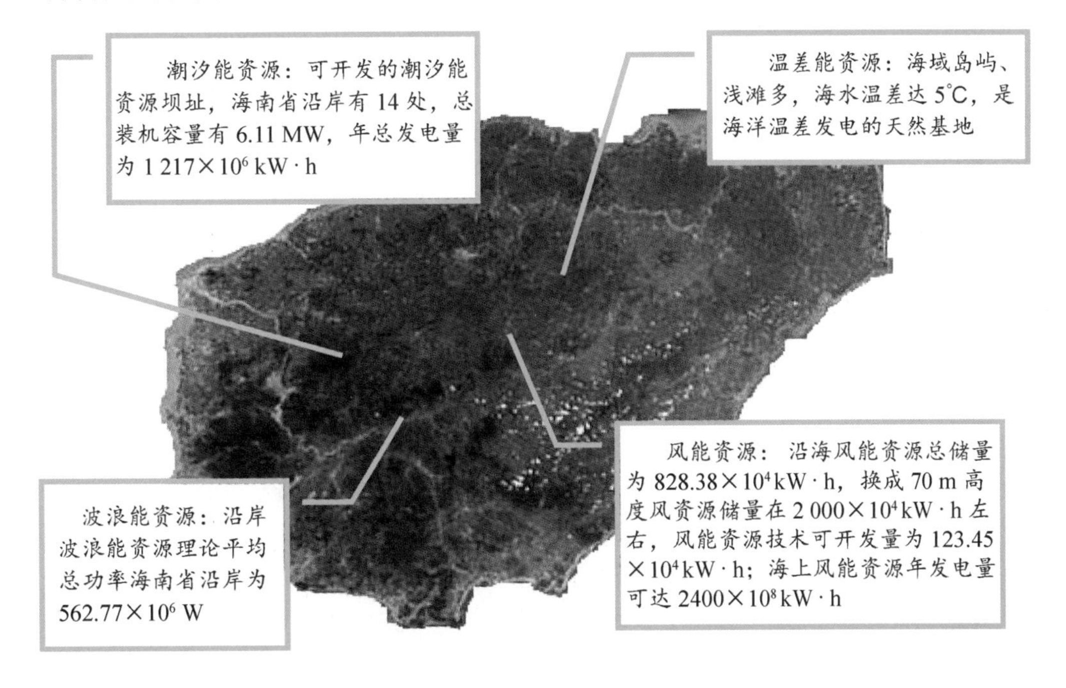

图 5.21　海南省海洋能资源

资料来源：《海南省战略性新兴产业基地建设研究》

5.6.2.1　海洋能利用缺乏整体规划

海南省缺少对海洋能资源状况的整体认识，没有形成系统的发展方向、目标和计划。以海洋风能利用为例，海南省虽对沿海风电有所规划，但是缺乏系统、详细的海上风能资源评估，在风能资源测量、评估、仪器标定以及规范化的管理体系等方面尚不健全，还未建立风电场风资源预报系统。除风能以外，海南还具备利用潮汐能、波浪能、潮流能、温差能发电的良好条件，但目前海南省这些方面的海洋能利用尚属空白。

5.6.2.2 海洋能研发能力弱，技术不够成熟

海洋能利用属于高新技术产业范畴，对工程技术有很高的要求，目前我国没有系统的海洋能科研规划和发展计划，只是各研究单位开展了一些零星研究工作，海南省的海洋能研究开发力量尤为薄弱。海洋科技力量零散且层次较低，海洋能开发利用还停留在低水平阶段，因此未能形成规模和产业。

5.6.2.3 海洋能开发投入高、投资风险大

由于相关技术不够成熟，海洋能开发利用的投入高、建设周期长，产品成本高，目前海洋能发电的上网电价远高于一般电价，与传统能源产品相比在市场上没有竞争力，因此不能吸引民间资本进入此领域，这是海洋能开发利用滞后的一个关键原因。

5.6.2.4 缺乏政府有力的扶持政策

由于海洋能开发的风险大，民间资本进入的积极性低，因此为了鼓励此行业的发展，政府应该制定相应的鼓励和扶持政策。目前一些发达国家都从国家的科技政策、环境政策、经济政策等方面，向包括海洋能在内的可再生能源领域倾斜，激励海洋能开发利用向产业化方向发展。目前，我国尚未形成促进海洋能发展的政策体系，海洋能发展的动力明显不足。

5.7 海南省海洋生物医药业发展现状与问题

海洋生物具有独特的营养价值，含有多种生物活性物质，这种生物活性物质是陆生生物不可比拟的，能有效地预防和治疗心脑血管疾病、促进细胞代谢、抗癌防癌、保护体内细胞的正常功能、增强免疫力、防治老年痴呆症等。海洋生物医药的研究将会给不断遭受疾病灾难困扰的人类带来更多的希望。

自20世纪60年代初，海洋生物资源便成为医药界关注的新热点，海洋药物研发引起了各国关注。进入20世纪90年代，许多沿海国家都加紧开发海洋，把利用海洋资源作为基本国策。美国、日本、英国、法国、俄罗斯等国家分别推出包括开发海洋微生物药物在内的“海洋生物技术计划”、“海洋蓝宝石计划”、“海洋生物开发计划” 等，投入巨资发展海洋药物及海洋生物技术。

我国现代意义上的海洋生物医药和海洋保健食品的研究开发是从20世纪70年代开始的。目前国内已经有数十家研究单位，几百家开发、生产企业，主要分布在海洋生物医药产业发展比较发达的沿海省市，如山东、福建、上海、海南、广东等。

5.7.1 海洋生物医药业发展现状

近几十年来，海洋生物技术的发展日新月异，世界海洋医药已由技术积累进入快速的产业化发展阶段，海洋生物医药产业将成为未来20年中国生物产业发展的重点领域之一。管辖海域面积超过200×10^4 km^2 的海南省，海洋药物资源无与伦比，目前该产业正处于持续快速发展中（图5.22）。

5.7.1.1 海洋生物医药产值逐年上升

2008 年海洋生物医药产值为 0.7 亿元，比上年增长 50%。从事海洋生物医药研发生产的企业已形成一定规模，截至 2007 年，省内共有 18 家海洋保健品生产企业，生产开发海洋保健品 21 种。

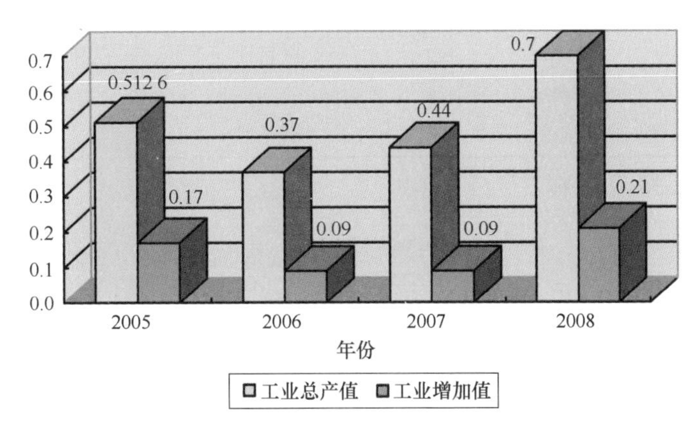

图 5.22 2005—2008 年海洋生物医药产值变化情况（单位：亿元）
数据来源：《海南省医药保健品食品“十一五”规划》

5.7.1.2 海洋生物医药研发力量逐步增强

海南省十分重视海洋生物医药的研究。近些年来省政府在科研经费安排上的适当倾斜，已经取得显著成效。目前从事海洋药物研发的有海南通用同盟药业有限公司海口海洋药物研究开发中心、海南加华海产生物制药有限公司、中国热带作物生物技术国家重点实验室、海南医学院、海南大学等。海洋生物医药研发项目在海南省海洋科技项目中占主导地位，2007—2008 年，海南省各科研单位承担的国家级海洋科技项目中，其中，12 个项目涉及海洋生物医药技术，占到全部项目数量的 54%，同期，海南省“科技三项”费用中关于海洋生物医药技术项目就占 3 项，占海洋项目总数的 27%。

5.7.1.3 海洋生物医药研发取得一定进展

海南通用同盟有限公司海口海洋药物研究开发中心已从海南省近海、西沙等海域采集海水、海沙、海泥、海洋动植物等样品近百个，获得单菌株 890 株，获得微生物培养物 1 731 个，有抗菌和抗肿瘤活性的培养物 333 个。热带作物生物技术国家重点实验室在海洋生物医药研发主要是以红树林、海绵、热区共附生环境微生物资源为对象，建立特异微生物及其基因资源的保存和鉴定技术体系；对特异资源中抗肿瘤、抗菌（包括植物病原菌）等基因及活性产物进行研究性开发，在海洋生物抗癌和抗艾滋病药物研究方面，取得重要成就（表 5.18）。

表 5.18　海南省海洋生物医药主要研发成就

研究内容	科研单位	来源	研究进展
海洋抗癌药物研究	中国热带农业科学院 热带生物技术研究所	红树林和海洋微生物	发现一系列具有强抗肿瘤活性的先导化合物，如红树林植物瓶花木中发现的新的环烯醚萜苷类化合物 Scyphiphin A－G 和从海洋放线菌 0616208 中发现的新的降倍半萜类化合物，均显示了较强的抗肝癌活性
海洋抗艾滋病药物研究	中国热带农业科学院热带生物技术研究所与中国科学院昆明动物所	半红树植物	一种半红树植物的提取物具有显著的抗 HIV－1 活性

数据来源：《海南省医药保健品食品“十一五”规划》

5.7.1.4　海洋生物医药业产业聚集度逐步增强

海南省生物医药工业主要集中在海口药谷。海口药谷代表医药领域最现代、最前沿的科技水平，涵盖基因工程、细胞工程、发酵工程、酶工程 4 大生物制药的子工程。通过兴建药谷建设项目，提高了集中度和规模经济效率，降低了企业的成本，对提高产业和企业竞争力、加强企业间有效合作、增加企业创新能力起到了积极的作用，为海南省发展海洋制药产业提供了一定的硬件条件。

5.7.2　海洋生物医药业存在的主要问题

海南省的海洋生物医药业虽然发展较快，但由于起步晚，发展时间短，因此仍处于初级阶段，主要表现在以下几个方面。

5.7.2.1　医药科研投入不足

海洋生物医药作为高科技产业，需要大量的研究开发，特别是基础研究，需要依靠政府、科研单位、企业等多方面的投入。目前我国一个三类海洋新药的研发经费约为 500 万～800 万元人民币，一个一类海洋新药的研发经费约需 1 500 万～2 000 万元人民币。而一般研究院所和高等院校在国家经费支持下的新药基础研究一般只有几万到十几万元人民币。从 2007—2008 年海南省各科研机构获取海洋生物医药研发经费情况来看，获得国家级海洋项目经费一共 210 万元，海南省“科技三项”中海洋项目经费 40 万元，总计 250 万元，与研发投入需求距离甚远。不仅政府投入不多，企业科技投入也比较少，据有关资料统计，海南省大部分企业科研投入占销售额不足 2%。

从民间资本融资来看，目前海南省海洋生物医药投资环境不够完善，难以吸引投资。主要表现在海南省医药工业园区配套基础设施建设还不够完善，市政配套设施及环保设施建设滞后。全省目前还没有一家试验动物中心，检验用试验动物必须到广东等地购买。企业建设项目融资和流动资金融资困难，是海南省医药工业发展中长期面临的问题，也是制约着海洋生物医药企业壮大和海洋生物医药产业发展的主要问题之一。

5.7.2.2　海洋医药人才缺乏

海南省高等教育和科研基础相对薄弱，缺乏海洋药物研发方面的人才，海南省医药人才的数量和质量难以达到企业要求。据统计，2005 年末全省医药行业具有本科以上学历的专业技术人员仅占全部从业人员的 8%。

5.7.2.3　各研发机构缺乏有效合作开发平台

由于海洋药物的开发涉及养殖技术、捕捞技术、现代生物技术、制药技术等多种学科，需要各个领域的密切合作，单靠一个领域的投入，很难取得产业化的成果。合作所涉及的问题很多，需要有一个联结多方面科研力量和企业的合作开发平台，将目前分散的研究力量与研究成果整合起来。

5.7.2.4　良好研究材料的获取困难

由于海洋生物活性成分含量很低，单纯依靠提取技术获取活性成分，无法进行产业化的开发。企业必须要考虑通过人工养殖来获得大量的生物体进行生产开发，而目前海南省海洋生物的捕获技术和养殖技术较为落后，增加了获取海洋生物体生产新药的难度和成本。

5.8　海南省滨海砂矿业发展现状与存在问题

石英砂矿、锆钛砂矿等是海南省的优势矿产资源，相对于其他海洋省份而言，海南省的滨海砂矿业绝对产值和相对比重均比较高。

5.8.1　滨海砂矿业发展现状

5.8.1.1　滨海砂矿业发展迅速，总量持续增长

2008 年，滨海砂矿产业总产值为 5 亿元，工业增加值为 1.25 亿元，分别比 2001 年增长了约 2 倍和 3 倍。从 2006 年数据来看，海南海滨砂矿产量为 58 948 979 t，占全国海滨砂矿产量的 57%（图 5.23，表 5.19）。

表 5.19　2006 年沿海地区滨海砂矿产量

地区	产量/T	比重/%
合计	103 552 172	100
浙江	41 666 223	40.2
福建	2 104 900	2.0
山东	300 000	0.3
广东	150 000	0.1
广西	382 070	0.4
海南	58 948 979	57

资料来源：《2007 年中国海洋统计年鉴》

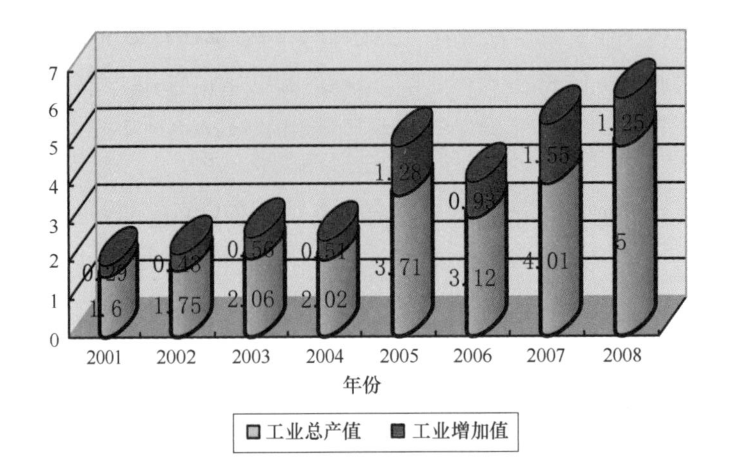

图 5.23　2001—2008 年滨海砂矿工业总产值和增加值变化情况（单位：亿元）
数据来源：中国（海南）改革发展研究院课题《实现海洋强省目标的行动方案》，2009 年 8 月

5.8.1.2　资源开发秩序得到整顿，开发企业得到整合

由于海南省锆钛砂矿分布广泛、易采易选，因此非法采矿行为时有发生，尤其是在矿石价格上涨时，文昌、万宁等地无证开采锆钛砂矿的现象一度比较猖獗。按照国务院的部署，自 2005 年开始，海南省开展了以锆钛砂矿为重点的整顿和规范矿产资源开发秩序行动，经过 3 年整顿和规范，取缔了海上非法采钛浮排 239 组，陆上非法采钛浮排 209 组，拆除为非法采矿供电变压器 98 个，治安拘留非法采钛人员 21 人，批捕 4 人，全面稳定了锆钛砂矿矿产资源开发秩序。

为了调整矿业结构，促进滨海砂矿业经济增长方式的转变，海南省还对砂矿开采企业进行了整合。到 2008 年，已经有 133 家选矿厂经过关、停、并、转后剩下 55 家，目前还在继续整合中。

5.8.1.3　石英砂矿开发已形成一定规模和层次

目前已形成石英精砂生产能力 200×10^4 t/a。石英砂采选企业一般产能规模在 30×10^4 t 上，技术装备一般比较完善，产品质量也能够满足熔制玻璃、铸造、水过滤等方面的要求。自 1976 年以来，先后建成投产的还有南玻集团文昌龙马砂矿、儋州奥丰硅砂公司、昌江石英砂公司、福耀集团文昌龙楼石英砂矿、昌江鸿源石英砂开发公司，目前尚在筹建的还有海南创域石英砂有限公司、海南环海硅业股份有限公司、信义集团文昌石英砂矿等企业。

5.8.2　滨海砂矿业发展中存在的问题

5.8.2.1　滨海砂矿矿产资源开发的规模化、集约化程度不高

锆钛在省内没有深加工能力，石英砂资源深加工仍处于起步阶段。2005 年，海南省非金属矿产采选与冶炼加工的产值比例为 1:2.5，以市场导向和优势矿产为重点的高科技系列深加工、高增值产业发展滞后。海洋砂矿的资源优势并未体现出经济优势。

5.8.2.2 砂矿资源的开发带来的生态环境问题日渐突出

近海砂矿的开采使得近岸海域流场和波浪场发生变化、海水悬浮物增大，增强了海岸动力的作用。大量开采近海砂矿，会破坏海岸环境，带来海水入侵、海岸侵蚀等严重后果。典型例子是文昌市龙马办事处新村东坡港坡，该地曾是一片茂密的树林。在乱开采钛锆矿后，造成大面积土地沙漠化，成片的农田贫化沙化，农作物死亡，清澈洁净的河溪受到污染，有的还沿着河溪流向大海，殃及海洋，周边10多个村2 000多名村民的生产生活受到严重影响。

5.8.2.3 开发利用企业规模小，技术层级低

由于在滨海砂矿业发展之初，为了促进资源的开发利用，促进当地经济的发展，对砂矿开发的限制较少，致使该行业进入门槛较低，没有对进入企业资质进行过多限制，因此造成了大量小企业或个人进入该行业，缺乏资质的企业和个人在开采过程中，由于资金、技术和成本的约束，使整个行业的经营处于极度粗放及无序状态。

5.8.2.4 砂矿业投入不足，竞争能力弱

目前海南省滨海砂矿业出现的勘测不足、经济增长方式粗放等问题的直接原因就是资金投入不足。由于没有形成有效的投融资体制，砂矿业难以获得资金支持，改造生产设备、提高生产效率和加强环境保护都难以实施。

5.9 海南省海盐业发展现状与存在问题

海南省西部海水清澈纯净，海水含盐浓度高，具备国内其他海盐产区无法比拟的条件，有着中国南方最大的盐场——莺歌海盐场。海盐业也一直以来都是海南省的传统海洋产业。

5.9.1 海盐业发展现状

5.9.1.1 原盐产量产值出现波动

进入21世纪以后，海南省盐业面积和生产面积逐渐减少，原盐产量产值也出现波动（图5.24、图5.25）。

5.9.1.2 海盐业产业结构不断调整

盐业生产一度出现私盐生产猖獗，国营盐场难以为继的局面。省委省政府大力打击私盐生产，并淘汰落后海盐企业，对全省海盐生产进行了整顿，使小盐田从原有的907家减至目前的609家，转产关闭298家，生产面积从原有的1 273 hm^2 减至目前的572 hm^2。目前，海南省共有合法生产盐场3家，分别是乐东县莺歌海盐场、东方市东方盐场和三亚市榆亚盐场，总面积达3 129.6 $\times 10^4$ t，年总产量约15 $\times 10^4$ t。并有合法食盐加工企业8家，批发点71家，零售点3 756家。在调整海盐产能的同时，海盐业的产品结构也在不断调整。盐品种多样化，盐产品附加值进一步提高。2007年成功研制“果蔬洗涤盐”和“足底保健盐”2个新品种，

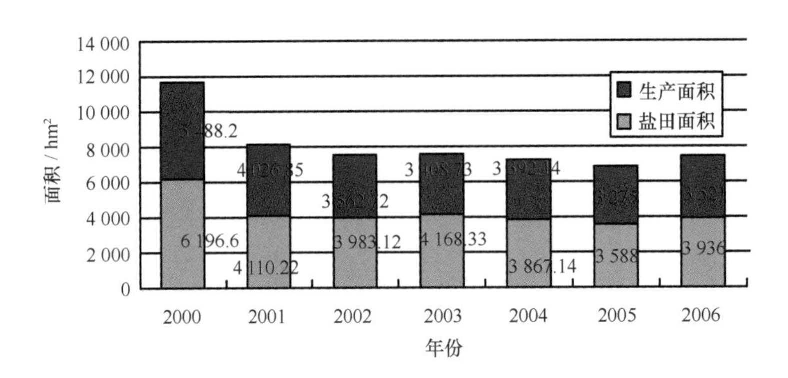

图 5.24　2000—2006 年海南省海盐盐田面积和生产面积变化情况

数据来源：中国（海南）改革发展研究院课题《实现海洋强省目标的行动方案》，2009 年 8 月

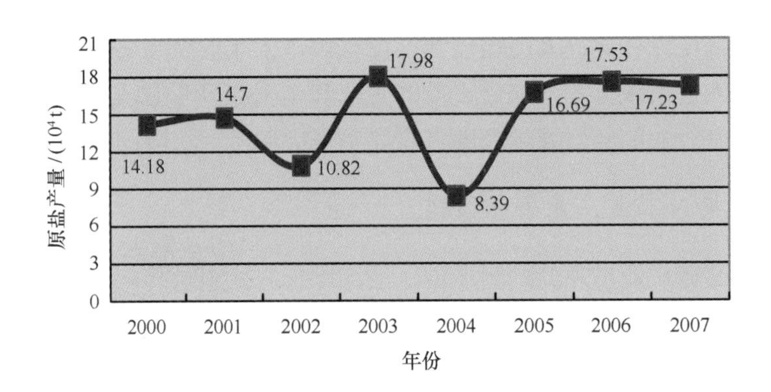

图 5.25　2000—2007 年海南省原盐产量变化情况（单位：10^4 t）

数据来源：中国（海南）改革发展研究院课题《实现海洋强省目标的行动方案》，2009 年 8 月

渔盐销售同比增长 27.75%；东方盐场投资 120 万元建设产量达 5 000 t 共 4 个品种的干燥日晒盐生产车间。莺歌海盐场在缩减产量的同时，积极寻找新的发展方向，利用现有资源积极开发盐业旅游，为转产盐田的持续发展提供了新的发展方向与思路。

5.9.1.3　赋予盐业企业更多的自主权

过去私盐兴盛而国有盐场衰退的一个重要原因是行政管理部门对盐业企业管理太多太死。整顿盐业之后，海南省开始理顺盐业管理体制，赋予盐业企业更多的自主权，除考核年上缴数和碘盐普及率这两项指标外，其余均由企业自主决定，使企业能面向市场需求及时调整产品结构，适应市场变化与竞争。

5.9.2　海盐业存在的问题

5.9.2.1　海盐生产能力低，生产成本居高不下

海南省海盐企业生产规模小，盐单产低，2007 年末生产能力仅 24 t，且劳动生产率低，生产成本居高不下。与国内其他产盐大省如山东、辽宁、江苏等省差距很大（图 5.26）。

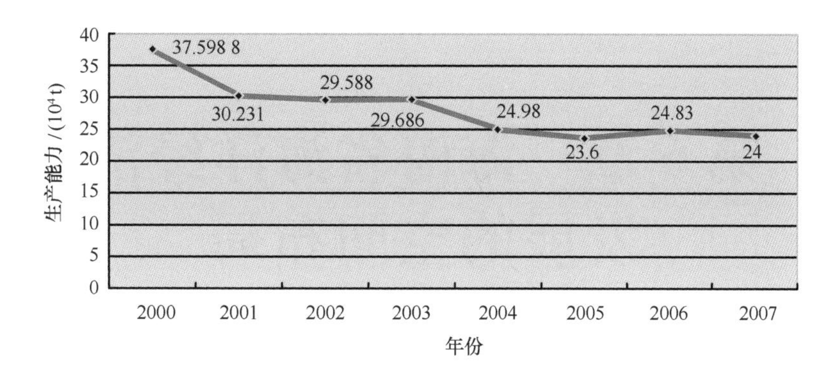

图 5.26 2000—2007 年海南省海盐年末原盐生产能力变化情况

数据来源：中国（海南）改革发展研究院课题《实现海洋强省目标的行动方案》，2009 年 8 月

5.9.2.2 海盐产品结构亟须升级

虽然海南省海盐产业结构一直处于调整当中，但由于起点低，调整速度慢，因此目前的产品结构仍处于落后状态。与全国及其他盐业发达省市相比，海南海盐产品系列单一，品种少，质量档次不高，洗浴用盐、高纯度工业盐等高附加值产品的开发，从数量、品种、质量等各方面与全国相比，尚有很大差距，有些领域甚至是空白。

5.9.2.3 淘汰落后生产能力的压力很大

从国家盐业行政管理部门开始对盐业落后产能进行限制淘汰以来，海南省对低产盐田、劣质小盐田进行转产改造压力较大。一是目前海南省低于万吨小盐场数量多，大小共有 600 多家，且小盐田转产受客观条件限制。二是转产涉及面广，所需资金较多。据小盐田转产情况的调查，转产所需资金总额约为 6 967.86 万元。

5.9.2.4 生产成本高，工业盐市场竞争力弱

由于海南省海盐企业规模小，生产能力落后，因此工业盐生产成本高，质量等级低，在市场上的竞争力弱。再加上近几年国内外工业盐市场整体上是过饱和状态，使海南省海盐企业生存极为艰难。

第6章 海南省海洋经济发展的空间布局

经济活动都是在一定的空间区域内进行的。资源赋存于特定的区域，区位条件为特定区域带来发展的机遇，诸多生产要素在适宜的区域聚集，于是经济活动得以发生、发展，区域逐渐繁荣并向外延伸，新的区域得以发展起来。这就是区域经济发展的一般过程。经济的发展从来就不是在每一处都能发生的，区域经济的发展一样遵循着“物竞天择，适者生存”的法则，产业在空间上的布局都是诸多条件下的产物。研究区域经济的空间布局，掌握经济发展及扩散的规律，能够帮助我们有效进行产业布局，促进产业聚集，充分发挥空间经济中“增长极”的作用，使其知识和技术的溢出效应、规模经济效应、持续创新效应等发挥至最大，并通过涓滴效应向周围次发达或不发达地区扩散，以达到以点带面，促进区域经济均衡发展的目的。

6.1 海南省区域经济空间布局发展及现状

以海南建省为标志，海南省区域经济的空间布局发展可大致划分为以下两个阶段。

6.1.1 1988年建省之前的海南区域经济布局

一是长期实行计划经济的大背景，造成区域经济布局不到位，特色不明显；二是行政管理体制不顺，一个海南岛由海南行政区（汉区）和海南黎族苗族自治州两个政府及海南农垦管辖，很难实施区域经济布局，严重制约海南区域经济乃至海南整个经济社会的发展。这一阶段的海南，谈不上区域经济的布局。

6.1.2 1988年建省之后的海南区域经济布局

海南建省办经济特区，开创了海南经济社会发展的新纪元。从区域经济发展的角度看，建省之后，区域经济统一布局既具有了必要性，又具备了可能性。从必要性来看：

（1）海南省 3.4×10^4 km^2 的陆地，有18个资源条件各异、经济发展水平不同的市县，在区域经济中扮演不同的角色，这是区域经济空间布局的客观基础。

（2）为了创办我国最大的不同于其他经济特区的大特区，发展区域经济便成为了迫切的需要。

（3）海南建省办经济特区之时，正是我国的改革开放深入开展，市场经济呼之欲出的时期，与市场经济存在内在联系的区域经济不仅具有必要性，也具有可能性。

从可能性来看：

（1）省级建制拆除了原有的行政管理体制樊篱，统一规划，使整体区域布局成为可能，有特色的区域经济逐渐成了海南省经济社会发展的一个亮点。

（2）2008年起，占海南省1/4土地的海南农垦划归海南省管辖，体制融入地方，管理融入社会，经济融入市场，至此，海南省的区域经济发展再无“飞地”，区域将更加完善、更具特色和更有活力。

海南建省之后，随着经济的发展，省委省政府对区域经济空间布局的构想不断地调整和完善。主要经历了“八五”、“九五”、“十五”和“十一五”4个阶段。

“八五”计划第一次提出划分5大经济区的设想。该计划提出，海南的地区布局，要形成海口、三亚、洋浦、八所和清澜5大经济区，重点开发港口城市和以港口为依托的城市，尤其是海口市和三亚市，形成据点格局，以此带动各经济区的发展。

“九五”计划开始关注欠发达地区的发展，提出坚持区域经济协调发展，逐步缩小地区发展差距的方针，积极支持少数民族地区、革命老区、贫困地区脱贫致富和经济发展，提倡省内发达市县支援经济欠发达的地区，逐步实现共同富裕的目标。

“十五”计划继续侧重欠发达地区经济社会的发展，同时，着手部署城镇化发展问题促进海南中部开发和少数民族地区的发展。要坚持统筹规划、量力而行，分步实施长期奋斗的原则，明确突出抓好基础设施、生态环境、特色经济和教育发展4个重点，争取中部开发有一个良好开局的同时，要按照加快发展中心城市，积极培育中等城市，巩固发展小城市，加快发展小城镇的要求，努力提高海南省的城镇化水平。

“十一五”规划相对较为完善。经过10多年的实践，“十一五”规划提出“南北带动，两翼推进，发展周边，扶持中间”的区域经济发展思路，把海南岛作为一个整体进行规划发展，将海南岛划分为琼北综合经济区、琼南旅游经济圈、西部工业走廊、东部沿海经济带、中部生态经济区共5个功能经济区，明确各区域的功能定位，逐步形成东西南北中彼此互动、优势互补、相互促进、共同发展的区域经济格局。具体表现为：

琼北综合经济区。以海口为中心，统筹规划周边地区的发展，加速人才、资本和优势产业聚集，加快工业化和城镇化步伐，增强综合经济实力，增强对全省发展的辐射带动作用。继续巩固这一经济区作为全省行政服务中心、商业贸易中心、科教文化中心和进出岛交通枢纽的地位，改造提升汽车、制药、化纤纺织、饮料食品、商业餐饮、金融保险、房地产等重点产业，大力发展高新技术产业。

琼南旅游经济圈。围绕建设亚洲一流、世界知名的国际最佳人居环境城市的目标，用国际水准建设和经营三亚市，扩大城区面积，拉开城市骨架，严格控制建设密度，保持和增强低密度滨海旅游城市的魅力。整合周边市县旅游资源，打造统一品牌，辐射中部地区，带动东西两线，推动全省旅游业上新台阶。

西部工业走廊。重点发展洋浦经济开发区、海口国家高新技术产业开发区、澄迈老城开发区、临高金牌开发区、昌江工业区、东方化工城和三亚梅山产业园。依托园区集中布局重化工业，重点发展天然气与天然气化工、石油加工和石油化工、纸浆和造纸、矿产资源加工等工业，带动临近市县发展配套产业。

东部沿海经济带。发挥东部沿海市县资源优势，发展壮大滨海旅游业、热带高效农业、海洋渔业、农产品加工业，有条件、有选择地适度发展无污染的轻工、电子等产业。在规范滨海采矿秩序的基础上，积极发展矿产资源加工业。

中部生态经济区。处理好保护与开发的关系，在加强生态环境保护特别是强制性保护好自然保护区和生态公益林的基础上，积极发展农产品加工、水电、经济林、林业经济、生态旅游、城镇服务业等特色经济。

从海南省区域经济空间布局发展过程及产业空间布局现状可以看出，海南省经济相对发达地区是在沿海环岛经济圈，中部少数民族地区由于交通这一根本制约因素而一直处于落后状态。就环岛经济圈而言，又以北部综合经济实力最强，琼南主要是以三亚为中心的旅游区，琼东是传统农业和旅游区，西部工业走廊是建省后作为海南工业发展区域而重点发展起来的。

就空间结构而言，整个海南省仍处于区域经济发展空间结构中的节点模式。即产业在少数城市集中，周边腹地所受到的经济辐射较小。由于岛屿经济的特点，海南省经济节点的发育主要依靠本地腹地，而本地腹地面积小、人口少、经济容量小，这种情况下，节点发育便很不充分，对腹地的辐射带动作用更是有限。这也是海南省区域经济一直发展较为迟缓的原因。

海南省“八五”和“十一五”的规划是比较科学的，符合区域经济空间发展过程的规律。区域经济的发展必然是先从节点开始，再向周边扩散的。忽视这一客观规律，一味追求区域发展的公平，将有限的发展资金分散投资，尤其是投资在经济基础薄弱，投资回报率低的地区，必然是以区域经济发展的效率低下为代价的，海南省区域经济的发展过程正好证明了这一点。在“十一五”规划中，省委省政府明确提出“南北带动，两翼推进，发展周边，扶持中间”的区域经济发展思路，科学确定了区域经济的发展重点和发展先后顺序，必能更好地促进区域经济的快速发展。

6.2 海南省海洋经济空间布局研究

与整个区域经济发展及空间布局一样，海南省海洋经济的发展同样存在着空间布局的问题。海洋产业的空间分布是各海洋产业聚集的结果，而海洋产业的空间聚集，既有海洋产业发展自身的集聚规律作用，也有人为的政策干预。海南省的区域海洋经济发展，是以政府为主导，以市场为主体的海洋经济，因此政府对区域海洋经济的空间发展规划，在很大程度上影响着海洋产业的空间分布。

6.2.1 海洋渔业的空间布局

海南省是一个拥有全国最大海域面积的海岛省份，沿海 14 个县市均发展了海洋渔业。然而海南省的海洋渔业区域开发水平是很不均衡的。根据沿海 14 个县市的 10 个渔业经济指标来构建海洋渔业经济评价指标体系，分别为：

x_1——渔业生产总值（万元）；

x_2——海洋捕捞产量（ L）；

x_3——海水养殖面积（hm^2）

x_4——人均渔业生产总值（万元）；

x_5——人均海洋捕捞产值（万元）；

x_6——人均海水养殖产值（万元）；

x_7——海水养殖单位面积产值（万元）；

x_8——水产品年加工能力（万元）；

x_9——人均加工产值（万元）；

x_{10}——海洋渔业第三产业产值（万元）。

这些指标涵盖了渔业生产中的捕捞、养殖、加工和第三产业等主要产业数据，既包含了经济总量因子，又有体现效益等方面的指标。根据计算结果，14 个沿海县市在海洋渔业发展水平上可以分为 3 个层级。

第一层级：三亚、文昌、琼山、儋州、临高属于渔业经济发展较强的县市。

三亚：海洋捕捞及海水养殖业较为薄弱，但胜在海洋渔业第三产业比较繁荣，因此海洋渔业总体不弱。

文昌：海水养殖业较强，且积极发展海洋渔业第三产业，海洋渔业综合实力较强。

琼山：由于临近海口，在资金及技术方面获取较其他县市容易，因此海水养殖及加工业比较发达。

儋州：海洋捕捞能力较强，海水养殖面积最大，渔业综合实力较强。

临高：海洋捕捞能力全省最强，渔业综合实力较强，为海南省渔业第一大县。

第二层级：东方、昌江、陵水、琼海。

琼海：琼海一向比较重视海水养殖业，海水养殖业发展较好，海洋捕捞业相对较差。

昌江：海洋捕捞业较强。昌江有昌化港、海尾、新港、沙鱼塘港等海湾及昌化渔场，该渔场是一个天然渔港，也是华南四大渔场之一。但是该县的养殖面积较小且第三产业不发达，影响了其整体渔业实力。

陵水：陵水的海水养殖业、海洋捕捞业均实力不强，但海洋第三产业发展较好，因此总体水平居中。

东方：各类海洋产业发展水平均为中等水平，没有特别突出的发展方向，整体水平居中。

第三层级：海口、洋浦、万宁、澄迈、乐东。

海口：海口市海洋渔业经济总量与人均量相对较低，这是因为海口是海南省省会，在比较优势的作用下，海洋渔业处于次要地位。

洋浦：洋浦是海南省西部工业中心，洋浦开发区经济发展的定位是依托丰富的油气资源、矿产资源，发展成为新兴的现代化港口城市。这就影响了洋浦海洋渔业的发展，目前该地的海洋渔业主要集中在海洋捕捞，海水养殖、水产品加工几乎为空白，从而在整体水平上落后于其他县市。

万宁：万宁海水资源丰富，且有注重科技养殖的传统，为全国 10 个“科技兴海示范区”之一，海洋渔业生产水平较高，但由于该区渔业人口众多，因此拉低了人均海洋渔业产量产值；

澄迈与乐东：这两个县市海洋渔业整体水平较低。其中，澄迈的海洋养殖条件较好，但现有的海水养殖效益较差，且水产品加工能力较弱。

6.2.2　海洋油气业空间布局

目前，在海南省已初步建成了以洋浦经济开发区和东方市海域区为中心的油气化工业基地（附表）。

（1）东方化工城。主要发展天然气化工。目前已建成项目有：年产 30×10^4 t 合成氨；52×10^4 t尿素的富岛化肥一期；年产 45×10^4 t 合成氨、80×10^4 t 尿素的富岛化肥二期；年产

3 200 万条编织袋项目；3×10^4 t 甲醛项目；5×10^4 t 复合肥项目；3×10^4 t/a 食品二氧化碳干冰项目、60×10^4 t 甲醇项目、12×10^4 t 三聚氰胺项目于 2006 年开工。“十一五”期间，重点规划建设 120×10^4 t 大甲醇及制烯烃、6×10^4 t 聚甲醛、50×10^4 t 醋酸、1×10^4 t/a 可降解塑料、MTO 等项目；并向下游延伸发展三聚氰胺等。

（2）洋浦经济开发区。主要布局石油加工与石油化工。海南省规划把洋浦建成石油化工一体化产业基地，还要建设天然气发电产业、南海勘探开发支持基地、国际石油储备交易基地。重点发展石油储备中转、石油炼制、基础化工、精细化工等炼化一体的产业链项目。该产业由炼油/大芳烃和乙烯联合装置提供初级原料，往下游发展聚烯烃、聚酯、丙烯酸、异丙苯、碳四馏分深加工、碳五综合利用、氯碱/PVC 七个系列的精细化学工业产品及化学工业新产品。2005 年 24×10^4 t 瓶级聚酯切片项目试产成功。800 万吨炼油、8×10^4 t 苯乙烯项目于 2006 年年底投产，并积极推进 150×10^4 t 重油裂解烯烃项目建设。2007 年海南炼化累计加工原油及原料油 802.45×10^4 t，生产汽油、柴油、航空煤油、聚丙烯、硫黄等石化产品 742×10^4 t，出口产品 77×10^4 t。累计实现工业总产值 335.87 亿元，工业增加值 27.78 亿元，实现税金 15.13 亿元，高附加值收益率达到 90% 以上。①

（3）临高县。临高在西部工业区中扮演着一个辅助性的角色，成为开发建设海洋工程和海洋石油服务的支持基地，重点发展修造海上油气钻井及平台服务基地。

以这东方、洋浦、临高 3 个市县作为连接点，按照“点片面”的发展趋向，沿着海南省西部海岸线延伸发展，将几个化工产业基地建设连成一体，将形成海南省具有一定规模的油气化工产业带和产业群。目前这个产业带和产业群已初具形态，成为海南省工业的第一大支柱和海南省财政的重要依托。

2007 年，油气化工行业完成产值 429.1 亿元，占全省规模以上工业总产值的 42.8%，拉动工业总产值增长 39.7 个百分点，极大地拉动了海南省的经济发展。海南省现积极策划 100×10^4 t 乙烯项目。乙烯是重要的基础化工原料，其下游产品有成千上万种，按国际通行的增长系数 1∶50 计算，百万吨乙烯可以带动数千亿产值的下游延伸产品的开发。

6.2.3 海洋港航业空间布局

从港航业发展现状可以看出，目前国内航线已覆盖所有沿海港口，形成了北有海口港、南有三亚港、西有洋浦港和八所港、东有龙湾、清澜港的“四方五港”格局。而在这“四方五港”中，海口港和洋浦港的货物吞吐能力增长较为显著，八所港缓慢增长，而三亚港则几乎没有增长。这与近年来海南省工业的发展主要在海口和洋浦、三亚主要发展旅游业等第三产业的空间布局是一致的。

具体来说，洋浦保税港区正在被打造成为背靠华南腹地、连接北部湾、面向东南亚的区域性航运和物流中心；根据海南省交通运输业发展规划，今后将重点建设海口港、洋浦港和八所港，把洋浦港、海口港建设成主枢纽港，把八所港、三亚港建设成地区重要港口；同时发展一批地方特色专业港口，全面推进中心渔港和一级渔港建设，形成布局均衡的港口体系。

以港带城，以城促港的发展方针使海南省港口附近城市都已发展成为区域性的经济、旅游中心。如省会海口市的生产总值、财政收入均占全省的 1/3 以上；澄迈县老城开发区依托

① 数据来源《海南省工业志》，2009 年。

马村港的优势，已发展成为全省占地面积最大的经济开发区；东方市依托八所港正在建设全国最大的天然气化工城；洋浦港的兴起，使洋浦经济开发区成为我国南方重要的石油加工与石油化工、林浆纸一体化基地和全省集装箱专用码头；三亚 10 万吨级国际邮轮码头已初步建成，改变了海南省不能停靠国际邮轮的历史，为三亚成为国际旅游城市起了重要的推进作用。

2009 年海南省港口建设投资将达到 10 亿元，以洋浦、海口为重点，加快“四方五港”等重要港口建设，建立安全、高效、通畅、便捷的港航物流体系，打造海南省港航业的核心竞争力。2009 年海南省“两会”《政府工作报告》中提到，未来 5 年，海南省将充分挖掘海洋优势，着力壮大港口经济，目标是形成布局均衡、结构合理、功能完善的港口体系。

6. 2. 4　滨海旅游业空间分布

海南省滨海旅游资源丰富，沿海地区几乎都对滨海旅游资源进行了不同程度的开发，并相应发展了滨海旅游业。但由于资源丰度、比较优势、经济基础及历史基础等原因，各沿海市县滨海旅游业的发展水平很不一致。

其中，以三亚为滨海旅游业发展程度最高，是一个全国知名的旅游城市。以三亚为基点，东海岸形成了以石梅湾旅游区、香水湾旅游区、椰子岛旅游区、南湾猴子岛旅游区以及大东海旅游区等一条涵盖了海南省传统滨海旅游项目的热点旅游长链，景点集中，开发程度较高，民众旅游经营意识较强。而其余沿海县市由于缺乏与东部旅游资源相匹敌的滨海旅游资源而使得旅游业发展相对落后。目前，仅开发了七仙岭温泉度假休闲中心、尖峰岭国家森林公园、五指山漂流等零星几个旅游景点，没有形成规模化的旅游产业聚集区，缺乏区域竞争力。目前海南省滨海旅游业主要分布在东部海岸线，即海口、文昌、琼海、万宁、三亚等几个县市。

海口市。海口名胜古迹众多，旅游景点相对集中，其中有被誉为“海南第一楼”的五公祠；明代清官海瑞的墓园；风光旖旎的假日海滩；市区附近还有蜚声海外的琼台书院，石山火山群国家地质公园，涨潮时出现“海上森林”奇观的东寨港红树林，以及中国唯一的因地震导致陆地陷落成海的古文化遗址——海底村庄。

文昌。文昌三面临海，多天然良港和沙滩，是著名的文化之乡、华侨之乡、椰子之乡、排球之乡、将军之乡、国母之乡。文昌最著名的自然旅游景观主要有东郊椰林、铜鼓岭。有着百万株椰树的东郊椰林是中国 10 大海滨风景区之一，为海南省传统滨海旅游景区之一。著名人文旅游景观主要有宋氏祖居与宋庆龄纪念馆及文昌孔庙。此外，新建的文昌卫星发射中心将成为文昌旅游的新亮点。

琼海。琼海市风光旖旎，以举世闻名的万泉河为主线，包括万泉河、白石岭、官塘温泉、沙洲岛、万泉河出海口、博鳌海滨玉带滩与“博鳌亚洲论坛”国际会展中心构成了海南省东部大琼海的旅游体系，被海南省列为全省重点旅游区之一对外开放。

万宁。万宁的自然旅游景观主要包括有“海南第一山”之美称的东山岭，有“热带花果园”之美誉的兴隆温泉旅游区，有“南海明珠”之称的大洲岛，有水清浪静、滩洁沙软的石梅湾、南燕湾、日月湾、春园湾等。人文景观中聚居着来自世界 20 多个国家的华侨的兴隆温泉度假区，是海南省传统的旅游景点。

三亚。有着“东方夏威夷”之称的三亚是海南省旅游业发展的中心，它有着最适宜度假的气候，最明媚的蓝天、最细软的沙滩、最清澈的海水，是发展滨海休闲度假旅游的绝佳之处。经过近 20 年的旅游开发，三亚市有南山佛教文化旅游区、大东海、亚龙湾、鹿回头、天涯海角、大小洞天等国际国内知名的旅游景点。

这几个县市的旅游资源虽然各有千秋，但都是以海湾、沙滩及热带风光为基本特色。目前海南省旅游业发展中存在着低价恶性竞争现象，究其根本原因，仍然是各地旅游资源的开发项目雷同，且没有更深的文化底蕴造成的。这些地区今后旅游业进一步发展的方向应是尽量做出各自特色，并赋予景区以独特的文化内涵，使单纯的自然旅游景点向自然人文旅游景点发展。

其余县市中旅游资源开发资源丰度最高，目前开发程度较好的主要有海南中部保亭县的七仙岭温泉度假区、位于昌江县的霸王岭国家森林公园、位于乐东县的尖峰岭国家森林公园。这 3 个旅游区与东部沿海的滨海风光迥然不同，为热带原始雨林风光。这几个区域不仅一年四季气候温暖湿润，且完全没有海南其他区域的炎热，有避寒避暑双重吸引力，而且作为我国唯一的热带原始雨林，有着极高的旅游价值和旅游吸引力。此外，这几个区域还是海南省黎族、苗族等少数民族聚居的地区，少数民族风情也构建出旅游资源的一个部分。目前海南省在开发少数民族风情旅游方面已经做得比较全面，但缺乏开发深度，没有挖掘其文化内涵。

从旅游资源及旅游业的空间分布我们可以看出，海南省热带滨海旅游资源主要分布在东线海岸，为海南省传统的旅游景区；热带雨林、原始森林主要分布在中西部地区，且与黎、苗少数民族风情文化融合在一起，虽目前开发程度较低，但由于资源丰度高，因此开发前景良好。

第 7 章 海南省海洋经济可持续发展系统评估

人类在 21 世纪对海洋的开发利用中，应该汲取 20 世纪掠夺式的陆地开发活动招致大自然无情报复的深刻教训，为避免海洋开发中可能出现的无序状态，保证海洋经济发展、海洋资源利用与海洋环境保护的协调统一，海洋经济的发展必须遵循可持续发展的原则，在开发海洋资源和依赖海洋空间而进行的生产活动中以及直接或间接为开发海洋资源及空间提供相关服务的产业活动中，必须要保证现代海洋经济、海洋生态环境和社会之间的协调发展，确保海洋资源及空间的占用、海洋经济财富的分配和海洋生态环境保护等方面在时间和空间上的公平性，追求海洋经济发展的持续性。

作为海洋大省的海南省，一直以建设生态省作为发展的重要目标，避免经济发展以资源和环境的破坏成为发展的前提，因而海洋经济的可持续发展成为海洋经济发展的目标。本章将对海南省海洋经济可持续发展现状进行评估，以弄清海南省海洋经济可持续发展能力及存在的问题，以便于有针对性地采取措施解决，促进海洋经济进一步发展。

海洋经济可持续发展的评价应体现两个方面的内容：一是海洋经济可持续发展系统的功能状态及发展趋势评估，二是系统可持续发展能力的评估。前者是后者在一定空间、时间维度上的综合体现。

考虑到海洋经济可持续发展系统的构成及可持续功能的表现，本章对海南省海洋经济可持续发展的评价将从这两个方面，涵盖在 3 个子系统，分别展开。具体评价内容包括：① 对海南省海洋产业结构的功能状态及发展趋势进行评估；② 对海南省海洋经济空间状态与趋势进行评估；③ 对海南省海洋生态环境的可持续性进行评估；④ 对海南省海洋经济可持续发展整体水平进行评估。

实践证明，任何一种评价方法都有其局限性，为了使评价与事实尽可能相符，并能使建立在评价基础上的结论尽可能正确，在对海洋产业结构进行评估时，本文采用产业结构变动值指标、产业结构熵数指标和 MOORE 结构变化指标来分析海南省海洋产业结构的动态变化；对海南省海洋经济空间结构进行评估时，运用产业集中度指标；对海南省海洋资源与生态环境的可持续性进行评估时，运用海域承载力理论与方法进行评估；对海洋经济可持续发展能力及水平进行综合评估时，采用海洋综合系统评估方法来对海南省海洋经济可持续发展的水平进行评估。

7.1 海南省海洋经济产业结构的可持续性评估

产业结构具体表现为各产业部门之间的比例关系，弄清这种比例关系不仅可以使我们了解区域产业结构现状，也为政府正确制定产业结构的相关政策提供了基本依据（表 7.1）。

表 7.1 海南省各年主要海洋产业产值及比重

	2001 年		2002 年		2003 年		2004 年		2005 年		2006 年		2007 年	
	产值/亿元	比重/%	产值	比重/%	产值	比重/%	产值	比重/%	产值	比重/%	产值	比重/%	产值	比重/%
海洋渔业	80.83	42.54	87.76	41.80	112.59	47.93	120.92	43.75	142.9	44.93	153.93	33.64	158.69	38.16
海洋油气	3.59	1.89	5.44	2.59	6.03	2.57	10.35	3.74	14.81	4.66	122.58	26.79	41.84	10.06
海洋交运	13.56	7.14	14.71	7.01	15.82	6.73	15.84	5.73	17.65	5.55	20.72	4.53	25.22	6.07
海洋旅游	83.5	43.95	90.61	43.16	88.87	37.83	105.5	38.17	118.8	37.35	134.36	29.37	162.8	39.15
海洋盐业	0.42	0.22	0.8	0.38	0.75	0.32	0.27	0.10	0.52	0.16	0.62	0.14	0.57	0.14
海洋船舶	0.06	0.03	0.1	0.05	0.12	0.05	0.62	0.22	1.04	0.33	1.38	0.30	1.53	0.37
海滨砂矿	1.94	1.02	3.31	1.58	2.5	1.06	3.71	1.34	1.29	0.41	0.58	0.13	0.37	0.09
其他产业	6.1	3.21	7.23	3.44	8.22	3.50	19.21	6.95	21.07	6.62	23.35	5.10	24.78	5.96

7.1.1 海南省海洋产业结构静态分析

海洋各个产业部门的产值占海洋产业总产值的比例，从生产结果上反映了这一地区该产业的发展状况与地位。

表7.1为海南省主要海洋产业2001—2007年的产值及比重（海洋电力与海水利用业、海洋工程建筑业、海洋生物医药业等由于产值极低，对海洋经济贡献很小，且不少年份数据不全，因此未在表中反映）。从表中可以很直观地看出，海洋渔业一直是海南省海洋产业中最重要的部门。但是由于其他产业的迅速增长，虽然海洋渔业产值继续保持增长态势，比重却在下降。然而海洋渔业一直占到整个海洋产业产值比重的40%左右。除海洋渔业外，从产值来看，比重由大到小的顺序依次为：海洋旅游业、海洋交通运输业、滨海砂矿业、海洋盐业、海洋船舶工业、海洋电力、海洋工程。

按照三次产业结构划分法，海洋产业部门的第一产业包括海洋渔业，第二产业包括海洋油气业、海滨砂矿业、海洋盐业、海洋电力与海水利用业、海洋工程建筑业、海洋船舶工业；第三产业包括海洋交通运输业、海洋信息服务业、滨海旅游及其他产业。根据这种划分方法，2001—2008年海南省与全国海洋产业的三次产业结构如表7.2所示。

表7.2 2001—2008年海南省与全国海洋三次产业结构

年份	第一产业/%		第二产业/%		第三产业/%	
	海南省	全国	海南省	全国	海南省	全国
2001	37	31	22	23	41	46
2002	41	28	18	29	41	43
2003	49	28	13	29	38	43
2004	44	30	23	24	33	46
2005	40	17	23	31	37	52
2006	39	14	21	42	40	44
2007	41	5	13	46	46	49

表中2001年、2002年全国数据来自《中国国土资源公报》，2003—2007年全国数据来自国家海洋局《中国海洋经济统计公报》

再将海南省第一、第二、第三产业的比重变化与全国海洋第一、第二、第三产业的比重变化对比，见图7.1～图7.4。

在这4个图中，红色曲线表示全国某次产业比重历年变化，蓝色表示海南省某次海洋产业比重历年变化。从图7.1中可以清晰地看出如下变化。

自2001年以来，全国海洋第一产业的比重总体处于下降态势，尤其是2004年以来，海洋第一产业比重持续快速下降。与之相比，2003年以前海南省海洋第一产业比重持续上升，与全国的比重差距逐渐拉大，至2003年达到一个阶段峰值。2004年全国海洋第一产业比重略有上升，海南省海洋第一产业比重开始下降，因此二者之间的差距一度缩小；2005年开始全国第一产业比重迅速下降，而海南省下降缓慢，使二者之间的差距又再度逐渐拉大，于2007年达到最大差距。

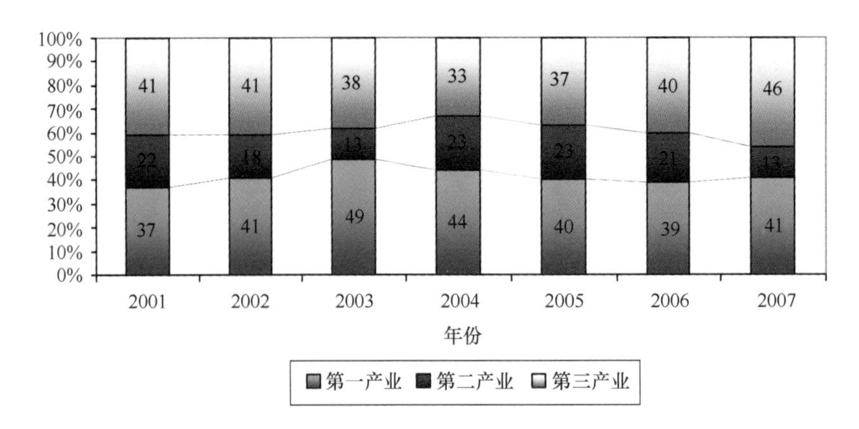

图 7.1　2001—2007 年海南省海洋三次产业结构情况

表中 2001 年、2002 年全国数据来自《中国国土资源公报》，2003—2007 年全国数据来自国家海洋局《中国海洋经济统计公报》

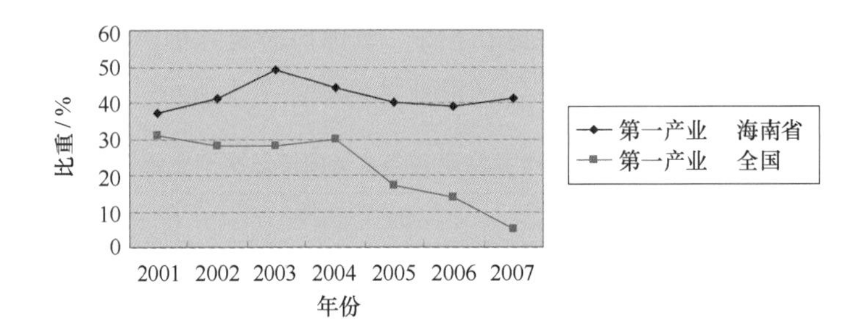

图 7.2　2001—2007 年海洋第一产业比重变化情况

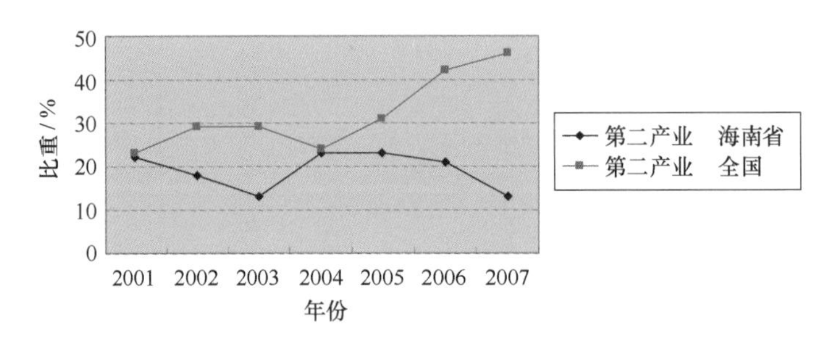

图 7.3　2001—2007 年海洋第二产业比重变化情况

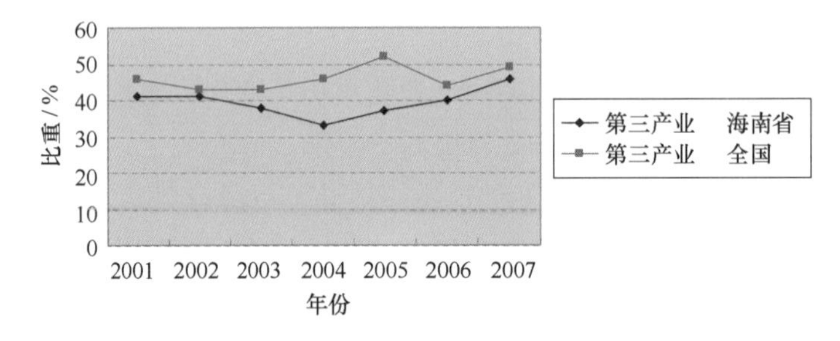

图 7.4　2001—2007 年海洋第三产业比重变化情况

自2001年以来，全国海洋第二产业比重虽在2004年相对下降，但总体处于稳步上升态势，尤其是2004年以后，比重上升幅度较大，与同期海洋第一产业比重的下降相对应。说明近年来，我国海洋产业结构逐渐从直接利用海洋资源向海洋资源加工为主，海洋产业结构升级较明显。但海南省海洋第二产业的发展情况则与全国不一样。海南省海洋第二产业一直处于波动状态，即比重时高时低，产业发展很不稳定。2007年与2001年相比，第二产业比重不升反降。

在三次产业的比重中，海南省海洋第三产业比重与全国第三产业比重相差最小，且发展趋势基本一致：虽有波动，但总体处于上升态势，但由于原本比重就已较高，因此上升幅度较小。

从以上3幅图可以很直观清楚地看出，海南省海洋第一产业比重始终高于全国平均水平，但从整体发展趋势上看，一直处于比重下降态势，与全国第一产业比重下降趋势一致。具体来看，海南省海洋第一产业的下降速度很慢，而且经常出现反复。在全国海洋第一产业比重开始缓慢下降时，海南省海洋第一产业比重仍处于上升阶段，而在全国海洋第一产业比重迅速下降时，海南省海洋第一产业比重才开始缓慢下降。这说明，海南省海洋产业结构处于相对稳定状态，结构提升慢，海洋经济增长缺乏活力。

对海洋第二产业来说，海南省的发展态势与全国态势正好相反。在2001年以前，由于全国海洋经济发展水平都比较低，海南省海洋第二产业比重与全国平均水平接近，但从2001开始，海南省海洋第二产业比重一直低于全国平均水平，这一点与海南省整体工业发展比较落后、第二产业比重低的状态相吻合。此外，全国海洋第二产业比重总体上一直处于上升态势，而海南省则在总体上一直呈下降态势。这说明海南省海洋第二产业发展一直十分薄弱，且没有改善的迹象。尤其是国家批准将建设国际旅游岛上升为国家战略后，为了实现国家对国际旅游岛的功能定位及保护全岛生态环境，全省传统工业投资份额进一步减少。

海南省海洋第三产业的比重大小和发展趋势与全国海洋第三产业平均水平及趋势拟合度最高。比重大小接近，发展趋势较吻合。这充分体现了海南省以滨海旅游业发展为主体的海洋第三产业发展在海南省海洋经济中的重要地位。

从以上三次产业的比重及发展趋势与全国平均水平的对比可以看到，海南省海洋产业结构的产业有序度很低，如果与海洋产业结构演进序列要求中的标准比例，海洋第一、第二、第三产业比重分别为2∶3∶5来对比的话，差距就更大了。因此从这一指标得出的结论是海南省海洋产业结构合理化水平低。

综上所述，与全国平均水平相比，海南省的海洋产业结构还处在比较初级化的发展阶段，虽然第三产业比重与全国平均比重相比差别不大，但是海洋第二产业比重过低，产业链条过短，对国民经济的横向纵向拉动作用均有限；第三产业又以利用自然资源的滨海旅游业与传统海洋交通运输业为主，总体来讲停留在“渔盐之利、舟楫之便，靠天吃饭”的阶段，对海洋的利用层次、利用效率都还比较低，是传统型、资源型的海洋产业结构。这与整个海南省第一、第三产业比重大，第二产业比重低的低层次经济结构特点是一致的，体现了海南省现代工业不发达的特点。这种海洋产业结构，对海洋生物资源、矿产资源、滩涂土地资源的依赖程度高，产值的增长主要表现为依靠资源投入带动的外向型、粗放型增长方式，增长空间有限且容易引发环境问题，可持续发展能力弱、后劲小，与海南省建设生态省的目标相悖。

7.1.2 海洋产业结构发展水平分析

7.1.2.1 海洋产业工业化程度分析

霍夫曼系数是德国经济学家霍夫曼在对工业化过程进行分析和考察时运用的一个指标，反映了某一地区经济工业化的发展程度，本文借用这一指标，对海南省海洋产业工业化发展程度进行分析并与全国其他沿海省市进行对比。

霍夫曼系数 = 消费品工业净产值/资本品工业净产值

在实际计算时，通常以经济中的轻工业部门和重工业部门来替代消费资料工业部门和资本资料工业部门。我们也遵循这个惯例对海洋产业的轻重工业部门进行划分。海洋轻工业部门：盐业，海产品加工业。海洋重工业部门：海洋船舶工业，海洋化工业，海洋生物医药。

根据霍夫曼系数，海洋产业的工业化水平可分为 4 个阶段：第一阶段基本上可以说海洋工业发展水平较低，尚处在海洋渔业为主导产业的时期；第二和第三阶段，海洋产业工业化程度有所加强，或者说正处于海洋工业振兴时期；第四阶段，生产资料生产超过消费资料生产，海洋工业高度发达。

第一阶段的省份：山东，福建，海南；第二阶段的省份：浙江，广东；第三阶段的省份：河北，辽宁，江苏，广西；第四阶段的省份：天津，上海。从结果看，福建之所以处于第一阶段，是因为霍夫曼系数仅仅是研究工业产业结构的指标，数据的选取并不涉及第一、第三产业，以及第二产业中的海洋工程建筑业，而福建恰好是第一、第三产业较为发达的省份，其生产总值分别占海洋总产值的 63.5% 和 17.8% 。

7.1.2.2 海洋第三产业弹性系数

海洋第三产业弹性系数是第三产业产值增长率与所有海洋产业产值增长率的比值，反映海洋第三产业与总体海洋产业发展速度的相对快慢程度（见表 7.3）。

从表 7.3 中可以看出，全国及海南省海洋第三产业增长弹性系数虽有波动，但从全国来看，其第三产业平均增长弹性是稳中有降，一直在 1 左右。这表明，全国海洋第三产业的增长幅度与海洋经济整体的增长趋于一致，海洋第三产业及海洋产业结构进入平稳协调发展阶段。海南省第三产业增长弹性系数高于全国平均水平，说明海南省海洋产业结构仍处于调整相对快速的调整期，第三产业比重逐渐上升。这一方面是因为海南省海洋第三产业本身发展较为迅速，另一方面也是因为原有基础比较薄弱，因此在增长绝对值不是很大的情况下增长率仍然可以较高。

表 7.3 2001—2007 年全国及海南省海洋第三产业弹性系数

年份	2001	2002	2003	2004	2005	2006	2007	平均
全国	1.79	0.23	1.00	1.39	1.53	-0.99	1.43	0.91
海南	2.31	1.00	-0.90	-0.07	5.22	1.50	1.86	1.56

7.1.2.3 产业集中程度分析

集中化指数是用来分析和衡量区域内工业或经济部门专门化（或集中化）程度的一项重要的数量指标。是与洛伦兹曲线（Lorenzcurve）相对应的统计量。集中化程度指数 I 取值范围在0与1之间。I 值越大，工业在某些部门的专门化程度越高。$I=1$ 时，工业完全集中于一个部门。集中的程度越大，专业化水平越高（表7.4～表7.10）。

集中化程度公式为：

$$I=(C-D)/(M-D) \tag{7-1}$$

其中，I 为集中化指数；C 为各产业产值累计百分率之和；D 为产业总产值累计百分率之和；M 为最大累计百分率之和。

表7.4 2001年海南省海洋产业集中化程度

产业名称	产值	产值占海洋经济产值比例/%	累积百分比/%	最集中分布/%	累计	最均匀分布	累计
海洋渔业	80.83	42.54	42.54	100	100	12.50	12.50
海洋旅游	83.50	43.95	86.49	0	100	12.50	25.00
海洋交运	13.56	7.14	93.63	0	100	12.50	37.50
海洋油气	3.59	1.89	95.52	0	100	12.50	50.00
海滨砂矿	1.94	1.02	96.64	0	100	12.50	62.50
海洋盐业	0.42	0.22	96.76	0	100	12.50	75.00
海洋船舶	0.06	0.03	96.79	0	100	12.50	87.50
其他产业	6.10	3.21	100.00	0	100	12.50	100.00
合计	190.00	100.00	708.40	100	800	100.00	450.00

表7.5 2002年海南省海洋产业集中化程度

产业名称	产值	产值占海洋经济产值比例/%	累积百分比/%	最集中分布/%	累计	最均匀分布	累计
海洋渔业	87.76	41.80	41.80	100	100	12.5	12.5
海洋油气	5.44	2.59	44.39	0	100	12.5	25
海洋交运	14.71	7.01	51.4	0	100	12.5	37.5
海洋旅游	90.61	43.16	94.56	0	100	12.5	50
海洋盐业	0.8	0.38	94.94	0	100	12.5	62.5
海洋船舶	0.1	0.05	94.99	0	100	12.5	75
海滨砂矿	3.31	1.58	96.57	0	100	12.5	87.5
其他产业	7.23	3.43	100	0	100	12.5	100
合计	209.96	100	618.65	100	800	100	450

表 7.6 2003 年海南省海洋产业集中化程度

产业名称	产值	产值占海洋经济产值比例/%	累积百分比/%	最集中分布/%	累计	最均匀分布	累计
海洋渔业	112. 59	47. 93	47. 93	100	100	12. 5	12. 5
海洋油气	6. 03	2. 57	50. 5	0	100	12. 5	25
海洋交运	15. 82	6. 73	57. 23	0	100	12. 5	37. 5
海洋旅游	88. 87	37. 83	95. 06	0	100	12. 5	50
海洋盐业	0. 75	0. 32	95. 38	0	100	12. 5	62. 5
海洋船舶	0. 12	0. 05	95. 43	0	100	12. 5	75
海滨砂矿	2. 5	1. 06	95. 49	0	100	12. 5	87. 5
其他产业	8. 22	3. 51	100	0	100	12. 5	100
合计	234. 9	100	637. 02	100	800	100	450

表 7.7 2004 年海南省海洋产业集中化程度

产业名称	产值	产值占海洋经济产值比例/%	累积百分比/%	最集中分布/%	累计	最均匀分布	累计
海洋渔业	120. 92	43. 75	43. 75	100	100	12. 5	12. 5
海洋油气	10. 35	3. 74	47. 49	0	100	12. 5	25. 00
海洋交运	15. 84	5. 73	53. 22	0	100	12. 5	37. 50
海洋旅游	105. 5	38. 17	91. 39	0	100	12. 5	50. 00
海洋盐业	0. 27	0. 10	91. 49	0	100	12. 5	62. 50
海洋船舶	0. 62	0. 22	91. 71	0	100	12. 5	75. 00
海滨砂矿	3. 71	1. 34	93. 05	0	100	12. 5	87. 50
其他产业	19. 21	6. 95	100	0	100	12. 5	100
合计	276. 42	100	612. 1	100	800	100	450

表 7.8 2005 年海南省海洋产业集中化程度

产业名称	产值	产值占海洋经济产值比例/%	累积百分比/%	最集中分布/%	累计	最均匀分布	累计
海洋渔业	142. 9	44. 93	44. 93	100	100	12. 5	12. 5
海洋油气	14. 81	4. 66	49. 59	0	100	12. 5	25. 00
海洋交运	17. 65	5. 55	55. 14	0	100	12. 5	37. 50
海洋旅游	118. 8	37. 35	92. 49	0	100	12. 5	50. 00
海洋盐业	0. 52	0. 16	92. 65	0	100	12. 5	62. 50
海洋船舶	1. 04	0. 33	92. 98	0	100	12. 5	75. 00
海滨砂矿	1. 29	0. 41	93. 39	0	100	12. 5	87. 50
合计	318. 08	100	621. 17	0	100	12. 5	100

表 7.9　2006 年海南省海洋产业集中化程度

产业名称	产值	产值占海洋经济产值比例 /%	累积百分比 /%	最集中分布 /%	累计	最均匀分布	累计
海洋渔业	153.93	33.64	33.64	100	100	12.5	12.5
海洋油气	122.58	26.79	60.43	0	100	12.5	25.00
海洋交运	20.72	4.53	64.96	0	100	12.5	37.50
海洋旅游	134.36	29.37	94.33	0	100	12.5	50.00
海洋盐业	0.62	0.14	94.47	0	100	12.5	62.50
海洋船舶	1.38	0.30	94.77	0	100	12.5	75.00
海滨砂矿	0.58	0.13	94.9	0	100	12.5	87.50
其他产业	23.35	5.10	100	0	100	12.5	100
合计	457.52	100	637.50	100	100	12.5	450

表 7.10　2007 年海南省海洋产业集中化程度

产业名称	产值	产值占海洋经济产值比例 /%	累积百分比 /%	最集中分布 /%	累计	最均匀分布	累计
海洋渔业	158.69	38.16	38.16	100	100	12.5	12.50
海洋油气	41.84	10.06	48.22	0	100	12.5	25.00
海洋交运	25.22	6.07	54.29	0	100	12.5	37.50
海洋旅游	162.80	39.15	93.44	0	100	12.5	50.00
海洋盐业	0.57	0.14	93.58	0	100	12.5	62.50
海洋船舶	1.53	0.37	93.95	0	100	12.5	75.00
海滨砂矿	0.37	0.09	94.04	0	100	12.5	87.50
其他产业	24.78	5.96	100	0	100	12.5	100
合计	415.8	100	615.68	100	100	12.5	450

根据公式及上述数据可计算得到海南省 2001—2007 年的海洋产业集中度指数（表 7.11）：

表 7.11　海南省海洋产业集中化指数

年份	2001	2002	2003	2004	2005	2006	2007
集中化程度	73.82	48.18	53.43	46.31	48.90	53.57	47.33

从集中化程度的计算可以看出，在 2001 年及以前，海南省海洋产业集中化程度较高，主要海洋产业产值来源于海洋渔业和海洋旅游业，尤其是海洋渔业。但从 2002 年开始，海南省海洋产业集中化程度开始大幅度降低，虽然在此后的 6 年中，海洋产业集中程度处于波动中，但总体来说朝着产业多元化方向发展，海洋交通运输业、海洋油气业及包括海洋信息服务在

内的其他海洋产业开始发展起来。这说明在海南省海洋产业发展中，经济增长方式开始转变，传统海洋产业与新兴产业开始共同发展，虽然只是开始，但相信随着海南省整体经济基础的提升、对海洋开发的日益重视，海洋资源的全方位开发、海洋经济多元化发展的繁荣局面必将呈现。

7.1.3 产业结构变动分析

产业结构的变动体现了海洋经济发展的质量通过一定时期静态产业结构指标的对比分析，可以观察出产业结构发展的绝对水平，但这种分析不能反映出产业结构变动的趋势和方向，如果将较长周期内的各产业产值分配比例表示的产业结构列示出来，就可以看出产业结构的动态变化。

我们选取产业结构变动值指标、产业结构熵数指标和 MOORE 结构变化指标来分析海南省海洋产业结构的动态变化。

7.1.3.1 海洋经济产业结构变动值指标

海洋产业结构变动值指标计算公式为：

$$K = \sum |q_{it} - q_{i0}| \quad (7-2)$$

其中，K 为产业结构变动值；q_{it} 为报告期第 i 产业产值在总产值中所占的比重；q_{i0} 为基期第 i 产业产值在总产值中所占的比重。K 值越大，说明产业结构的变动幅度越大。我们用表 3.1 的数据进行计算。以 2001 年为基年，以 2007 年为报告期，计算海南省海洋产业结构的变动：

$$K = \sum_{1}^{3} |q_{i7} - q_{i0}| \quad (7-3)$$

经计算可得，海南省的产业结构变动值为 $K_H = 0.18$；全国的海洋产业结构变动值为 $K_C = 0.38$。

由此可以看出，自 2001 年以来，海南省海洋产业结构虽然一直在向高级化调整发展，但与全国平均产业结构调整幅度相比，还是存在着很大的差距，这说明海南省海洋产业发展的结构调整力度小。再来计算海南省相对于全国的产业结构调整速度。利用公式 3－4 计算：

$$(K_C - K_H)/K_H = 1.11 \quad (7-4)$$

该结果说明全国海洋产业结构的变动速度比海南省高出了 111%。这说明海南省海洋产业结构调整远远落后于全国其他地区，海洋产业结构调整任重道远。

同时我们必须看到，海南省产业结构调整缓慢的原因是，现有对产业结构调整的贡献主要来自于海洋第一产业和海洋第三产业，开发程度深、涉及产业门类广的海洋第二产业变化并不大，作为承前启后的关键环节，海洋第二产业的滞后发展必将使整个海洋产业结构的调整滞后，整体海洋经济的发展缺乏强劲的推动力。

7.1.3.2 海洋产业结构熵数指标

产业结构熵数是依据信息理论中干扰度的概念，将结构比变化视为产业结构的干扰因素，它是综合反映产业结构变化程度的指标，反映了产业结构在经济发展过程中质量方面的变动程度。其计算公式为：

$$e_t = \sum_{t=1}^{n} [W_{it} \ln(1/W_{it})] \quad (7-5)$$

其中，e_t 为 t 期产业结构熵数值；W_{it} 为第 t 期 i 产业产值所占海洋产业总产值的比重；n 为产业部门个数。

从公式可以看出，由于 $\sum_{i=1}^{n} W_{it} = 1$，当 W_{it} 都相等时，e_t 有最大值。所以，如果海南省各海洋产业结构的产值比重比较均匀时，产业结构熵数值就比较大，反之则比较小。换言之，e_t 越大，说明产业结构发展形态越趋向多元化，产业发展越均衡；反之，e_t 越小，则说明产业结构发展越趋向单一化，产业部门之间的发展差距较大。根据《海南省统计年鉴》及《中国海洋统计年鉴》的数据，选取海洋渔业、海洋旅游业、海洋交通运输业、海洋油气业、海滨砂矿业、海洋盐业、海洋建筑业为计算部门，分别计算全国及海南省2001—2007年的产业结构熵数（表7.12）。

表7.12　2001—2007年全国及海南省产业结构熵数

年份	2001	2002	2003	2004	2005	2006	2007
海南	1.17	1.21	1.18	1.27	1.24	1.39	1.34
全国	1.72	1.77	1.86	1.81	1.71	1.75	1.61

从表7.12中的数据可以看出，2001—2007年，海南省的海洋产业结构熵数在波动中增长，但增幅较小，表明海洋产业结构在趋向多元化发展，产业部门之间的发展差距在慢慢缩小，但仍低于全国平均水平。这表明海南省的海洋产业结构相对简单单一，产业部门之间的发展差距较大，产业发展不均衡。

综合上述对产业结构的各项分析，我们可以清楚地看到海南省海洋产业发展有如下的特点。

① 海洋产业内部结构都体现出初级化、单一化、技术层级低、经济规模小的特点。

海南省海洋产业结构的高级化程度是较低的，在海洋产业演变序列中处于第一阶段向第二阶段的过渡阶段，即从传统海洋产业的“一、三、二”阶段向“三、一、二”阶段的转化阶段。因此整体海洋产业结构以及具体海洋产业内部结构都体现出初级化、单一化、技术层级低、经济规模小的特点。

② 海南省海洋产业结构的合理化程度较低。

主要体现在海洋产业对自然资源的依赖度高，对海洋资源的利用深度严重不足，即加工程度低，知识技术附加值低。海洋第二产业发展十分薄弱，对其他海洋产业的前、后向和侧向关联效应不明显，海洋产业乘数效应较差。

③ 海洋产业集中度过高，技术密集型产业和新兴产业少。

产业集中度过高，产业之间结构比例不合理，导致产业结构整体效益差。在海洋产业结构中，技术密集型产业和新兴产业少，产值比重低；传统产业技术装备不足，产品科技含量低。海南省产业结构改变缓慢，因此导致海洋产业增长受到很大的限制。

虽然海南省海洋产业结构呈现出明显的初级化特点，但近年来海南省经济发展平稳增长，海洋经济发展迅速，海洋产业结构已经朝着产业多元化方向发展，海洋交通运输业、海洋油气业及包括海洋信息服务在内的其他海洋产业开始发展起来。这说明在海南省海洋产业发展中，经济增长方式开始转变，传统海洋产业与新兴产业开始共同发展。

资料链接：海洋产业结构演进的一般规律

与陆地产业发展一样，海洋产业群体的扩大和发展水平的提高，也是需求拉动和技术推动双重作用的结果。海洋产业结构的演化过程大致分为以下4个阶段。

第一阶段是起步阶段，即传统海洋产业发展阶段。人类最初的海洋开发利用活动主要局限于近海的渔盐之利和舟楫之便。1978年以前，我国海洋经济仅有渔业、盐业和沿海交通运输三大传统产业，主要海洋产业总产值只有几十亿元。在资金和技术条件不成熟的情况下，海洋产业的发展一般以海洋水产、海洋运输、海盐等传统产业作为发展重点。这一阶段的海洋产业结构表现出明显的“一、三、二”的顺序排列。

第二阶段是海洋第三、第一产业交替演化阶段。随着海洋经济发展水平的提高以及资金和技术的逐步积累，滨海旅游、海产品加工、包装、储运等后继产业呈现出加快发展的趋势。在这一阶段，滨海旅游、海洋交通运输等海洋第三产业在产值上逐渐超过海洋渔业，在国民经济中占据主导地位，海洋产业结构也相应地由“一、三、二”型转变为“三、一、二”型。

第三阶段是海洋第二产业大发展阶段。当资金和技术积累到一定程度后，海洋产业发展的重点将逐步转移到海洋生物工程、海洋石油、海上矿业、海洋船舶等海洋第二产业，海洋经济也随之进入高速发展阶段，从而推动海洋产业结构在这一阶段进入“二、三、一”型。20世纪60年代以来，人类从以捕鱼、海运和盐业等传统产业为主的海洋开发时代，进入了现代海洋开发的时代，开始大规模开发海洋油气资源、发展规模化海水增养殖业和海上娱乐、旅游事业，海水淡化和综合利用、海洋食品加工及海洋药物和保健品开发等也得到了一定的发展。20世纪90年代以来，除了规模日益增长的传统海洋产业之外，我国海洋石油工业、滨海旅游业也已发展成为主要的海洋产业，海洋化工、海水利用、海洋医药、海洋农牧化、海洋能发电等正在逐步成为规模较大的独立产业。可以说，目前我国正在为海洋第二产业大发展集聚能量。

第四阶段是海洋产业发展的高级化阶段，也可称之为海洋经济的“服务化”阶段。在这一阶段，一些传统海洋产业采用新技术成果成功实现了技术升级，规模进一步扩大，发展模式也更加集约化。同时，海洋第三产业重新进入高速发展阶段，尤其是海洋信息、技术服务等新型海洋服务业开始快速发展，从而推动海洋第三产业重新成为海洋经济的支柱，海洋产业结构再次演变为“三、二、一”顺序排列结构类型。

按照《中国海洋21世纪议程》设定的目标，2020年的海洋产业分4个层次：① 海洋交通运输业、滨海旅游业、海洋渔业、海洋油气业；② 海水直接利用业、海洋药物业、海洋服务业、海盐业；③ 海水淡化、海洋能利用、滨海砂矿业、滩涂种植业、海水化学资源利用（重水、铀、钾、溴、镁等）、深海采矿业；④ 海底隧道、海上人工岛、跨海桥梁、海上机场、海上城市。海洋第一、第二、第三产业的比例为2∶3∶5。到21世纪中叶，海洋产业数量还会增多，层次进一步提高，海洋可成为各种类型的生产和服务基地：海港及港口城市成为不同层次的物流和信息交流基地；海湾和近海成为海上牧场，以及能提供10%以上食物的食物生产基地；海滩和海上运动娱乐区成为旅游娱乐基地；潮汐、潮流、波浪、热能、风能、重水、油气资源开发，成为多功能能源基地；海水工业利用、耐盐作物灌溉、海水淡化、化学元素提取全面发展，成为海水综合利用基地。

综上可知，海洋产业的发展和演变表现为首先从第一产业到第三产业，然后从第三产业到第二产业，再从第二产业到第三产业为主导的动态演变性特征。因此我们说，尽管各海洋产业之间的联系比较松散，但是不同海洋产业之间不同程度的经济、技术联系也使海洋产业体系具有结构性特征，其产业结构的演化虽然与区域产业结构演变的基本规律存在差异，但基本上遵循了这一规律。由于海洋产业遵循着与陆地产业不同的结构演变规律，导致了海洋产业结构与沿海的陆地产业结构存在着明显差异，这主要体现在海洋产业结构的演变滞后于陆地产业。具体表现是：陆地产业第一个发展阶段的特征是第一产业大于第二产业；第二阶段则表现为第二产业高度发达。而海洋产业进入第二个发展阶段后，则表现为第一、第二、第三产业结构比重比较接近的情况，即海洋第一产业仍占有相当大的比重。

海洋产业与陆地产业出现结构性差异的深层次原因在于建立海洋工业体系的难度较大，技术水平要求高，海洋科学技术面对浩瀚的大海和储量巨大的海洋工业资源还不能立即提供可开发的手段。例如，直接从海洋中摄取产品的海洋捕捞业等第一产业，以及可直接利用海域空间的海上运输业和旅游业等，都较容易形成产业规模。所以，海洋第一、第三产业比重较大。同时，由于海洋严酷的环境条件制约，海洋工业对上述产业的材料性能和技术要求也比陆地相应的部门苛刻得多，多种因素迟滞了海洋第二产业的发展，导致了海洋产业中的第二产业比重相对较低。新兴海洋科技产业中的多数产业，如海洋生物技术及海洋药物产业、海水育苗及养殖产业、海水淡化和海水直接利用产业、深海矿物开发等，都属于海洋第二产业的范畴。随着海洋资源利用能力的提高，技术和资源的瓶颈一旦突破，这些新兴科技产业业将进入快速发展期，海洋第二产业的比重将随之提高。因此，未来一段时间内，我国海洋产业结构有可能回到“二、三、一”的顺序或在“二、三、一”和“三、二、一”之间盘整，其间主要取决于新兴海洋科技产业对海洋第二产业和第三产业的贡献率。

海洋产业结构演变的一般规律，客观上要求区域海洋经济发展应该循序渐进地确定发展战略方向与重点，尤其应把在海洋产业中已形成优势或居于主导地位的产业的发展置于优先位置。海洋主导产业的确立，应立足区位、海洋资源与环境以及区域海洋和陆地产业发展基础，选择在国民经济中具有瓶颈作用的基础性产业和具有导向作用的战略性产业予以优先发展。当然，这可能使海洋产业结构的演进偏离一般轨道。海洋产业的发展和演变首先从第一产业到第三产业，然后从第三产业到第二产业，再从第二产业到第三产业为主导的动态演化过程，只是代表了海洋产业一般的演化规律。但是，具体到不同国家或地区时，往往会表现出很大的差异。首先，在不同的地区中，由于各自的海洋资源构成、产业发展基础、传统文化等方面差别，决定了彼此产业结构演进的路径有所不同。其次，对于发展有先后顺序的不同地区，即使按照同一路径演进，在演进的速度上也是不一样的。究其原因，是因为对后起发展的地区来说，它既可以借鉴先行发展地区的经验教训，又可以利用它们发明创造的先进技术，从而缩短完成海洋产业结构现代化所必需的时间。以海南为例，海南省拥有超过200 $\times 10^4$ km^2 的海域，占全国海域面积的2/3，蕴藏着丰富的海洋资源。因此，国内外专家预言，21世纪的海南省将充分借鉴先行发展地区的经验教训，不但成为后来居上的海洋经济强省，而且必然是中国建设海洋强国的最大“亮点”。再次，有些地区的海洋经济发展，由于会受到政府的积极干预，其产业结构的演进有可能出现跳跃式发展。例如，随着南海油气资源的开发，在中央和地方政府的大力支持和推动下，广东省的海洋油气业发展迅速，迅速成为本地区的海洋主导产业。

7.1.4 海南省海洋产业地理集中度分析

在产业发展的过程中，地区内部相似或相同行业会自发地在相同区位的空间集聚，形成不同类型的产业集群，以通过共享基础设施、产业间分工协作利益，创新收益等外部经济性等形成地区特有的集聚经济结构。由于产业集聚会带来巨大集聚经济利益、规模经济利益和外部经济利益，所以产业集聚条件好、集聚规模大、集聚水平高的那些地区容易出现产业过度集聚的现象；那些产业集聚条件差、集聚规模小、集聚水平低的地区则会出现产业集聚不足的现象。因此，如此促进区域产业的适度集聚，对于促进区域经济的健康持续发展，具有重要意义。海南省是一个岛屿省份，海岸线长，大部分的县市均地处沿海，发展海洋的空间选择多，因此海洋经济的空间结构合理与否，对于海南省海洋经济可持续发展具有重要影响。

由前一章已经分析的海南省海洋产业的空间分布现状可知，由于海南省工业发展落后，海南省海洋油气业集中分布在洋浦与东方，少量分布在与这两个地区临近的昌江和临高，且均为我国大型石油天然气企业，因此无需计算便可知，海洋油气业的产业地理集中度极高；对海洋交通运输业而言，由于地理区位及港口条件的原因，其主要分布在海口、三亚、洋浦，地理集中度也相对较高。

而对海洋渔业与海洋旅游业来说，情况则大为不同。这两个产业均为各县市的重要产业，空间分布表现为大分散，小集中，再加上这两项产业也是海南省海洋经济最重要的产值贡献来源，合计占整个海洋生产总值的近80%，因此需要将对这两个产业的空间集聚集程度进行定量计算。其余海洋产业，由于起步晚，企业规模小，产值低，产品结构单一，基本没有形成产业化链条，因此缺乏对其进行空间分布研究的实际意义。

7.1.4.1 产业地理集中度的几种测度方法

区域产业地理集中（集聚）一直是经济地理学研究的热点问题之一。产业地理集中或集聚指特定产业的企业大量分布于某一个地区，形成一个具有协作竞争优势的集合体。这种集中通常可以从两个方面来理解：一是随机集中，即大量不相关的企业集中分布在特定区域；二是企业间由于共享外部性或自然优势而趋向于某地区集中。二者的空间表现都是少数地区拥有较大比重的就业人数或经济规模。自19世纪Marshall开始关注产业集聚现象以来，发展了多种衡量产业地理集中度的方法，如传统的图解法——集中曲线、数值法——熵指数、Isard指数、Herfindahl指数、区位Gini系数等。20世纪80年代以来，随着产业集聚在全球的迅速发展，这一现象再次成为研究的热点，测度方法也得到进一步发展细化，出现了许多新方法。如E—C指数、M—S指数、K函数、L函数、D函数、M函数等。

由于不同方法的侧重点不同，具体应用时会得到不同的结果。因此在对测度方法的选择上应该结合不同方法的特性及海南省海洋经济发展的具体特征。根据刘春霞（2006）的研究，集中曲线、熵指数、Isard指数、Herfindahl指数、区位Gini系数、E—G指数、M—S指数属于单一地理尺度方法；K函数、L函数、D函数、M函数则属于通过分析点的空间分布建立的基于距离的多空间尺度方法。

传统的单一地理尺度方法的共同特点是只能度量人为给定或自然界限划分的单一规模地理单元（如行政区）上经济活动的空间分布和分散情况，最为常用的是 Herfindahl 指数、区位 Gini 系数和 E—G 指数。基于距离的多空间尺度方法实质上是将区域内的企业看做点，通过分析这些点的分布状态来了解区域产业的分布情况。这种方法虽然比单一地理尺度方法要更精确，但由于数据获取较为困难，处理难度大，因此，在实际使用中仍以传统方法为主。

Herfindahl 指数是衡量产业地理集中的重要综合性指标。基本原理是：某地区 A 有 k 个次一级地理单元，定义 j_{ik} 为 i 行业在第 k 个地理单元的就业人数，则 A 地区 i 行业的 Herfindahl 指数 H_i 为：

$$H_i = \sum_{k=1}^{k} (j_{ik} / \sum_{k=1}^{k} j_{ik}) \tag{7-6}$$

式中，H_i 的取值范围是［$1/k$，1］，值越大，产业地理集中程度越高。若 i 行业所有的经济活动集中于一个地理单元，H_i 达到最大值 1；相反，如果是均匀分布在 k 个地理单元，此时 H_i 为最小值 $1/k$。

Herfindahl 指数多用于研究行业集中和市场结构，在产业空间分布研究中的应用相对较少。Herfindahl 指数法的优点是计算简单，易于理解，但也存在以下明显的不足：① 没有考虑其他部门的空间分布，是一个绝对集中度指标，因此行业间没有可比性；② 没有考虑不同地理单元的面积差异，显然与实际不符。

区位 Gini 系数弥补了这些不足，比 Herfindahl 指数的应用更具广泛性。Gini 系数是意大利经济学家科拉多・基尼在洛伦兹曲线的基础上于 1912 年提出的。最初用于度量国家或区域之间收入不平等的相对程度。1986 年，Keeble 等人将洛伦兹曲线和 Gini 系数用于度量某行业地区间分布的集中程度，发展成区位 Gini 系数。区位 Gini 系数最简明易懂的计算方法是运用洛伦兹曲线。其具体过程为：

假设 A 地域有 k 个次级地区，对于每个次级地区，计算 i 行业的就业人数（产值、增加值）占该地区所有行业就业人数的比重 e_i，对 e_i 从大到小排序，计算其累加值，如图 7.5 中的纵坐标；同时，计算出相应次级地区所有行业就业人数占 A 地域所有行业就业人数的比重 E_i，计算相应累加值，如图 7.1 中的横坐标，得到 OWA 曲线，即洛伦兹曲线，则区位 Gini 系数的计算公式为：

$$\text{Gini 系数}(G) = S_A / (S_A + S_B) \tag{7-7}$$

图中 45°对角线为绝对平均线，洛伦兹曲线越接近绝对平均线，i 行业的空间分布越均衡；反之，则越集中。由于 OWA 曲线难以拟合，S_A 的计算非常繁琐，实际运用中，构建了多种基于式（7－7）的计算方法，并用于实证，其中，应用最为广泛的是 1991 年，Krugman 提出的区位 Gini 系数。区位 Gini 系数是传统的衡量经济活动地理集中度最为常用的方法，比较典型的有：Krugman，Kim，Audretsch 等用职工就业人数或增加值数据，通过计算区位 Gini 系数，分别分析了美国州级地理单元各工业或制造业行业及创新产业的地理集中状况和变化趋势；Amiti 等学者还将 Gini 系数用于欧盟多个国家间制造业行业地理集中情况的研究。近年来，国内不少学者对基尼系数的具体计算方法作了探索，提出了 10 多个不同的计算公式。山西农业大学经贸学院张建华（2007）提出了一个简便易用的公式：假定一定数量的人口按收入由低到高顺序排队，分为人数相等的 n 组，从第 1 组到第 i 组人口累计收入占全部人口总收入的比重为 W_i，利用定积分的定义将对洛伦兹曲线的积分（面积 B）分成 n 个等高梯形的面积

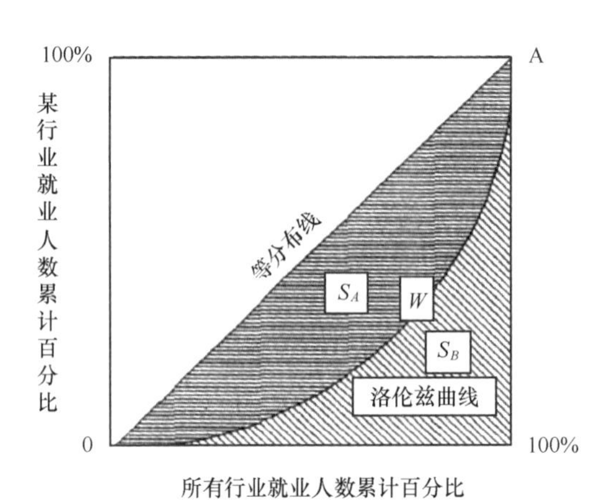

图 7.5　洛伦兹曲线

之和得到公式：

$$G = 1 - \frac{1}{n}(2\sum_{i=1}^{n-1} W_i + 1) \tag{7-8}$$

由于这一公式简便易行，且结论误差较小，因此被广泛采用。本章的研究就采用这一简易计算公式。

区位 Gini 系数将次级地理单元就业人数与整个区域的就业人数之比作为一个变量纳入公式，实质上是考虑了面积大小对集中度的影响，对地理集中度的描述比 Herfindahl 指数更准确；其次将全部行业的地理分布作为比较基准，使得不同行业的计算结果具有可比性，因此得到了广泛应用。但是该方法并非源于区位选择的理论模型，也没有考虑企业规模的影响，而且没有区分随机集中和源于共享外部性或自然优势的集中。

1997 年，Ellison 和 Glaeser 提出了 E—G 指数，弥补了上述不足。该指数的假设前提是二人提出的企业区位选择模型：即如果企业间的区位选择是相互依赖的，企业将趋向具有特殊自然优势或能够从行业内其他企业获得溢出效应的地区集中。类似于 Gini 系数，E—G 指数也是通过与全部行业的比较来分析某行业的地理分布。Ellison 和 Glaeser 首先定义了一个总体地理集中度指数 G，公式为：

$$G = \sum_{k=1}^{k} (S_k - x_k)^2 \tag{7-9}$$

式中，k 为地理单元的个数；S_k 为第 k 个地理单元中某行业就业人数占该行业所有就业人数的比重；x_k 为第 k 个地理单元所有行业就业人数占整个地区所有行业就业人数的比重，反映某行业相对于全体行业地理分布的偏离程度。Ellison 和 Glaeser 进一步证明了在完全随机分布的条件下，G 的期望值

为：

$$E(G) = (1 - \sum_{k=1}^{K} x_k^2)H \tag{7-10}$$

式中，H 为某行业每个企业就业人数与该行业所有就业人数比值的平方和，反映企业的规模分配情况。在此基础上，二人推导出了衡量产业地区分布集中程度的 E—G 指数，用 γ 表示：

$$\gamma = [G - (1 - \sum_{k=1}^{k} x_k^2)H]/[(1 - \sum_{k=1}^{k} x_k^2)(1 - H)] \tag{7-11}$$

如果某行业的 γ 值大于零，说明该行业的地理分布趋向集中，值越大，集中度越高。

E—G 指数最大的意义在于区分了随机集中和企业间由于共享外部性或自然优势的集中，比 Gini 系数的地理意义更明确。但该方法对其中的 H 并没有给出合理的解释。

经过上述 3 种方法的比较，Herfindahl 指数具有明显的缺陷，且不太适合用于区域产业的空间分布研究，而 E—G 指数则对企业数据要求较高，区位 Gini 系数则既计算简单、意义明确，又对数据要求较低，因数据误差而造成结论偏移的可能性较小，因此本章采用区位 Gini 系数来衡量海南省海洋产业的产业地理集中度。

7.1.4.2 海南省海洋渔业与海洋旅游业地理集中度

本章采用张建华的简单 Gini 系数计算公式进行计算，由于实际研究的对象是产业分布而不是收入分布，因此，公式中的 W_i 不是某部分人口收入占全部人口收入的比重，而是相应产业的产值占整个大区域全部产业总产值的比重。

$$G = 1 - \frac{1}{n}\left(2\sum_{i=1}^{n-1} W_i + 1\right) \tag{7-12}$$

根据统计数据及公式首先计算出 W_i。见表 7.13。

表 7.13 2010 年海南省各县市海洋渔业产值占海洋渔业总产值的百分比

	海洋渔业产值/万元	海洋渔业总产值/万元	各区域海洋渔业产值占海南省海洋渔业总产值的比重 W_i/%	各区域海洋渔业产值占海南省海洋渔业总产值的累计百分比 W_i/%
乐东	36 952.2	1 907 047.7	1.94	1.94
东方	46 311.2	1 907 047.7	2.43	4.37
昌江	55 516.5	1 907 047.7	2.91	7.28
澄迈	91 876.5	1 907 047.7	4.82	12.09
陵水	114 874.7	1 907 047.7	6.02	18.12
琼海	115 784.8	1 907 047.7	6.07	24.19
万宁	126 582.9	1 907 047.7	6.64	30.83
三亚	151 473.6	1 907 047.7	7.94	38.77
文昌	184 913.0	1 907 047.7	9.70	48.47
海口	188 053.4	1 907 047.7	9.86	58.33
临高	394 968.5	1 907 047.7	20.71	79.04
儋州	399 740.4	1 907 047.7	20.96	100.00

数据来源：海南省各县市 2010 年国民经济与社会发展统计公报

由表 7.13 中数据可计算出海南省海洋渔业的 Gini 系数为：

$$G = 0.378$$

接下来计算海南省滨海旅游业的产业地理集中度（表 7.14）。

表 7.14　2010 年各县市滨海旅游业产值占滨海旅游业总产值百分比

	滨海旅游业产值	滨海旅游业总产值	各区域滨海旅游业产值占全省滨海旅游业产值的百分比 W_i/%	各区域滨海旅游业产值占全省滨海旅游业产值的累计百分比 W_i/%
乐东	656.5	2 562 003.6	0.03	0.03
临高	1 560	2 562 003.6	0.06	0.09
东方	7 175.4	2 562 003.6	0.28	0.37
昌江	8 491.7	2 562 003.6	0.33	0.70
澄迈	31 000	2 562 003.6	1.21	1.91
陵水	33 700	2 562 003.6	1.32	3.22
儋州	35 600	2 562 003.6	1.39	4.61
文昌	104 220	2 562 003.6	4.07	8.68
琼海	105 000	2 562 003.6	4.10	12.78
万宁	117 300	2 562 003.6	4.58	17.36
海口	720 900	2 562 003.6	28.14	45.50
三亚	1 396 400	2 562 003.6	54.50	100.00

数据来源：海南省各县市 2010 年国民经济与社会发展统计公报

由表 7.14 中数据可计算得到海南省滨海旅游业的 Gini 系数为：

$$G = 0.758$$

对于 Gini 系数，经济学家们通常用 Gini 指数来表现一个国家和地区的财富分配状况。这个指数在 0 和 1 之间，数值越低，表明财富在社会成员之间的分配越均匀；反之亦然。按照联合国有关组织规定：

若低于 0.2 表示收入绝对平均；

0.2 ~0.3 表示比较平均；

0.3 ~0.4 表示相对合理；

0.4 ~0.5 表示收入差距较大；

0.5 以上表示收入差距悬殊。本章所计算的反映产业地理集中度的 Gini 系数，虽然是最终代表的意义与反映财富分配的 Gini 系数不同，但系数的大小所代表的集中程度的意义是相同的。即，Gini 系数越大，代表某产业产值的空间分布越集中，系数越小，则说明该产业产值的空间分布越分散。

从上述计算数据可以看出，海南省海洋渔业产值是大分散，小集中。临高，儋州两个县市海洋渔业产值共占全省海洋渔业产值的四成多，其余 10 个县市则相对均匀，都不超过 10%。造成这一状况的原因：一是这些都是沿海县市，都有发展海洋渔业的资源条件，因此渔业产值分布相对均匀；二是目前海洋渔业仍以传统的海洋捕捞为主，而捕捞业对资源的依赖更强。今后随着海产品保鲜技术的提高、海洋水产加工业向规模化、精深化方向的发展，海洋渔业产业分布的地理集中度会有所加强，因此目前海洋渔业的相对分散是海南省海洋渔业发展较为落后的一种表现；三是产业比较优势的选择。相对于临高来说，东部的文昌、琼海、万宁甚至三亚的海洋渔业发展的资源优势也并不弱，但由于这些县市在发展的过程，选择了比较优势更明显的滨海旅游业等其他产业，而使海洋渔业的发展相对较弱。

再来看滨海旅游业。其产业地理集中度明显强很多。Gini 系数高达 0.758，从表 7.14 中也可以看到，三亚一市的滨海旅游业产值就占了全省旅游业产值的半壁江山，海口占到近三成，两者合计超过 80%，产值高度集中，过度集中的旅游业对海南省旅游业的发展是不利的。第一，海南省旅游资源种类多样，目前只是三亚市的旅游资源得到了较好的开发利用，其余县市的旅游资源开发不足，旅游设施闲置现象严重，旅游业发展水平较低，不利于滨海旅游业的可持续发展；第二，游客在旅游旺季时过度集中在三亚等地，降低了旅游服务质量，使游客体验满意度降低，影响了海南旅游业的形象，而且对自然资源环境造成了很大的压力，不利于滨海旅游业的可持续发展。

7.1.5　海洋产业可持续发展水平分析

产业的可持续发展水平有若干个指标可以反映。为了全面而准确地反映海南省海洋产业的可持续发展水平，结合海南省海洋产业实际情况，我们选取历年来沿海地区工业废水排放达标率、沿海地区工业固体废弃物综合利用率、海洋污染治理项目投资增长率 3 个指标来说明。具体数据如表 7.15 所示。

表 7.15　2001—2007 年海南省产业可持续发展指标

年份	沿海地区工业废水排放达标率/%	沿海地区固体废弃物综合利用率/%	海洋污染治理项目投资增长率/%
2000	86.83	56.54	—
2001	93.41	62.37	-46.14
2002	95.23	76.00	47.91
2003	93.87	61.80	-83.47
2004	95.32	66.10	87.63
2005	94.79	68.80	44.45
2006	94.63	77.10	—
2007	94.70	89	—

数据来源：根据《中国海洋统计年鉴》相关数据整理

由表 7.15 中数据可以看出，海南省沿海地区工业废水达标率与固体废弃物综合利用率都比较高，而且呈现逐年缓步增长的态势。说明海南省对海洋生态环境保护十分重视，并且执行情况较好。从海洋污染治理项目投资增长率来看，则呈现出投资金额总体增加，但各年波动较大的态势。结合海南省海洋污染情况来看，海洋环境污染并没有明显减少的年份，因此，污染治理项目投资金额的大幅度波动，并不是因为需要治理的区域及污染物减少的缘故。综合来看，海南省海洋产业发展可持续性较好。

综合上述计算与评价，我们可以看出，海南省海洋产业结构的合理化程度与高级化程度均比较低。主要体现在海洋产业对自然资源的依赖度高，对海洋资源的利用深度严重不足，即加工程度低，知识技术附加值低。由此带来产业结构集中度高，少数产业（海洋渔业、滨海旅游业）几乎提供了90%的海洋产业值。由于产业之间没有合理的数量比例，导致产业之间的关联与乘数效应难以充分产生，产业整合效益能力极为弱小。

7.2 基于海域承载力的海南省海洋经济可持续发展评价

海洋经济的可持续发展，核心在于海洋产业内部的旺盛生命力，即产业的不断创新与结构的不断优化。然而海洋经济系统的运行方式与运行规模却是置于海洋资源与环境系统的生态约束之下的。因此，考察海南省海洋资源与环境系统对海洋经济与社会发展的重要约束作用，考察海南省的海洋承载力，从资源与环境系统的角度来研究海南省海洋经济可持续发展问题，十分必要。

7.2.1 海域承载力理论

7.2.1.1 海域承载力的定义与内涵

海域承载力的概念来自于生态承载力，而生态承载力的概念则来自于承载力。承载力原是工程地质领域里的概念，其原意是指地基的强度对建筑物负重的能力，现已演变为对发展的限制程度进行描述的最常用概念之一。生态学最早将此概念借用到本学科领域内。1921年帕克和伯吉斯就在《人类生态学》杂志上，提出了生态承载力的概念，即“某一特定环境条件下（主要指生存空间、营养物质、阳光等生态因子的组合），某种个体存在数量的最高极限”。由于承载力概述的直观性、适用性、形象性使其在环境、经济和社会的各个领域都得到了不同程度的运用，产生了大量名称不同的各种各样的承载力。

高吉喜认为，生态承载力是生态系统的自我维持、自我调节能力，资源与环境的供容能力及其可维育的社会经济活动强度和具有一定生活水平的人口数量。对于某一区域，生态承载力主要强调的是系统的承载功能，而突出的是对人类活动的承载能力，其内容应包括资源子系统、环境子系统和社会子系统，生态系统的承载力要素应包含资源要素、环境要素及社会要素。所以，对于某一区域的生态承载力概念，是某一时期某一地域某一特定的生态系统，在确保资源的合理开发利用和生态环境良性循环发展的条件下，可持续承载的人口数量、经济强度及社会总量的能力。这一概念推及到海洋生态系统，形成了与区域生态承载力含义基本一致的海域承载力的概念。

狄乾斌等认为，海域承载力以海洋可持续发展为基础，以人口、环境与社会经济的协调发展为目标，由海域环境承载力、资源承载力、生态承载力及社会经济承载力等多个子系统构成。它是一定时期内，以海洋资源的可持续利用、海洋生态环境的不被破坏为原则，在符合现阶段社会文化准则的物质生活水平下，通过自我维持与自我调节，海洋能够支持人口、环境和经济协调发展的能力或限度。

海域承载力包括两层基本涵义：一是指海洋的自我维持与自我调节能力，以及资源与环境子系统的供容能力，此为海域承载力的承压部分。海洋与陆地生态系统不同。海洋具有流动性且全球相通，水体占地球表面积的71%，因此海洋具有很强的自我调节能力与承压能力，但从另一方面来讲，海洋生态一旦受到大强度的破坏，其影响的广泛性、深刻性与修复的困难性也是其他生态系统难以比拟的；二是指海洋人地系统内社会经济子系统的发展能力，此为海域承载力的压力部分。社会经济子系统的发展能力是指海洋所能维持的社会经济规模和具有一定生活水平的人口数量。由此可见，海域承载力是以海洋的可持续发展为基础，以人口、环境与社会经济的协调发展为目标。近年来，随着海域承载力的深入研究，海域承载力已经成为评判沿海地区社会经济发展速度、结构、规模，实现沿海经济发展、资源配置与海洋生态环境承载能力之间的平衡与协调发展的重要参考依据。

由海域承载力的概念可以看出，海域承载力与海洋经济可持续发展这两个概念事实上具有很大程度的重叠性。它们具有共同的研究目标：解决人口、海洋资源、海洋环境与发展问题。它们可以说是一个问题的两个方面，只是侧重点不同。海洋经济可持续发展立足于海洋经济的发展，但要实现海洋经济的可持续发展，必须解决海洋资源环境与经济发展之间的矛盾，使人口、海洋资源、海洋环境与海洋经济发展之间协调运行。而海域承载力则将关注的重点放在海洋资源与环境的最大支撑能力上，虽然将重点放在海洋资源与环境，但最终的研究目的也是为了促进海洋经济的可持续发展。因此，研究海域承载力，对海洋经济可持续发展，具有十分重要的意义。

第一，海域承载力及海域现实承载状况，是海洋经济可持续发展程度的重要判别依据。海域承载力的概念是建立在海洋经济可持续发展基础之上的，它反映了在一定科技水平下，人类对海洋资源与环境的利用在资源环境可以承受的最大限度之内。只要海域现实承载状况不超过海域承载力，那么就资源与环境而言，海洋经济对海洋资源与环境的利用就是可持续的。同时海域实际承载状况的前后变化情况，也是反映海洋经济发展是否可持续的重要指示。逐渐改善的海域承载状况反映了海洋经济正朝着可持续的方向稳步发展，而逐渐恶化的海洋承载状况则反映了人海关系的不协调性日益加深，海洋经济发展的可持续性受阻。

第二，海域承载力本身也是海洋经济可持续发展能力的重要组成部分。在上一部分的内容里，本书立足于海洋经济发展，对海南省海洋经济可持续发展能力进行了综合评价。从评价中，我们可以看到，海洋经济可持续发展能力，建立在海洋资源、环境与经济社会系统相互间的互动反馈通畅、耦合良好上。而海域承载力则反映了在一定科技水平下海洋资源环境与人类社会经济发展的协调发展上。国内不少学者在对区域可持续发展能力进行概念界定时都将区域的人口承载能力、生产能力和环境缓冲能力作为可持续发展能力的重要组成部分。而根据海域承载力的定义，海域承载力已经包含了区域可持续发展所需的海域人口承载能力、海域生产能力和海洋环境缓冲能力。因此，海域承载力是海洋经济可持续发展能力的重要组成部分。

7.2.1.2 海域承载力的量化方法

对于生态承载力或区域承载力的量化计算，本文主要采用的是状态空间法。状态空间法是欧氏几何空间用于定量描述系统状态的一种有效方法。通常由表示系统各要素向量的三维状态空间轴组成（通常为人类活动轴、资源轴和环境轴），利用状态空间法中的承载状态点，可表示一定时间尺度内区域的不同承载状况。海域承载力及承载状况的状态空间模型图示见图7.6。

在图7.6所示的状态空间中，一定时间和空间尺度内海洋人地系统的任何一种承载状况都可以用承载状态点来表示。图中的C点表示海洋人地系统处于理想状态的承载状态点。所谓理想状态是指在一定时段内，海洋人地系统的中“人”和“地”互动耦合达到最佳组合的

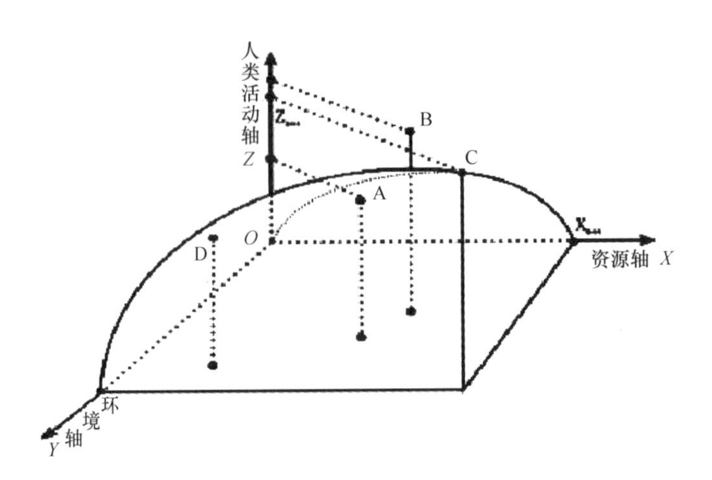

图 7.6　海域承载力及承载状况的状态空间模型

状态。该状态表示这样一种关系，即在现有的经济技术条件和人类管理水平前提下，以可持续发展为准则，海洋资源环境所能支持的人类及其社会经济活动的最适量。除 C 点外的其他一些点，如 A、B、D 点等则代表在不同的资源环境组合下的不同承载状况。所有的这些状态空间中由不同资源环境组合形成的海域承载力点构成了 $X_{max}OY_{max}$ 曲面，可称为海域承载力曲面。根据海域承载力在状态空间中的含义可知，任何低于该曲面的点表示某一特定资源环境组合下，人类活动的不足（如 A、D 点），而任何高于该曲面的点则表示人类的社会经济活动已经超出该特定海洋资源环境组合的承载能力（如 B 点）。据此，可以通过利用状态空间中的原点同系统状态点所构成的矢量模数，来表示海域承载状况，其数学表达式为：

$$CSMR = |M| = \sqrt{\sum_{i=1}^{n} w_i x_{ir}^2} \tag{7-13}$$

式中，$CSMR$ 为海域承载矢量（Carrying State of Marine Region）；M 为代表海域承载力的有向矢量的模数；x_{ir} 为人类活动与资源环境处于理想状态时在状态空间中的坐标值（$i = 1, 2, n$）；w_i 为 x_i 轴的权重。

若 CSMR 为根据最优指标计算出来的理论值，则该公式计算出来的就是海域承载力 CC-MR（Carrying Capacity of Marine Region）的大小。

从理论上讲，超载时的海域承载状况矢量的模必然大于理想状态海域承载力矢量的模；反之，可载时海域承载状况矢量的模则小于理想状态海域承载力矢量的模。因此可以根据海域承载状况矢量的模与理想状态海域承载力矢量的模的大小比较，来判断海域的承载状况。但实际上由于现实的海域承载状况同状态空间中理想的海域承载力并不完全吻合，现实的海域承载状况与理想的海域承载力产生了一定的偏差，这一偏差及偏差值就反映了现实状态下的海域承载状况。借助状态空间法，可以定量地计算某一时段的海域承载状况，其计算公式为：

$$CSMR = CCMR \times \cos\theta \tag{7-14}$$

式中，$CSMR$ 为现实的海域承载状况；$CCMR$ 为海域承载力；θ 为现实的海域承载状况矢量与海洋资源、环境载体组合状态下的海域承载力矢量之间的夹角，根据矢量夹角计算公式可求得：

$$\cos|\theta| = \frac{(a,b)}{|a||b|} = \frac{\sum_{i=1}^{n} x_{ia}x_{ib}}{\sqrt{\sum_{i=1}^{n} x_{ia}^2 \times \sum_{i1=}^{n} x_{ib}^2}} \qquad (7-15)$$

式中，a、b 分别代表状态空间中的 2 个向量，假设其顶点分别为 A、B，x_{ia} 和 x_{ib} 分别代表顶点 A、B 在状态空间中的坐标值（$i=1$，2，…，n），n 代表状态空间的维数。在本文海域承载力概念模型中，n = 3。但根据海域承载状况的计算表达式可以看出，CSMR 在绝对值上必定小于 CCMR（$0\leqslant\cos\theta\leqslant1$），也就是说，从 CSMR 的数值上并不能反映出超载和可载这两种情况。因此，虽然可以确定某一时段的海域承载状况数值，但是对海域承载状况的判断仍然必须通过比较其在状态空间中的矢量模或是与海域承载力矢量的夹角 θ 才能得出结论。即：在上述概念模型中，人类活动主要考虑其对载体（海洋）施压方面，而对人的主观能动作用则重视不够，特别是随着科技的迅速发展，人类可以采用新的替代资源，或是通过对自身活动的约束，减少资源消耗与环境污染，从而达到提高载体的承载能力。因此，在实际工作中，必须将人类活动区分为压力类活动和潜力类活动，并设计相应的指标，才能保证研究成果的科学性。

7.2.2 海南省海域承载力的状态权空间

海洋是一个复杂巨系统，因此必须通过设计一系列的评价指标体系才能加以定量分析。在构建海域承载力的评价指标体系时，除了必须遵循的共同原则（如科学性、可操作性、动态性等）外，在指标选取时，还必须充分考虑载体与受载体之间的互动反馈方式、强度、潜力与相互替代等特点。根据前人对海洋承载力的研究成果，并结合海南省的实际，设计了以下 3 类指标。

1）压力类指标

有些文献中又称之为消耗类指标。主要反映人类社会为创造物质财富而对海洋所施加的压力，即对海洋资源与环境的消耗与利用。工业革命以来，尤其是“二战”之后，随着科技水平的提高，人类对海洋资源与环境的利用强度逐渐加大，且呈加速度增长，资源与环境承受的压力也逐渐增大。这一类指标值的变大正是反映着压力的增大。海域承载力概念的核心内涵及海洋经济可持续发展的主旨，便是要将这种压力控制在资源与环境自我调节可以承受并及时修复的合理范围以内，这个合理范围便是理想状态。因此，对压力指标而言，其原始数据不需要进行任何转换，可以直接用于对海域承载状况进行判断。这一类指标主要体现在欧氏空间的人类活动轴中。

2）承压类指标

又称为支撑类指标。主要包括反映海洋的状态与发展方向的指标，如该海域内主要自然资源拥有量。在欧氏空间中，海洋资源轴与环境轴构成海域承载力的基础，而承压指标就是海洋资源轴与环境轴在广义空间的扩展，反映了海洋资源与环境具有的承载能力。除了资源环境外，承压指标还包括人类活动中可提高承载力的潜力类指标，如社会经济发展程度、环境容量等。潜力类指标无论在数量上还是方向上，其时变性都非常明显。因此与压力类的人类活动一样，在研究时段内，作为潜力类人类活动的承压指标也存在一个时段理想状态。

判断海域承载状况（CSMR）是否合适是以海域承载力（CCMR）为判断依据的，而海域承载力则由时段理想状态确定。另外，在判断海域承载状况时，是将所有的人类活动都归为压力活动中，因此，凡是某种人类活动在数量上的表达超出时段理想状态的规定值时，则认为该类活动属于超载活动。而潜力类指标中，除了恩格尔系数外，其他各项潜力类指标所代表的人类活动在数量上均超过时段理想状态，则是一种比时段理想状态更理想的状态，这时仍用潜力类指标的原始值进行海域承载状况的判断，海域承载力作为判断依据则失去效用。因此，为保证判断的有效性，有必要对人类活动中的潜力类指标在数值上加以变换，使变换后的潜力类指标，在数值上虽超出时段理想状态也能表明该种指标潜力并不及所希望（理想）的那么大。常用的转换函数有倒数函数和百分数的补数函数两种，在进行转换时，除了表示现状的指标必须用转换函数处理外，统一指标的时段理想状态值也必须同时转换。

3）区际交流指标

全球的海域都是连接在一起的，没有任何一个海域能够孤立而封闭地发展，它必然是一个开放的系统。海域间通过大气洋流、人流、物质流、资金流和信息流等，时刻不停地改变着海域承载力的承载状况。因此，设计指标体系时特别加入了以标准客货运量为度量的两个区际交流指标，即海洋客运周转量和海洋货运周转量。根据系统理论，区际交流的存在使得海域承载力可能比仅仅依据系统内部载体及其承载潜力得出的承载力要大，由于区际交流指标的这一特性，使得区际交流指标与承压指标中潜力类指标具有同样的承载特性，较活跃的区际交流显然使得拥有等量载体的海域可以获得更大的承载能力。因此，在将区际交流指标参与到海域承载状况的判断过程中时，也必须对其进行函数转换。

为了确保指标选取的科学性和合理性，消除具体指标间信息重叠可能对分析造成的误差，首先必须对指标体系的具体数值进行多重共线性分析。通常采用线性回归的方法，以最小二乘原则求算。

7.2.3 海南省海域承载力的计算与评价

7.2.3.1 指标的筛选

由于海洋经济可持续发展指标体系涵盖范围广，反映内容全面，因而可衡量的指标数目必然较大，因此需要采用科学有效的方法对指标进行筛选。筛选的方法有两种：一种是定性分析法，又称为经验法或专家意见法。这种方法主要是凭借评价主体个人的知识和经验，为了避免经验的偏颇，评价主体往往由专家团组成，尽管如此，这种方法的主观性仍然较强，但优点也是明显的，即简单易行。另一种是定量分析法，即采用一定的计算方法，得出各指标对信息的承载量和作用程度。目前通常采用的方法有主成分分析法、相关分析法和独立性分析法等。定量分析方法的优点是客观性较强，不受个人偏好的影响，但缺点是比较机械，如果所采用的模型或计算方法不符合实际状况，计算结果的偏差反而更大，此外定量分析的工作量也较大。

本章对评价指标体系的确定采用定量与定性分析相结合的方法，以期避免定性分析法的主观性和定量分析法的机械性，力求符合海南省海洋经济发展的实际情况，同时简单易行，具有较强的操作性。

我们利用海南省 1998—2007 年的统计数据采用主成分分析法来确定我们的评价指标。

（1）对原始数据进行标准化处理。为了消除量纲的影响，首先对基础数据进行标准化变换，标准化公式为：

$$x_{ik}' = \frac{x_{ik} - \overline{x_i}}{S_i} \quad (7-16)$$

其中，x_{ik} 为 i 指标第 k 年的数值；x_{ik}' 为 x_{ik} 标准化变换后的值，$\overline{x_i}$ 为指标的多年平均值；Si 为指标的多年标准差。

（2）计算相关系数和合并重复指标。分别对各指标计算相关系数，计算公式为：

$$r_{ij} = (\sum_{k=1}^{n} x_{ik}' \times x_{ik}')/(n-1) \quad (7-17)$$

定义真相关系数为 0.95 以上（包括 0.95）的指标为重复指标并加以合并，方法如下：辨识真假相关，对于同类指标，相关系数为正是真相关，相关系数为负是假相关；合并真相关系数大于 0.95 以上的指标，合并时优先保留高层次指标和综合性指标，这样就得到了可持续发展的初级指标体系。由初级指标体系构成的相关系数矩阵，除假相关外，相关系数均小于 0.95，满足了指标筛选的主成分性原则和独立性原则。

（3）计算特征值和特征向量。对由初级指标体系构成的相关系数矩阵 R：

$$R = \begin{bmatrix} r_{11} & r_{12} & \cdots & r_{1p} \\ r_{21} & r_{22} & \cdots & r_{2p} \\ \cdots & \cdots & \cdots & \cdots \\ r_{p1} & r_{p2} & \cdots & r_{pp} \end{bmatrix}$$

求特征方程 $|R-\lambda E|=0$ 的全部非负特征根共 K 个（另外 $P-K$ 个指标的特征根均为零），并依大小顺序排列成 $\lambda_1 \geqslant \lambda_2 \geqslant \cdots \geqslant \lambda_k > 0$，显然，$\lambda_k$ 是第 K 个主成分的方差，它反映了第 K 个主成分在描述被评价对象上所起作用的大小，第一个主成分的特征向量表明了当前的发展趋势。根据特征向量的计算结果，可知各评价指标 x_i 在各主成分中的系数 α_{ij}，其绝对值表明该指标所起的作用大小。

（4）确定主成分个数。计算主成分的方差贡献率 α_k 及累积方差贡献率 $\alpha(q)$，公式为：

$$\alpha_k = \lambda_k / \sum_{k=1}^{p} \lambda_k ; \alpha(q) = \sum_{k=1}^{p} \alpha_k \quad (7-18)$$

其中，α_k 表示第 K 个主成分提取的原始 p 个指标的信息量；$\alpha(q)$ 表示前 q 个主成分提取的原始 p 个指标的信息量。当 $\alpha(q) \geqslant 85\%$ 时，前 q 个指标即所需的主成分，可满足研究的需要。

（5）确定主成分指标。计算各指标在 q 个主成分中的贡献率 α_i，即累积贡献率 $\alpha(q')$，其公式为：

$$\alpha_i = \left|\sum_{i=1}^{q} |\alpha_{ij}| \times \lambda_i\right| / \left|\sum_{i=1}^{p}\sum_{j=1}^{q} |\alpha_{ij}| \times \lambda_j\right| ; \alpha(q') = \sum_{i=1}^{q'} \alpha_i \quad (7-19)$$

其中，α_i 表示第 i 个指标所占的主成分信息量；$\alpha(q')$ 表示前 q' 个指标所占的主成分信息量。当 $\alpha(q') \geqslant 85\%$ 时，前 q' 个指标即为主成分指标，构成了评价的最终指标体系。

以上方法如手工计算，则十分复杂，但如用专用计算软件，则简单得多。本章采用社会统计分析软件 SPSS10.0 的 Correlate 分析方法对各指标层进行多重共线性分析，以及根据数据的可得性与可操作性，最后确定了 8 个亚指标层（即经济增长指标层、环境污染指标层、人口发展指标层、资源总量指标层、社会经济发展水平指标层、科技潜力发展水平指标层、环境治理指标层、区际交流指标层），19 个具体指标的海域承载力评价指标体系（见图 7.7、表 7.16）。

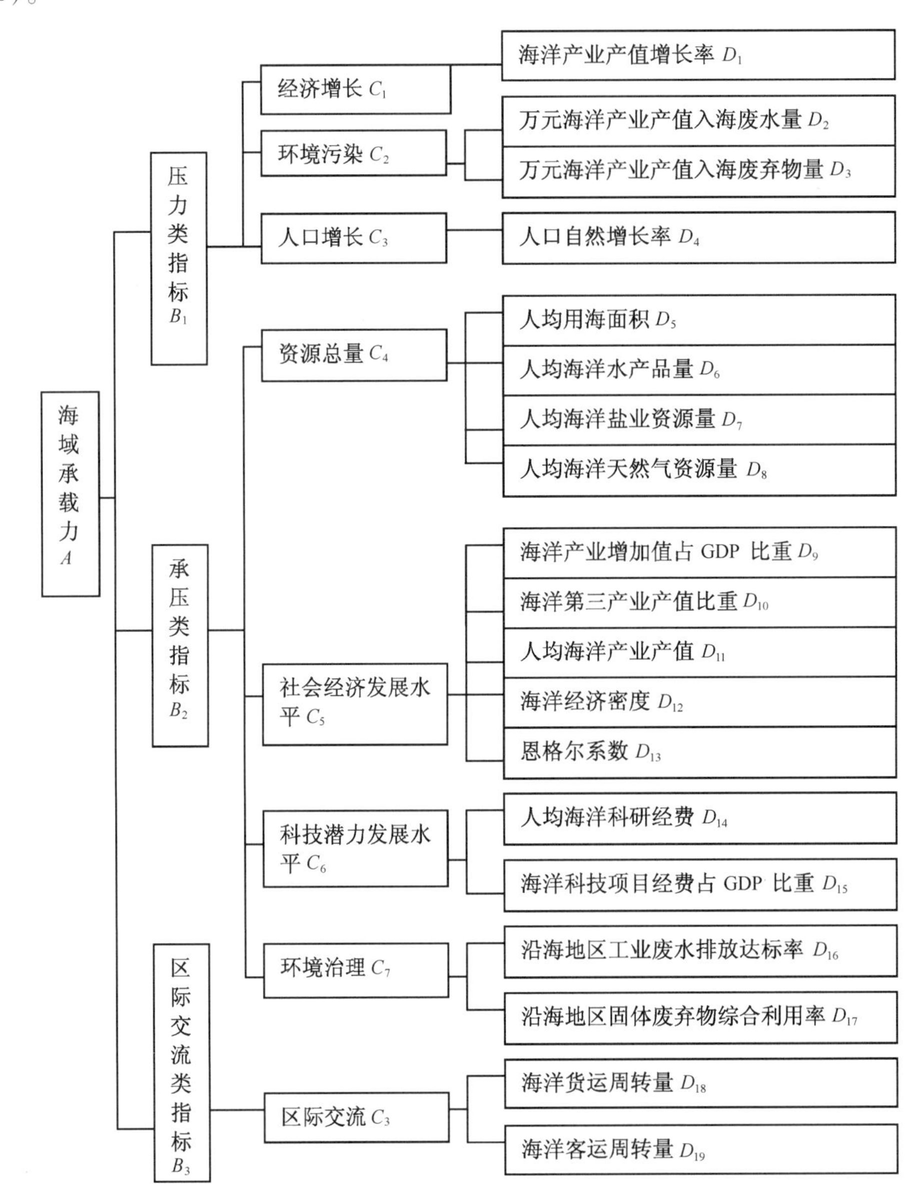

图 7.7　海南省海域承载力评价指标体系

接下来进行海南省海域承载力评价指标体系的赋权。

在多目标决策的过程中，相关指标权重的测定是非常关键的步骤之一。采用不同方法来测定权重，得到结果也不尽相同，以此计算出来的最终结果也不尽相同。因此选择适当方法来测定权重是至关重要的。目前，测定用于权重的方法根据计算时原始数据的来源不同，大

表 7.16　1998—2007 年时段海南省海洋承载力评价指标原始数据及理想值

指标	海洋产业产值年均增长率/% D1	万元海洋产业产值入海废水量/(t/万元) D2	万元海洋产业产值放海废弃物量/(kg/万元) D3	人口自然增长率/% D4	人均用海面积/(m^2/人) D5	人均海洋水产品产量/(kg/人) D6	人均海洋盐业资源量/(m^2/人) D7	人均海洋天然气资源量/(m^3/人) D8	海洋产业增加值占GDP比重/% D9	海洋第三产业比重/% D10
1998	16.73	—	—	1.295	122.08	66	5.27	4 091.04	29.71	—
1999	13.51	—	—	1.292	117.49	75	5.08	3 937.37	31.28	—
2000	21.59	11.69	0	0.987	113.60	86	4.91	3 806.87	34.42	35
2001	15.01	10.23	0	0.947	112.53	99	4.86	3 770.98	36.01	41
2002	14.88	8.97	0	0.948	114.93	96	4.96	3 851.64	37.27	41
2003	3.99	8.58	0	0.916	113.28	132	4.89	3 796.22	34.90	38
2004	13.96	7.28	0	0.898	109.46	141	4.73	3 668.24	34.64	33
2005	2.96	7.45	0.14	0.893	108.12	155	4.67	3 623.19	32.30	37
2006	19.58	6.31	0.09	0.886	107.10	169	4.63	3 589.03	33.20	40
2007	21.27	4.22	0.24	0.891	105.94	190	4.58	3 550.17	34.66	46
理想值	10	4.22	0.09	0.8	134.08	218	5.27	4 091.04	40.00	60.00
说明	公认值	时段最小值	时段最小值	专家问卷值	可养殖面积	专家值	时段最大值	时段最大值	专家问卷值	专家问卷值

指标	人均海洋产业产值/(元/人) D11	海洋经济密度/(万元/km) D12	恩格尔系数 D13	人均海洋科研经费/元 D14	海洋科技项目经费占GDP比重/% D15	沿海地区工业废水排放达标率/% D16	沿海地区固体废弃物综合利用率/% D17	海洋货运吞吐量/10^4 t D18	海洋客运周转量/10^4 人·km D19	
1998	1 791.47	859.526 3	53.4			47.90	—	1 474	17 756	
1999	1 957.14	975.660 8	51.2				—	1 682	23 112	
2000	2 300.87	1 186.339	49.3	10	0.045	86.83	56.54	1 976	25 882	
2001	2 621.33	1 364.433	46.3	10	0.042	93.41	62.37	1 982	23 833	

续表 7.16

指标	人均海洋产业产值/(元/人)D11	海洋经济密度/(万元/km) D12	恩格尔系数 D13	人均海洋科研经费/元 D14	海洋科技项目经费占 GDP 比重/% D15	沿海地区工业废水排放达标率/% D16	沿海地区固体废弃物综合利用率/% D17	海洋货运吞吐量/10^4 t D18	海洋客运周转量/10^4 人·km D19	
2002	3 075.79	1 567.456	45.4	15	0.060	95.23	76.00	2 309	21 943	
2003	3 152.63	1 630.071	44.8	15	0.051	93.87	61.80	2 757	18 378	
2004	3 471.75	1 857.694	46.9	25	0.078	95.32	66.10	3 602	15 930	
2005	3 530.56	1 912.654	47.6	23	0.063	94.79	68.80	3 773	14 369	
2006	4 182.06	2 287.163	43.5	25.1	0.067	94.63	77.10	5 444	13 260	
2007	5 016.51	2 773.554	40.9	30.8	0.059	94.70	89	7 331	12 853	
理想值	5 016.51	2 773.544	30	30.8	0.078	95.32	89	7 331	25 882	
说明	时段最大值	时段最大值	小康标准	时段最大值	时段最大值	时段最大值	时段最大值	时段最大值	时段最大值	

体可以分为主观赋权法和客观赋权法两大类。主观赋权法主要是由专家根据经验主观判断而得到，如 Delphi 法，层次分析法（AHP）、二项系数法等。客观赋权法的原始数据是由各指标在评价单位中的实际数据形成的，如熵值法，离差最大化法，多目标优化方差法、相关系数法、均方差权重法等。为了保证赋权的客观性，本研究采用常用的主观与客观相结合的方法，用层次分析法（AHP）和均方差法来共同对指标进行赋权。

1）层次分析法（AHP）赋权

层次分析法（Analytic Hierarchy Process，AHP）是由美国著名运筹学家萨蒂（T. L. Saaty）提出的一种多目标、多准则的决策方法。它通过整理和综合专家们的经验判断，将专家们对某一物的主观看法进行定量化。其基本原理是将要识别的复杂问题分成若干层次，然后由专家对每一层次上的各指标通过两两比较相互间重要程度构成判断矩阵，通过计算判断矩阵的特征值与特征向量，确定该层次指标对其上层要素的贡献率，最后通过层次递阶技术，求得基层指标对总体目标的贡献率。

层次分析法决策步骤如下。

（1）明确问题，建立层次结构

对一个系统的认识，可以采取自上而下的认识方法，也可以采取自下而上的认识方法。无论何种方法，最终都会对认识系统形成一个具有层次结构的大致轮廓，这种层次结构一般由三四层，每一层的指标对其上层指标的贡献都是一种网络递阶关系。

（2）构造判断矩阵

层次分析法是以人们就上一层某元素而言，本层次与之相关的各元素的相对重要性给出数量描述为基础的。因计算的需要，通常将这些数值表示成矩阵的形式，即所谓的判断矩阵。假定：A 层中元素 A_k 与下一层次中元素 B_1，B_2，…，B_n 有联系，则可以获得判断矩阵如下：

$$\begin{bmatrix} A_k & B_1 & B_2 & \cdots & B_n \\ B_1 & b_{11} & b_{12} & \cdots & b_{1n} \\ B_2 & b_{21} & b_{22} & \cdots & b_{2n} \\ \cdots & \cdots & \cdots & \cdots & \cdots \\ B_n & b_{31} & b_{22} & \cdots & b_{nn} \end{bmatrix}$$

其中，b_{ij}是相对于 A_k 而言，B_i 和 B_j 的相对重要性的数值。在层次分析法中，为了使决策判断定量化，形成上述判断矩阵，引用 1 ~ 9 标度法，其含义如下。

标度	含义
1	表示两个因素相比，具有同等重要性
3	表示两个因素相比时，一个因素比另一个因素稍显重要
5	表示两个因素相比时，一个因素比另一个因素明显重要
7	表示两个因素相比时，一个因素比另一个因素强烈重要
9	表示两个因素相比时，一个因素比另一个因素极度重要
2，4，6，8	表示两个相邻判断的中间值
倒数	因素 i 与因素 j 相比较得到 b_{ij}，则因素 j 与因素 i 相比较则得到 b_{ji}

即，$b_{ji}=1/b_{ij}$，$(i, j=1, 2, \cdots, n)$

因此，对于 n 阶段矩阵，我们只要给出 $n(n-1)/2$ 个元素之值即可。

（3）根据判断矩阵进行权重计算

构建出判断矩阵之后，可以通过计算判断矩阵的特征值及对应的特征向量来求得对于某一指标而言，其下层指标的贡献率。和积法计算矩阵特征值及对应的特征向量的计算过程如下：

① 计算矩阵 $A(w_{ij})_{n\times n}$ 每行元素的乘积：

$$Q_i = \prod_{j=1}^{n} w_{ij} \tag{7-20}$$

② 计算 Q_i 的 n（n 为判断矩阵列数）次方根：

$$T_i = \sqrt[n]{Q_i} = \sqrt[n]{\prod_{j=1}^{n} w_{ij}} \tag{7-21}$$

③ 将每行求得的 T_i 加总，并求其倒数：

$$S = 1/\sum_{i=1}^{n} T_i \tag{7-22}$$

④ 计算向量 W，其中的元素 W_i 为：

$$W_i = S \times T_i = \frac{\sqrt[n]{\prod_{j=1}^{n} w_{ij}}}{\sum_{i=1}^{n}\sqrt[n]{\prod_{j=1}^{n} w_{ij}}} \tag{7-23}$$

（4）一致性检验

所谓判断矩阵 B 的一致性检验，是对于任意 i，j，$(i, j=1, 2, 3, \cdots, n)$，

$$b_{ij} = b_{ik}/b_{jk}(k = 1,2,\cdots,n) \tag{7-24}$$

完全成立时，称判断矩阵 B 具有完全一致性，此时矩阵最大特征根 $\lambda_{max}=n$，其余特征根均为零（在一般情况下，可以证明判断矩阵的最大特征根为单根，且 $\lambda_{max}>n$。）当判断矩阵具有满意的一致性时，稍大于矩阵阶数，其余特征根接近于零。这时层次分析法得出的结论才是合理的，客观事物的复杂性和人们认识上的多种性与差异性，判断矩阵常常不具有完全的一致性，为了达到一定程度的一致性，要对判断矩阵进行一致性检验。为了检验判断矩阵的一致性，需要计算它的一致性指示指标 CI，定义如下：

$$CI = \frac{\lambda_{max} - n}{n - 1} \tag{7-25}$$

由一致性定度已知，当 $CI=0$ 时，判断矩阵具有完全一致性，$\lambda_{max}-n$ 愈大，矩阵的一致性越差。为使判断矩阵有满意的一致性，需要引入判断矩阵的平均随机一致性指标 RI。对于1、2 阶判断矩阵，RI 只是形式上的，因为1、2 阶判断矩阵总具有完全一致性。当阶数大于2时，判断矩阵的一致性指标 CI 与同阶平均随机一致性指标之比，称为随机一致性比率，记为 CR，当 $CR=\frac{CI}{RI}<0.10$ 时，即认为判断矩阵具有满意的一致性，否则就需要调整判断矩阵，并使之具有满意的一致性。

（5）层次递阶赋权

确定了低层指标对较高层指标的权重后，就可以根据 AHP 法的层次递阶赋权定律确定

最低层指标对最高层指标的权重。设 W_j^k 是 k 层各指标对其上层 $k-1$ 层 j 指标的权重，W_{ji}^{k-i} 为 $k-1$ 层 j 指标对 $k-2$ 层 i 指标的权重，则 k 层指标对 $k-2$ 层 i 指标的权重为：$W^{k \to k-2} = W_{ji}^{k-1} \times W_j^k$。

以上为层次分析法详细的计算原理与计算过程。但具体计算时，我们可以借助 Yaahp 软件。将海域承载力作为目标层，压力指标与承压指标作为第二层指标（由于该软件对层次结构模型的严格要求，因此将只有一个下一级层级对象的区际交流指标列入到承压指标中；同理，将分别只有一个下一级层级对象的经济增长指标和人口增长指标合二为一。这里必须解释的是，虽然我们可以对这些中间要素层级增加多个下一层级对象，但由于前面进行了要素的相关性分析，将相关度高的要素已经去掉，因此某一个中间要素只有一个下一层级对象是比较正常的）。

软件计算输出结果为：

备选方案	权重
人均海洋水产品量	0.022 7
人均用海面积	0.030 6
人均海洋盐业资源量	0.007 2
人均海洋天然气资源量	0.023 8
海洋产业增加值占 GDP 比重	0.020 3
海洋第三产业比重	0.028 0
人均海洋产业产值	0.025 8
海洋经济密度	0.030 3
恩格尔系数	0.011 6
人均海洋科研经费	0.063 0
海洋科技项目经费占 GDP 比重	0.140 3
沿海地区工业废水排放达标率	0.024 1
沿海地区工业固体废弃物综合利用率	0.010 8
海洋货运周转量	0.047 1
海洋客运周转量	0.014 2
海洋产业产值增长率	0.206 5
人口自然增长率	0.138 4
万元海洋产业产值入海废水量	0.107 0
万元海洋产业产值入海废弃物量	0.048 1

① 海域承载力：判断矩阵一致性比例：0.000 0；对总目标的权重：1.000 0；

② 承压类指标：判断矩阵一致性比例：0.023 1；对总目标的权重：0.500 0；

③ 压力类指标：判断矩阵一致性比例：0.000 0；对总目标的权重：0.500 0；

④ 资源总量：判断矩阵一致性比例：0.043 6；对总目标的权重：0.084 3；

⑤ 社会经济发展水平：判断矩阵一致性比例：0.067 5；对总目标的权重：0.116 1；

⑥ 科技潜力发展水平：判断矩阵一致性比例：0.000 0；对总目标的权重：0.203 3；

⑦ 环境治理：判断矩阵一致性比例：0.000 0；对总目标的权重：0.035 0；

⑧ 区际交流：判断矩阵一致性比例：0.000 0；对总目标的权重：0.061 2；

⑨ 经济与人口增长：判断矩阵一致性比例：0.000 0；对总目标的权重：0.345 0；

⑩ 环境污染：判断矩阵一致性比例：0.000 0；对总目标的权重：0.155 0。

由于上述指标判断矩阵的一致性比例均小于0.1，因此，指标的赋权有效，且大部分指标的一致性检验均为0，因此，可以认为判断矩阵具有满意的一致性。如表7.17所示。

表7.17 用层次分析法得出的评价指标权重

指标	D1	D2	D3	D4	D5	D6	D7	D8	D9	D10
权重	0.206 5	0.107 0	0.048 1	0.138 4	0.030 6	0.022 7	0.007 2	0.023 8	0.020 3	0.028 0
指标	D11	D12	D13	D14	D15	D16	D17	D18	D19	
权重	0.025 8	0.030 3	0.011 6	0.063 0	0.140 3	0.024 1	0.018 0	0.047 1	0.014 2	

2）均方差权重法赋权

（1）对评价指标的标准化处理

设多指标综合评价问题中方案集为 $A = \{A_1, A_2, \cdots, A_n\}$，指标集为 $G = \{G_1, G_2, \cdots, G_n\}$，方案 A_i 对指标 G_i 的属性值记为 $Y_{ij} = (y_{ij})_{n\times m}$，其中，$i=1, 2, \cdots, n$；$j=1, 2, \cdots, m$，表示方案集 A 对 G 的属性矩阵。俗称为“决策矩阵”。通常，评价指标有“效益型”和“成本型”两大类。“效益型”指标指属性值越大越好的指标；而“成本型”指标为属性值越小越好的指标。一般来说，不同的评价指标往往具有不同的量纲和量纲单位，为了消除量纲与量纲单位的影响，在决策之前，应首先将评价指标进行无量纲化处理，无量纲化的方法很多，常用的方法如下：

对于效益型指标，一般可令：

$$Z_{ij} = (y_{ij} - y_j^{min})/(y_j^{max} - y_j^{min}),\ (i=1, 2, \cdots, n;\ j=1, 2, \cdots, m)$$

对于成本型指标，一般可令：

$$Z_{ij} = (y_j^{max} - y_{ij})/(y_j^{max} - y_j^{min}),\ (i=1, 2, \cdots, n;\ j=1, 2, \cdots, m)$$

式中，y_j^{max} 和 y_j^{min} 分别为指标的最大值和最小值。这样无量纲化的决策矩阵为 $Z_{ij} = (Z_{ij})_{n\times m}$，显然 Z_{ij} 越大越好。

在本研究中选出来的19个指标中，除“万元海洋产业产值入海废水量”、“万元海洋产业产值入海废物量”、“恩格尔系数”、“人口自然增长率”4项指标属于“成本型”指标外，其余均按“效益型”指标进行标准化处理。

用这种方法求出来的无量纲化数据结果见表7.18：

（2）用均方差权重法求解多指标权重系数

均方差权重法反映随机变量离散程度的最重要的也是最常用的指标是该随机变量的均方差。这种方法的基本思路是以各评价指标为随机变量，各方案 A_i 在指标 G_i 下的无量纲化的属性值为该随机变量的取值，首先求出这些随机变量（各指标）的均方差，将这些方差归一化，其结果即为各指标的权重系数（表7.19）。该方法的计算步骤为：

求随机变量的均值 $E(G_j) = \frac{1}{n}\sum_{i=1}^{n} Z_{ij}$

表 7.18 评价指标标准化数值

指标	海洋产业产值年均增长率/% D1	万元海洋产业产值入海废水量/(t/万元) D2	万元海洋产业产值放海废弃物量/(kg/万元) D3	人口自然增长率/% D4	人均用海面积/(m^2/人) D5	人均海洋水产品产量/(kg/人) D6	人均海洋盐业资源量/(m^2/人) D7	人均海洋天然气资源量/(m^3/人) D8	海洋产业增加值占 GDP 比重/% D9	海洋第三产业比重/% D10
1998	0.739 1		—	0.000 00	1.000 0	0.000 0	1.000 0	1.000 0	0.000 0	—
1999	0.566 3		—	0.000 73	0.715 6	0.069 2	0.724 6	0.715 9	0.207 7	—
2000	1.000 0	0.000 0	1.000 0	0.075 31	0.474 6	0.153 8	0.550 7	0.474 6	0.623 0	0.153 8
2001	0.646 8	0.195 4	1.000 0	0.085 09	0.408 3	0.253 8	0.405 8	0.408 3	0.833 3	0.615 4
2002	0.639 8	0.364 1	1.000 0	0.084 84	0.557 0	0.230 8	0.478 3	0.557 4	1.000 0	0.615 4
2003	0.055 3	0.416 3	1.000 0	0.092 67	0.454 8	0.507 7	0.449 3	0.454 9	0.686 5	0.384 6
2004	0.590 4	0.567 6	1.000 0	0.097 07	0.218 1	0.576 9	0.217 4	0.218 3	0.652 1	0.000 0
2005	0.000 0	0.590 4	0.416 7	0.098 29	0.135 1	0.684 6	0.130 4	0.135 0	0.342 6	0.307 7
2006	0.892 1	0.720 2	0.625 0	1.000 00	0.071 9	0.792 3	0.072 5	0.071 8	0.461 6	0.538 5
2007	0.982 8	1.000 0	0.000 0	0.098 78	0.000 0	1.000 0	0.000 0	0.000 0	0.654 8	1.000 0
理想值	0.377 9	1.000 0	0.625 0	0.121 03	1.743 5	1.169 2	1.000 0	1.000 0	1.361 1	2.076 9

指标	人均海洋产业产值/(元/人) D11	海洋经济密度/(万元/km) D12	恩格尔系数 D13	人均海洋科研经费/元 D14	海洋科技项目经费占 GDP 比重/% D15	沿海地区工业废水排放达标率/% D16	沿海地区固体废弃物综合利用率/% D17	海洋货运吞吐量/10^4 t D18	海洋客运周转量/万人千米 D19
1998	0.000 0	0.000 0	0.000 0			0.000 0	—	0.000 0	0.376 3
1999	0.051 4	0.060 7	0.176 0				—	0.035 5	0.787 4
2000	0.158 0	0.170 7	0.328 0	0.000 0	0.000 0	0.821 0	0.000 0	0.085 7	1.000 0
2001	0.257 3	0.263 8	0.568 0	0.000 0	0.083 3	0.959 7	0.179 6	0.086 7	0.842 7
2002	0.398 2	0.369 9	0.640 0	0.240 4	0.250 0	0.985 4	0.599 5	0.142 6	0.697 7

续表 7.18

指标	人均海洋产业产值 /(元/人) *D*11	海洋经济密度 /(万元/km) *D*12	恩格尔系数 *D*13	人均海洋科研经费/元 *D*14	海洋科技项目经费占 GDP 比重 /% *D*15	沿海地区工业废水排放达标率 /% *D*16	沿海地区固体废弃物综合利用率 /% *D*17	海洋货运吞吐量 /10^4 t *D*18	海洋客运周转量 /万人千米 *D*19
2003	0.422 1	0.402 6	0.688 0	0.240 4	0.472 2	0.969 4	0.162 0	0.219 1	0.424 1
2004	0.521 0	0.521 5	0.520 0	0.721 2	0.500 0	1.000 0	0.294 5	0.363 3	0.236 2
2005	0.539 2	0.550 2	0.464 0	0.625 0	0.583 3	0.998 1	0.377 7	0.392 5	0.116 4
2006	0.741 3	0.745 9	0.792 0	0.726 0	0.694 4	0.986 9	0.633 4	0.677 8	0.031 2
2007	1.000 0	1.000 0	1.000 0	1.000 0	1.000 0	0.988 8	1.000 0	1.000 0	
理想值	1.000 0	1.000 0	1.872 0	1.000 0	1.000 0	1.000 0	1.000 0	1.000 0	1.000 0

表7.19　根据原始数据计算出来的评价指标均值

指标	D1	D2	D3	D4	D5	D6	D7	D8	D9	D10
均值	0.611 3	0.481 8	0.755 2	0.732 8	0.403 5	0.422 3	0.402 9	0.403 6	0.546 2	0.451 9
指标	D11	D12	D13	D14	D15	D16	D17	D18	D19	
均值	0.408 8	0.408 5	0.517 6	0.444 1	0.447 9	0.856 6	0.405 8	0.300 3	0.451 2	

求 G_j 的均方差　$\sigma(G_j)=\sqrt{\sum_{i=1}^{n}(Z_{ij}-E\ (G_j))^2}$　（7-26）

经计算，得出（表7.20，表7.21）：

表7.20　各评价指标的均方差

指标	D1	D2	D3	D4	D5	D6	D7	D8	D9	D10
均方差	0.345 1	0.310 9	0.378 3	0.392 2	0.309 8	0.335 1	0.310 9	0.309 8	0.297 9	0.311 6
指标	D11	D12	D13	D14	D15	D16	D17	D18	D19	
均方差	0.311 0	0.309 7	0.294 0	0.373 3	0.329 5	0.326 0	0.323 1	0.321 1	0.361 0	

求 G_j 的权重系数 $W_j=\dfrac{\sigma\ (G_j)}{\sum_{j=1}^{m}\sigma\ (G_j)}$　（7-27）

经计算，得出：

表7.21　均方差赋权法下评价指标的权重

指标	D1	D2	D3	D4	D5	D6	D7	D8	D9	D10
权重	0.055 2	0.049 7	0.060 5	0.062 7	0.049 6	0.053 6	0.049 7	0.049 6	0.047 7	0.049 9
指标	D11	D12	D13	D14	D15	D16	D17	D18	D19	
权重	0.049 8	0.049 6	0.047 0	0.059 7	0.052 7	0.052 2	0.051 7	0.051 4	0.057 8	

以上分别用主观的层次分析法和客观定量的均方差权重法分别对评价指标进行了赋权，最后用综合赋权法得出最终各指标的权重（表7.22）。

表7.22　评价指标赋权

	具体指标	均方差权重	层次分析法权重	综合权重
压力类指标	海洋产业产值增长率 D1	0.055 2	0.206 5	0.106 8
	万元 GDP 入海废水量 D2	0.049 7	0.107 0	0.072 9
	万元 GDP 入海废弃物量 D3	0.060 5	0.048 1	0.053 9
	人口自然增长率 D4	0.062 7	0.138 4	0.093 2

续表 7.22

	具体指标	均方差权重	层次分析法权重	综合权重
承压类指标	人均海域使用面积 D5	0.049 6	0.030 6	0.039 0
	人均海洋水产品量 D6	0.053 6	0.022 7	0.034 9
	人均海洋盐业资源量 D7	0.049 7	0.007 2	0.018 9
	人均海洋天然气资源量 D8	0.049 6	0.023 8	0.034 4
	海洋产业增加值占 GDP 比重 D9	0.047 7	0.020 3	0.031 1
	海洋第三产业产值比重 D10	0.049 9	0.028 0	0.037 4
	人均海洋产业产值 D11	0.049 8	0.025 8	0.035 8
	海洋经济密度 D12	0.049 6	0.030 3	0.038 8
	恩格尔系数 D13	0.047 0	0.011 6	0.023 3
	人均海洋科研经费 D14	0.059 7	0.063 0	0.061 3
	海洋科研项目经费占 GDP 比重 D15	0.052 7	0.140 3	0.086 0
	沿海地区工业废水排放达标率 D16	0.052 2	0.024 1	0.035 5
	沿海地区工业固体废弃物综合利用率 D17	0.051 7	0.018 0	0.030 5
区域交流指标	海洋货运周转量 D18	0.051 4	0.047 1	0.049 2
	海洋客运周转量 D19	0.057 8	0.014 2	0.028 6

在对所有数据进行无量纲化处理及对指标进行赋权之后，我们根据海域承载力公式及各指标理想值计算出海南省在1998—2007年之间的海域承载力为：

$$CCMR = |M| = \sqrt{\sum_{i=1}^{n} w_i x_{ir}^2} = 1.0638 \qquad (7-28)$$

这一数值仅表示1998—2007年时段在理想状态下海南省海域承载力在状态空间中的点与状态空间原点形成的矢量的模。这一数值远高于目前研究文献中关于其他海域，尤其是渤海的海域承载力。这与在我国4大海域中，南海海域海水质量与海洋生态环境最优的现状是一致的。但结合海南省的海洋生产粗放化经营现状，这一数值也从另一方面表明，海南省的海洋资源开发利用规模与程度还很低。

我们再根据计算出来的海域承载力来计算1998—2007年各年份海南省的实际海域承载状况：

$$\mathrm{CSMR}_{1998} = \sqrt{\sum_{i=1}^{19} w_i x_{ir}^2} = 0.3933, \quad \mathrm{CSMR}_{1999} = \sqrt{\sum_{i=1}^{19} w_i x_{ir}^2} = 0.3194$$

$$\mathrm{CSMR}_{2000} = \sqrt{\sum_{i=1}^{19} w_i x_{ir}^2} = 0.5541, \quad \mathrm{CSMR}_{2001} = \sqrt{\sum_{i=1}^{19} w_i x_{ir}^2} = 0.5383$$

$$\mathrm{CSMR}_{2002} = \sqrt{\sum_{i=1}^{19} w_i x_{ir}^2} = 0.5817, \quad \mathrm{CSMR}_{2003} = \sqrt{\sum_{i=1}^{19} w_i x_{ir}^2} = 0.5321$$

$$\mathrm{CSMR}_{2004} = \sqrt{\sum_{i=1}^{19} w_i x_{ir}^2} = 0.5982, \quad \mathrm{CSMR}_{2005} = \sqrt{\sum_{i=1}^{19} w_i x_{ir}^2} = 0.5273$$

$$\mathrm{CSMR}_{2006} = \sqrt{\sum_{i=1}^{19} w_i x_{ir}^2} = 0.6899, \quad \mathrm{CSMR}_{2007} = \sqrt{\sum_{i=1}^{19} w_i x_{ir}^2} = 0.8439$$

将海南省1998—2007年10年间的实际承载状况如表7.23。

表 7.23　1998—2007 年海南省 10 年间实际海域承载状况

年份	1998	1999	2000	2001	2002	2003	2004	2005	2006	2007
承载状况	0.393 3	0.319 4	0.554 1	0.538 3	0.581 7	0.532 1	0.598 2	0.527 3	0.689 9	0.843 9

为了更直观地看出海南省海域实际承载状况的变化，我们根据表 7.23 做一折线图（图 7.8）。

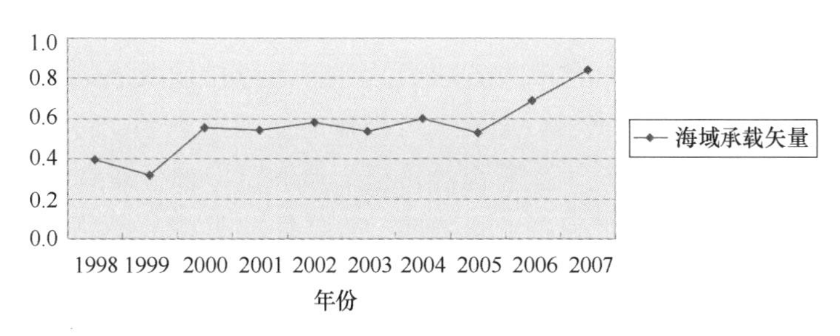

图 7.8　1998—2007 年海南省海域实际承载状况

从图 7.8 中并结合 10 年来海域承载评价指标体系的具体数据可以看出：

① 在这 10 年中，海南省海域实际承载矢量虽有波动，但总体上呈现逐年上升趋势。海域承载矢量上升，有着两方面的含义：一方面代表着人类的海洋经济活动对海洋资源与环境系统的压力加大，另一方面也代表着人类对海洋资源与环境系统的利用强度加大。

② 在这 10 年中，尽管海南省海域承载矢量在不断加大，但始终低于海域承载力，也就是说在海域承载力欧氏空间中，实际海域承载矢量模始终在 $X_{max}OY_{max}$ 曲面（即海域承载力曲面以下）。根据海域承载力在状态空间中的含义可知，任何低于该曲面的点表示某一特定资源环境组合下，人类活动的不足。这一方面说明海南省目前的海洋经济发展处于海洋环境可承载的范围内，另一方面也说明在目前的资源与技术条件下，海南省海洋经济对海洋资源与环境的利用不足。

③ 从 2000—2005 年，海域承载矢量虽有波动，但数值十分平稳。原因是海南省这几年海洋经济发展各方面状况十分稳定。但如果与全国其他海洋省份相比，则可看出，海南省的海洋开发的力度相对不足，尤其是与山东、广东等省相比，海洋产业的发展十分缓慢。

④ 从 2006 年开始，海域承载矢量迅速增大。主要原因是海南省海洋经济增长率迅速提高，各海洋产业发展速度与规模明显加大。因此海洋经济的发展对海洋资源与环境的压力加大了，但承压指标中人类活动潜力指标，如恩格尔系数、海洋科研经费投入等却没有明显改善，因此，照此趋势发展下去，海南省的海洋承载矢量很快就要达到甚至超过海域承载力。

因此，从海域承载力的计算与分析可以看出，海南省海洋经济发展的特点是发展层次低，对海洋资源的利用不足，对资源与环境的破坏虽然目前还在可控的范围之内，但如果继续保持目前的发展速度而不改变经济增长方式，那么对海域承载状况将很快变得不堪重负。

7.3　基于 MESDS 的海南省海洋经济可持续发展评价

本文已经从海洋产业发展和海洋资源与环境两个出发点分别考察了海洋经济的可持续发

展问题，接下来将从海洋资源与环境系统、海洋经济系统、海洋社会系统构成的综合系统的协调全面发展的角度来考察海洋经济的可持续发展，即进行基于MESDS的海洋经济可持续发展评价。

7.3.1 基于MESDS的海洋经济可持续发展评价指标体系的构建

作为一个结构复杂的巨系统，海洋经济可持续发展系统具有变量庞杂，不确定指标显著等特点，如果只单独选出几个指标将难以反映海洋经济可持续发展能力的总体特征，但是选出全部指标又会由于指标过多过细而增加了资料获取和构建模型的难度，降低可操作性，因此，海洋经济可持续发展能力指标体系设置应当从“突出可持续发展的能力、客观反映，综合评判”这一基本思路出发，根据科学全面和可操作的原则来考虑，同时兼顾海洋生态与环境系统、海洋经济系统与社会系统3大系统的特征，能够更好地分析和探讨海洋经济可持续发展系统的内部结构及系统整体的发展变化规律，包括能够客观地反映海洋经济可持续发展各要素的状态、动态描述海洋经济可持续发展各要素状态的变化、根据海洋经济可持续发展各要素状态和变化推断其发展趋势以及根据海洋经济可持续发展各要素之间的协调程度判断海洋经济可持续发展的水平和能力，同时对危害海洋经济可持续发展的重要问题提出早期预警。因此，本节评价指标体系的构建是基于MESDS的评价指标体系。

7.3.1.1 海洋经济可持续发展评价指标的构建原则

1）系统性原则

海洋经济可持续发展能力系统是一个开放的系统，它是一个涉及若干要素的复杂的结构系统，具有很强的系统整体性，因此评价指标体系设置应充分体现这一特性，即应将海洋经济可持续发展能力作为一个大系统，围绕实现可持续发展这一标准，多层次地综合分析各种影响因素。同时应考虑到海洋经济可持续发展能力系统并非指标的简单堆积，为了便于评价，应将指标逐层分解到各个子系统中去，建立层次明晰的分析评价体系。

2）科学性原则

指标体系的科学性是确保评估结果准确合理的基础。海洋经济可持续发展能力指标体系是一个将海洋经济、海洋资源、海洋环境、海洋科技等方面有机地融为一体的多层次、多功能、全方位的统计网络系统。指标体系设计应客观、科学地反映海洋经济可持续发展能力中各子要素的特征以及它们之间的相互联系，同时要符合我国目前现行的海洋统计工作的标准。

3）全面性原则

全面性原则是指海洋经济可持续发展能力的评价指标体系必须能全面地反映海洋经济可持续发展能力的综合水平以及各方面发展的因素指标，如海洋经济指标、海洋资源指标等。

4）独立性原则

独立性原则是指指标系统中各指标之间不应有很强的相关性，不应出现过多信息内容的相互涵盖而使指标内涵重叠。指标的选择力求具备典型性、导向性、完备性、广泛的涵盖性和高度的概括性。

5）可比性原则

可比性原则有两层涵义：一是指统计指标的选择应满足概念正确、涵义清晰、口径一致，指标体系内部各指标之间应协调统一，所有选择的指标应能够根据测量标准进行量度。指标体系的层次和结构应合理，符合现行海洋统计制度的要求，以保证评价结果的合理性、客观性和公正性。二是指各项指标的含义、统计口径和适用范围必须适用于不同的区域。

6）可操作性原则

海洋经济可持续发展能力评价应保证有翔实、可靠的统计数据支持，可实际操作运行。因此，在设计指标体系时，应从实际出发，尽可能选择可以量化的指标和现有海洋统计体系能够提供基础性数据的指标。同时在可操作原则要求下，指标的选择应强调少而精，注重规范性、通用性和公开性。

7）符合海南省实际原则

目前学术界对海洋经济可持续发展的评价指标体系有多种，各自的指标具体设置有着一定的区别，本书在综合分析了各种评价体系的基础上，结合海南省海洋资源供给能力强、海洋环境相对良好、海岛经济特点强的特点，设计能体现海南省海洋经济可持续发展能力的评价指标体系。

7.3.1.2 海洋经济可持续发展系统（MESDS）评价指标体系应具备的内涵

海洋是全球生命支持系统的重要组成部分，它所能提供的资源是满足不断增长的人口的基本生存需要和提高生活质量等更高需要的物质基础，因此在 MEDES 系统中，海洋资源系统是对整个系统贡献最大的；海洋经济系统是将一个国家或地区的海洋资源化为产品和服务等社会福利的转换器，是整个 MEDES 系统的核心与灵魂，转换器的运作能力、效率与效益是衡量可持续发展能力的重要指标；环境是一个限制因子，无论是开发海洋资源、向海洋排放废物还是海洋经济系统这个转换器的运作必须在环境系统正常运行的条件之下。

海洋经济可持续发展评价所需的统计指标体系，是用于反映海洋经济可持续发展状态及其外部影响因素的统计指标整体，一般由具有一定对应关系的状态指标体系与控制指标体系构成。根据海洋经济可持续发展的研究对象特点及评价目标，其统计指标体系均按数量维（发展度）、质量维（协调度）和时间维（持续度）3 个维度进行设计。

假设影响海洋经济可持续发展的因素有 n 个，构成集合 W。从全集 W 中选择出 n 个因子构成海洋经济可持续发展指标体系（MESD_ ID），即：

$$\text{MESD\_ ID} = (\xi_1, \xi_2, \cdots, \xi_n)$$

从海洋经济可持续发展的内涵出发，这一指标体系应具有如下 3 个本质特征。

① 它必须能衡量某一个沿海区域的“发展度”，即要能判别某一个沿海区域是否在保证生活质量和生存空间的前提下健康发展，它主要反映了海洋经济可持续发展的“数量维”。

② 它必须能衡量某一个沿海区域的“协调度”，即要求定量地诊断比较能否在发展中维持环境与发展之间的平衡、维持效率与公正之间的平衡、维持市场发育与政府调控之间的平

衡以及维持当代与后代之间在利益分配上的平衡。协调度更加强调内在的效率和质的概念，即强调合理地优化调控财富。它主要反映了海洋经济可持续发展的“质量维”。

③ 它能衡量某一个沿海区域的“持续度”，即判断某一个沿海区域在发展上的长期合理性。这里所指的“长期”，近者可能包含 5 代或 10 代人的时间，远者直至整个人类的未来。“持续度”更加注重从一个较长的时间段上去把握发展度和协调度。换言之，海洋经济可持续发展中的发展度和协调度，不应是在短时段内的发展速度和发展质量，它们必须建立在充分长时间段的调控机理之中，它主要反映了海洋经济可持续发展的“时间维”。

构筑海洋经济可持续发展所依据的理论体系，应该表明这 3 大特征，即数量维（发展）、质量维（协调）、时间维（持续），从根本上表征对于海洋经济可持续发展实施度量的完满追求。由此三维空间所构建的海洋经济可持续发展，即

$$C = f(D, M, S)$$

其中，C——表示海洋经济可持续发展的整体度量；

D——表示海洋经济可持续发展中的数量维特征；

M——表示海洋经济可持续发展中的质量维特征；

S——表示海洋经济可持续发展中的时间维特征；

f——函数关系符号。

7.3.1.3 海洋经济可持续发展评价指标体系的框架构建

海洋经济可持续发展系统由社会系统、海洋经济系统、海洋生态系统 3 个子系统组成，本身就具有层次性，因此反映这 3 个子系统的可持续性及所构成的整体系统的可持续性的指标体系也必然具有层次性。指标之间的相互关系及层次性可用以下树型结构图（图 7.9）反映。

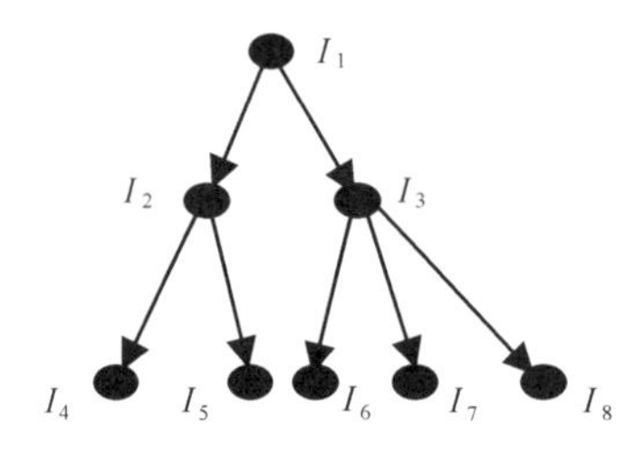

图 7.9 海洋经济可持续发展评价指标体系结构

图 7.9 只是一个示意图，事实上，在第二个层级中，不止 I_2，I_3 两个指标，在第三个层级中，也不止 $I_4 \sim I_8$ 这几个结点。在图中，结点 I_1 称为“根”结点，即入度为 0 的点。对应于海洋经济可持续发展系统评价的总目标；结点 $I_4 \sim I_8$ 称为“叶子”的结点，其出度为 0，对应于系统评价的基础描述性指标；所有出度与入度都不为 0 的结点（如图 7.9 中 I_2，I_3）均为系统评价的综合性评价指标（或称为分目标或子目标）。不同层次指标之间的关系可用数据结构中的“子女”和“亲体”来描述，称为亲子联系，如图 7.9 中 I_1 指标可分解为 I_2，I_3即 $I_1 = f$（I_2，I_3），I_2 又可分解为 I_4 和 I_5，即 $I_2 = f$（I_4，I_5），…，依此类推。

海洋经济可持续发展的评价内容包括两大部分，即系统功能状态及发展趋势评价和系统可持续发展能力评价。后者是前者的整合，前者是后者在一定空间、时间维度上的综合体现。

具体来讲，海洋经济可持续发展评价指标的重点考虑海洋经济发展水平、沿海地区社会发展水平以及海洋资源与海洋环境状况。故在海洋经济可持续发展系统评价中，把海洋经济可持续发展总体能力作为一级指标，社会子系统、海洋经济子系统以及海洋资源和环境子系统作为二级指标，在次级指标中蕴涵了反映各子系统的功能状态和发展水平的要素或变量。

海洋经济可持续发展包括海洋经济发展的持续性、海洋生态持续性和社会持续性 3 个方面的内容，因此指标体系的基本构成也是由经济、社会和资源环境发展潜能 3 个系统构成，每个系统内部又由若干个子系统构成，这些子系统的发展情况由一系列指标予以反映，各个系统自行运作，又彼此相互作用，各个指标之间相对独立又相互联系，共同构成一个有机整体，体现了海南省海洋经济可持续发展的巨系统的特征。

1）海洋资源与环境系统评价指标

海洋资源与环境是海洋经济可持续发展的物质基础。这一系统的评价指标又可分为资源指标和环境指标两类。

海洋资源指标。资源指标又可分为两组：一组是资源存量指标，如可开发资源存量、新探明资源存量，反映了资源的现状和利用状况及海洋资源对海洋经济可持续发展的物质支持能力；另一组是反映海洋资源恢复能力的指标，主要以海洋生物多样性指标来体现，如红树林面积，珊瑚礁面积，河口生态状况等。

海洋环境指标。环境指标也可分为两组：一组是表示海洋环境污染现状及其影响因素的指标，如海域水质综合状况，万元海洋产业产值入海废水量、万元海洋产业产值入海废弃物量等；另一组是反映对污染的处理状况，如沿海地区工业废水处理达标率、沿海地区废弃物综合利用率等。

2）海洋经济系统评价指标

在海洋经济可持续发展巨系统中，海洋经济子系统是核心，它推动着整个巨系统的发展演化，这一系统的发展能力与方向直接影响着其他子系统的发展演化状态与方向。

海洋经济子系统的评价主要是要反映海洋经济的增长与发展质量。因此主要包括经济增长指标和经济质量指标。

经济增长指标。第一组是反映经济发展的总体水平与速度，包括海洋产业产值增长率、海洋产业增加值占 GDP 的比重；第二组是反映海洋产业结构及变化，包括各海洋产业产值及增长率指标。

经济质量指标。包括人均海洋产业产值、海洋经济密度，这两个指标反映了按人口与海域面积平均的海洋经济发展水平，海洋第三产业比重则说明海洋经济发展的质量，万元海洋产值水耗与能耗是可持续发展评价中的公认指标。

3）经济社会基础系统评价指标

社会经济发展系统，既是海洋经济发展的基础支撑，其发展状况也受到海洋经济发展的直接影响，充分满足人民不断增长的物质与文化需求，是资源开发、经济发展的最终目的。社会发展状况的评价，是海洋经济可持续发展系统的重要组成部分。但是社会经济发展并不是只与海洋经济的发展有关，因此，在这部分评价指标的设计上，本书是在人类生活质量指标的基础上体现一些与海洋有关的因素。具体包括：

国民经济基础指标。整个国民经济发展的水平，是海洋经济发展的基础与后盾，较高的国民经济发展水平，必然对海洋经济发展提供良好的市场、技术、人力、资金等全方位的支撑，反之，腹地经济支撑能力薄弱，海洋经济发展的动力不足，发展必然受阻，这一点，从全国沿海省市海洋经济发展水平与其腹地经济的关系就可以清楚地看出。我们选取了地区生产总值（GDP），人均 GDP，第二产业占 GDP 比重，第三产业占 GDP 的比重等指标来反映。

人口增长指标。沿海地区是海南省人口的集中聚集地，统计表明，随着海洋经济的发展，人口一直在向沿海地区迁移。沿海地区人口增多会带来很多问题，如就业问题、环境污染问题等，这使海洋经济可持续发展面临着更大的压力。人口增长指标主要包括人口自然增长率指标和海洋从业人口数。

生活质量指标。城市化水平是反映沿海地区人口集聚程度与社会发展水平的指标；恩格尔系数反映沿海地区人们生活质量；人均消费海产品数量指标显示了海洋开发对人类生活质量提高的影响。

科技潜力指标。包括海洋科研机构及人员数、海洋科研课题数、海洋 RD 占 GDP 比重。这 3 个指标决定了海洋科学技术能力，也反映了在环境污染治理方面的投入。

通过运用 SPSS 软件对数据进行筛选，本书在上述指标体系的基础上选择了以下 20 个具体指标进行海南省海洋经济可持续发展系统的评估（表 7.24、表 7.25）：

表 7.24　海南省海洋经济可持续发展系统评价指标

<table>
<tr><td rowspan="20">海洋经济可持续发展能力</td><td rowspan="9">海洋资源与环境系统</td><td rowspan="4">资源总量</td><td>人均用海面积（D1）</td></tr>
<tr><td>人均海洋生物资源量（D2）</td></tr>
<tr><td>人均海洋盐业资源量（D3）</td></tr>
<tr><td>人均海底原油天然资源量（D4）</td></tr>
<tr><td rowspan="2">环境污染</td><td>万元海洋产业产值入海废水量（D5）</td></tr>
<tr><td>万元海洋产业产值入海废弃物量（D6）</td></tr>
<tr><td rowspan="3">环境治理</td><td>沿海地区工业废水排放达标率（D7）</td></tr>
<tr><td>沿海地区固体废弃物综合利用率（D8）</td></tr>
<tr><td>海洋污染项目治理数（D9）</td></tr>
<tr><td rowspan="5">海洋经济系统</td><td rowspan="2">经济增长</td><td>海洋产业产值年均增长率（D10）</td></tr>
<tr><td>海洋产业增加值占 GDP 比重（D11）</td></tr>
<tr><td rowspan="3">经济质量</td><td>人均海洋产业产值（D12）</td></tr>
<tr><td>海洋经济密度（D13）</td></tr>
<tr><td>海洋第三产业比重（D14）</td></tr>
<tr><td rowspan="6">经济社会发展系统</td><td rowspan="2">人口增长</td><td>人口自然增长率（D15）</td></tr>
<tr><td>海洋从业人口比重（D16）</td></tr>
<tr><td rowspan="2">生活质量</td><td>城镇化水平（D17）</td></tr>
<tr><td>恩格尔系数（D18）</td></tr>
<tr><td rowspan="2">科技潜力</td><td>海洋科技人员比重（D19）</td></tr>
<tr><td>海洋科技项目数（D20）</td></tr>
</table>

表 7.25　海南省海洋经济可持续发展指标标准值

指标	理想值	说明	下限	说明
人均用海面积 D1/（m^2/人）	134.08	规划值（按可养殖面积计算）	100	专家值
人均海洋水产品量 D2/（kg/人）	218	规划值	59	1997 年值
人均海洋盐业资源量 D3/（m^2/人）	3.35	规划值	6.18	1997 年值
人均海洋天然气资源量 D4/m^3	3 910.61	专家值	3 500	专家值
万元海洋产值入海废水量 D5/t	4	专家值	15	1997 年值
万元海洋产值入海废弃物量 D6/t	0	规划值	236	专家值
沿海地区工业废水排放达标率 D7/%	100	最好值	47.9	1998 年值
沿海地区固体废弃物综合利用率 D8/%	95	规划值	48.3	1998 年全国平均值
海洋污染治理项目投资 D9/万元	29 180	专家值	1 000	专家值
海洋产业产值增长率 D10/%	15	规划值	2	最低点
海洋产业产值占 GDP 总比重 D11/%	40	专家值	27.46	1997 年值
人均海洋产业产值 D12/（元/人）	6 507.26	规划值	1 553.28	1997 年值
海洋经济密度 D13/（万元/千米）	3 810.52	规划值	736.33	1997 年值
海洋第三产业比重 D14/%	60	专家值	30	专家值
人口自然增长率 D15/%	0.8	规划值	1.356	1997 年值
海洋从业人员比重 D16/%	35	专家值	21.6	1997 年值
城镇化水平 D17/%	50	规划值	35	1997 年值
恩格尔系数 D18/%	35	专家值	59	1997 年值
人均 R&D 经费 D19/元	238	专家值	10	2000 年值
海洋科技项目经费占 GDP 比重 D20/%	0.6	专家值	0.035	专家值

7.3.2　海南省海洋经济可持续发展度评价

在对海南省海洋经济可持续发展综合系统进行评价中（表 7.26），我们引入可持续发展度的概念。区域可持续发展度是一个由发展位、发展势和协调度共同决定的综合量，用以描述特定时间内区域可持续发展能力的强弱。

通常我们用以下公式进行计算：

$$D_j = \sqrt[3]{L_j \cdot P_j \cdot H_j} \tag{7-29}$$

其中，D_j 即可持续发展度；L_j 为发展位；P_j 为发展势；H_j 为协调度。

7.3.2.1　可持续发展位（L）

发展位是指作为人类社会经济活动的环境（自然、经济和社会环境）所提供的人类可利用的各种生态因子、经济因子和社会因子，以及人类与环境之间的生态、经济和社会关系的总和。它是一个多维向量，包括经济、生态、社会等各方面的因素及其相互关系，这些因素

表 7. 26　1998—2007 年海南省海洋经济可持续发展评价原始数据

年份	D1 /(m²/人)	D2 /(kg/人)	D3 /(m²/人)	D4 /(m³/人)	D5 /T	D6 /T	D7 /%	D8 /T	D9 /万元	D10 /%	D11 /%	D12 /(元/人)	D13 /(万元/km)	D14 /%	D15 /%	D16 /%	D17 /%	D18 /%	D19 /元	D20 /%
1998	122. 08	66	5. 27	4 091. 04	—	—	—	—	—	15	29. 71	1 791. 47	859. 526 3	—	1. 295	21. 60	38. 20	53. 4	—	—
1999	117. 49	75	5. 08	3 937. 37	—	—	—	—	—	16. 73	31. 28	1 957. 14	975. 660 8	—	1. 292	22. 70	39. 18	51. 2	—	—
2000	113. 60	86	4. 91	3 806. 87	11. 686 52	—	86. 83	56. 54	1 685. 70	13. 51	34. 42	2 300. 87	1 186. 339	35	0. 987	23. 10	40. 11	49. 3	10	0. 045
2001	112. 53	99	4. 86	3 770. 98	10. 228 25	0	93. 41	62. 37	1 153. 50	21. 59	36. 01	2 621. 33	1 364. 433	41	0. 947	23. 70	41. 23	46. 3	10	0. 042
2002	114. 93	96	4. 96	3 851. 64	8. 974 412	0	95. 23	76. 00	2 214. 50	15. 01	37. 27	3 075. 79	1 567. 456	41	0. 948	24. 50	42. 08	45. 4	15	0. 060
2003	113. 28	132	4. 89	3 796. 22	8. 577 507	0	93. 87	61. 80	1 207. 00	14. 88	34. 90	3 152. 63	1 630. 071	38	0. 916	25. 40	43. 13	44. 8	15	0. 051
2004	109. 46	141	4. 73	3 668. 24	7. 283 485	0	95. 32	66. 10	9 759. 30	3. 99	34. 64	3 471. 75	1 857. 694	33	0. 898	26. 60	44. 09	46. 9	25	0. 078
2005	108. 12	155	4. 67	3 623. 19	7. 447 063	0	94. 79	68. 80	17 567. 10	13. 9	32. 30	3 530. 56	1 912. 654	37	0. 893	27. 80	45. 20	47. 6	23	0. 063
2006	107. 10	169	4. 63	3 589. 03	6. 310 61	0. 000 137	94. 63	77. 10	—	2. 96	33. 20	4 182. 06	2 287. 163	40	0. 886	28. 20	46. 19	43. 5	25. 1	0. 067
2007	105. 94	190	4. 58	3 550. 17	4. 217 876	8. 58E－05	94. 70	89	—	19. 58	34. 66	5 016. 51	2 773. 554	46	0. 891	29. 60	47. 20	40. 9	30. 8	0. 059

数据来源:《2008 年中国海洋统计年鉴》、《2008 年海南统计年鉴》、《2008 年沿海地区社会基本情况调查》

及关系既表现在一定的时间上，也体现在一定的空间上。它综合反映了社会、经济与自然三方面的环境对人类活动的适宜程度，以及环境的性质、功能、作用和优势，从而决定了它对不同类型人类活动的吸引力和离心力。

对发展位的计算有两种形式：一是其绝对水平或状态，如某年的人口总量、人均 GDP 等；二是其相对水平或状态，即上述指标绝对值相对于某一固定时刻或固定数值（如某一基期、规划值、某一理想状态如小康指标等）的值。本书采用第二种计算方式。

某一要素在某一时刻 j 的值为 X_{ij}，则其发展位（L）可按下列公式计算：

$$L_{ij} = X_{ij}/a_i \qquad (7-30)$$

式中，a_i 为该要素的理想发展位（或参照发展位）；i 为状态变量的序号，$i=1, 2, \cdots, m$；j 为时间序号，$j=1, 2, \cdots, m$。对于人口增长率、环境污染程度等具有负功效的变量，取其计算值的倒数。

系统在第 j 时刻的综合发展位

$$(L_{ij}) = n\sqrt{\prod_{i=1}^{n} L_{ij}} \qquad (7-31)$$

根据此公式，对海南省海洋经济可持续发展位进行计算，结果见图 7.10。

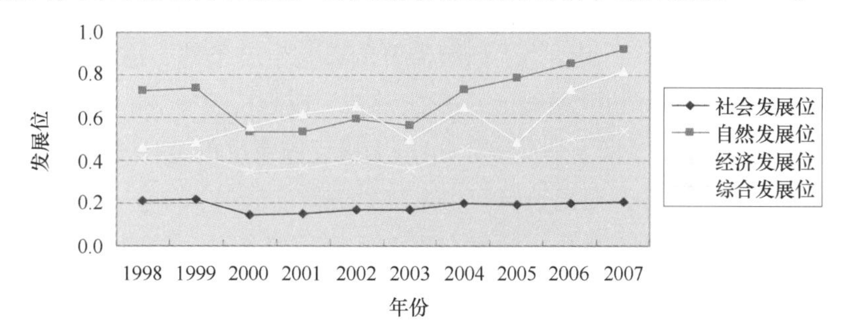

图 7.10　1998—2007 年海南省海洋经济发展位

7.3.2.2　可持续发展势（P）

发展势是指系统某一时刻发展状态（即现实发展位）与另一状态（即比较发展位或理想发展位）之间的差值。在本研究中，比较发展取为远景规划值（2010 年规划值）。当已知某一要素（即状态变量 u_{ij}）在某一时刻 j 的值为 X_{ij}，则其发展势 P_{ij} 可按下列公式进行计算：

$$P_{ij} = (a_i - X_{ij})/ a_{ii} \qquad (7-32)$$

而且当 $X_{ij} \geqslant a_{ii}$ 时，取 $P_{ij}=10^{-4}$。对于人口增长率、环境污染程度等具有负功效的变量，其计算公式改为：

$$P_{ij} = (X_{ij} - a_i)/X_{ij} \qquad (7-33)$$

而且当 $X_{ij} \leqslant a_i$ 时，取 $P_{ij}=10^{-4}$。则系统在第 j 时刻的综合发展势（P_{ij}）为：

$$P_{ij} = \sqrt[n]{\prod_{i=1}^{n} Pij} \qquad (7-34)$$

海南省海洋经济发展势计算出来见表 7.26，反映在图上，见图 7.11。

需要说明的是，发展位与发展势之间存在着内在的逻辑联系：某质点势能的存在及其大小，是由其所在位置决定的。而且从发展势的公式可以看出，$P_{ij}=1-L_{ij}$，因此，从某种意义

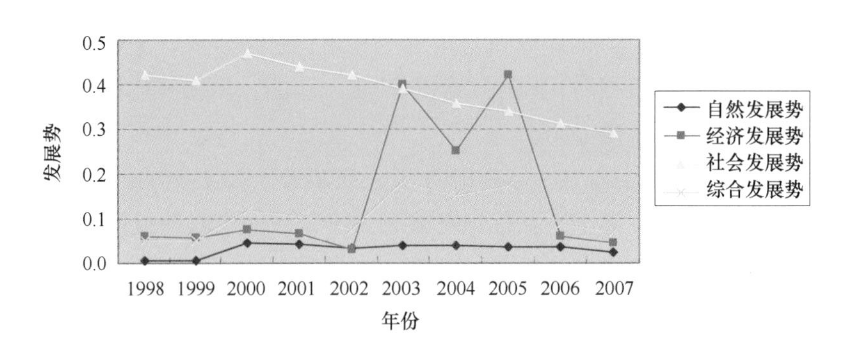

图 7.11　1998—2007 年海南省海洋经济发展势

上说，发展势大，正是由于其发展水平（发展位）较低所致。

7.3.2.3　协调度（H）

海洋社会—经济—自然复合生态系统是一个复杂的开放巨系统，这个系统由若干个不同层级的子系统构成，各个子系统均有其自身的最优发展目标。有些目标要求越大越好（如耗竭性资源的储存量等）；有些目标要求越小越好（如自然灾害发生的强度与频率等）；有的目标则要求接近某一目标值为好（如生物生长所需要的适宜生态条件、适宜的人口增长率等）。我们可以给这些目标以一定的功效系统 d_i，$0 \leqslant d_i \leqslant 1$，（$i=1, 2, \cdots, K$），即当 $d_i = F_i\ [f_i\ (x)]$，总功效函数 $H=H\ (d_1,\ d_2,\ \cdots,\ d_k)$ 可以用来反映系统的总体功能，$0 \leqslant H \leqslant 1$，$H$ 值越大，说明系统的协调性越好，该函数值即为系统的协调度值。

首先选取反映系统状态的变量 u_i，即复合生态系统的序参量，并确定系统稳定临界点上的上、下限值（A_i，B_i），然后确定序参量对系统有序的贡献（即功效）的功效函数 $U_A\ (u_i)$（$i=1, 2, \cdots, n$）。根据协同论原理知：

第一，系统处于稳定状态时，状态方程为线性；

第二，势函数的极点值是系统稳定区域的临界点；

第三，慢弛豫变量在系统稳定状态时也有量的变化，这种量的变化对系统有序度有两种功效：一种是正功效，即随着慢弛豫变量的增大，系统有序度趋势增大；另一种是负功效，即随着慢弛豫变量的增大，系统有序度趋势减少。

因此，在第 j 时刻复合生态系统序参量 u_i 对系统有序的功效［$UA_j\ (u_i)$］可以表示为：

$UA_j\ (u_i)\ =\ (X_{ij}-\beta_i)\ /\ (a_i-\beta_i)$

$UA_j\ (u_i)$ 具有正功效时（$i=1, 2, \cdots,$）

$UA_j\ (u_i)\ =\ (\beta_i-X_{ij})\ /\ (\beta_i-a_i)$

$UA_j\ (u_i)$ 具有负功效时（$i=1, 2, \cdots,$）

式中，X_{ij}为参变量在第 j 时刻的取值，A 为系统稳定区域。

系统协调度是系统各变量功效的综合反映，利用几何平均法进行累加。即系统在第 j 时刻的协调度（H_j）为：

$$H_j = \sqrt[n]{\prod_{i=1}^{n} UA_j(u_i)} (i = 1,2,\cdots,n) \qquad (7-35)$$

根据海南省海洋经济发展相关数据计算出来的海洋经济可持续发展协调度见表 7.26，绘制如图 7.12 所示。

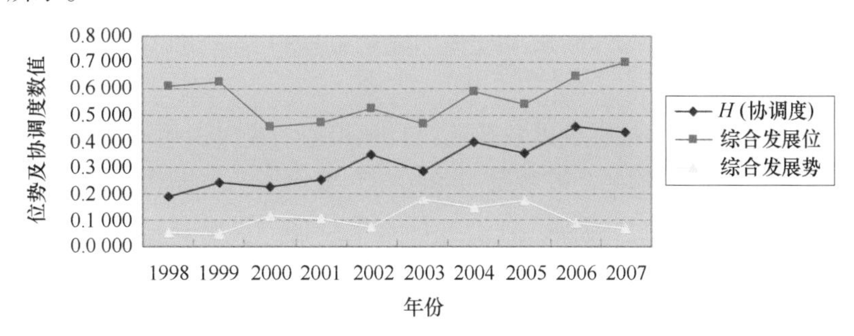

图 7.12　1998—2007 年海南省海洋经济发展位势及协调度变化

7.3.2.4　可持续发展度（D）

区域可持续发展度是一个由发展位、发展势和协调度共同决定的综合量，我们对它们进行几何平均，计算出可持续发展度。即：

$$D_j = \sqrt[3]{L_j \cdot P_j \cdot H_j} \quad (7-36)$$

根据海南省数据计算出来的可持续发展度，见表 7.26。可持续发展度变化见图 7.13。

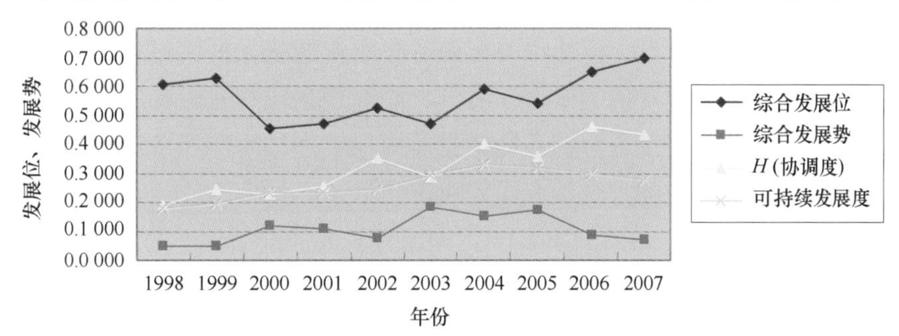

图 7.13　1998—2007 年海南省海洋经济可持续发展度变化

结果分析如下。

1）可持续发展位

发展位反映了自然资源利用与环境保护、经济与社会发展的水平。从计算结果及折线图可以看出，海南省海洋经济位、自然发展位、社会发展位和综合发展位的基本趋势是逐渐上升的，这说明近 10 年以来，海南省海洋经济与社会发展水平是不断发展进步的。

自然发展位线基本都在其他发展位之上，特别是 2000 年之后，海南省海洋自然发展位持续上升，这反映了海南省良好的生态环境及在经济发展中对生态环境的保护，海南省良好的海洋自然资源与环境在全国也是排名第一，因此基于资源与环境的可持续发展能力海南省是排第一位的。但同时也反映出海南省经济与社会发展相对而言于自然资源条件来说是比较落后的，对资源的利用十分不充分。这一评估结果，与前述海洋承载力评价中的评价结果是一致的。都表明了海南省海洋资源的丰富与利用的不充分。在 2000 年以前，经济发展位与自然发展位呈反方向变化，表明在这段时间，海南省海洋经济的发展主要是靠牺牲环境为代价。

2000 年之后，经济发展位与自然发展位基本上是同步上升，反映了海南省在发展经济的同时，已经十分注意资源的综合利用和生态环境的保护，环境与经济发展之间处在一个良性互动的关系上。

从图中可以看出，海南省社会发展位最低，且多年来增速极为缓慢。由于我们在计算时，多用人均指标，因此，近 10 年来，虽然海南省社会发展水平有所提高，但加上人口增加的因素，使得人均社会发展水平增长极缓。社会发展水平较低，极大地制约了海洋经济的发展，拉低了综合发展位，位于海洋经济发展位和自然发展位之下。这与其他海洋省份的情况很不相同，如辽宁省近 10 年来的社会发展位远高于其自然发展位与经济发展位，社会经济基础对海洋经济发挥了重要的促进作用。由此来看，要快速发展海南省海洋经济，光靠海洋经济自身发展还是不够的，必须加强社会经济基础，从产业上与海洋产业配套、衔接；从资金上加强投入；从基础设施及人才供应上加强保证等。

2）可持续发展势

海洋经济可持续发展势主要反映海洋经济可持续发展位与理想发展位的距离。因此逐渐增长的海洋经济可持续发展位就对应于逐渐降低的发展势（表 7.27）。

从表 7.27 中可以看出，与发展位相对应，海南省自然发展势处于最低位，且自 2000 年后，就处于平衡缓降的态势。这一方面说明海南省在海洋经济发展的过程中，注重环境整治和资源合理利用，经济发展对环境的压力在减轻，距离理想位的差距在缩小。另一方面也说明，海南省海洋经济发展的资源潜力和环境承受能力在增加，海洋经济进一步发展有着很大的空间。这是海南省发展海洋经济的最大优势和倚仗。

海南省海洋经济发展势在 2003—2006 年之间出现较大的波动，呈现出“*M*”形，主要是由于 2003 年和 2005 年海洋经济增长率过低，而 2004 年和 2006 年又处于正常水平造成的。社会发展势持续下降，表明海南省社会经济基础和投资环境在逐年改善，距离理想位逐渐接近，能为海洋经济发展提供更大的支撑。除 2003 年和 2005 年海洋经济发展的超低增长率影响了综合发展势走势外，综合发展势与社会发展势的形态接近，说明人口自然增长率的变化是制约海洋经济可持续发展的重要因子，另外，由于滨海旅游是海南省海洋经济的一大创收主体，而此产业受整体经济社会环境的影响波动较大（如 2003 年的 *SARS* 使得旅游收入大幅降低，从而影响了海洋经济的增长率，因此造成了海洋经济发展势上的波动）。因此，海南省海洋经济稳定性较差，受外界环境影响明显，这也是海南省海洋经济发展的一个制约因素。

3）可持续发展协调度

从表 7.27 中可以看出，海南省可持续发展协调度总体上呈现上升趋势，表明海南省海洋经济与社会发展、自然环境的相互关系逐渐趋向良性循环。这种发展态势与前文中海域承载力评价结果也是一致的。在海域承载力的评价中，1998—2007 年 10 年间，海域承载状况上升并逐渐接近理想值，反映了海南省对海洋资源的利用程度逐步加深并仍处于协调发展的态势中，并没有造成较明显的环境问题。虽然上升的过程中出现波动，但应该说是一种正常现象，不过同时也说明海南省在海洋经济发展过程上仍应十分注意资源的充分利用和海洋环境的保护与整治，不可松懈。海南省的整体经济社会发展水平还有待进一步提高。

表 7.27 1998—2007 年海南省海洋经济可持续发展系统评价发展位、发展势、协调度、发展度

年份	发展位				发展势				可持续发展协调度	可持续发展度
	自然发展位	经济发展位	社会发展位	综合发展位	自然发展势	经济发展势	社会发展势	综合发展势		
1998	0. 724 589 42	0. 463 428	0. 211 641	0. 414 214	0. 004 998 06	0. 061 642	0. 421 266 726	0. 050 63	0. 189 8	0. 180 1
1999	0. 740 986 71	0. 482 589	0. 216 305	0. 426 074	0. 005 337 53	0. 058 031	0. 408 427 466	0. 050 2	0. 243 1	0. 196 9
2000	0. 530 444 19	0. 560 373	0. 146 574	0. 351 878	0. 045 345 85	0. 076 309	0. 468 980 758	0. 117 514	0. 227 4	0. 229 8
2001	0. 533 218 86	0. 616 052	0. 148 936	0. 365 741	0. 042 088 3	0. 065 557	0. 439 616 536	0. 106 648	0. 253 9	0. 233 9
2002	0. 596 640 4	0. 657 42	0. 171 237	0. 406 491	0. 033 881 99	0. 030 636	0. 422 295 241	0. 075 964	0. 350 9	0. 241 0
2003	0. 564 808 75	0. 497 457	0. 169 984	0. 362 817	0. 038 734 56	0. 399 077	0. 390 575 861	0. 182 09	0. 288 5	0. 290 9
2004	0. 731 992 79	0. 649 177	0. 200 007	0. 456 357	0. 038 167 47	0. 251 162	0. 356 377 91	0. 150 61	0. 399 9	0. 328 6
2005	0. 788 577 18	0. 484 728	0. 191 3	0. 418 17	0. 036 275 53	0. 422 7	0. 340 471 019	0. 173 477	0. 355 0	0. 321 6
2006	0. 851 615 74	0. 734 274	0. 201 679	0. 501 481	0. 037 239 12	0. 060 484	0. 310 652 018	0. 088 778	0. 458 2	0. 297 6
2007	0. 922 831 77	0. 820 892	0. 207 769	0. 539 92	0. 025 332 28	0. 045 462	0. 290 200 607	0. 069 397	0. 433 1	0. 275 7

4）可持续发展度

可持续发展度是综合发展位、综合发展势和可持续发展协调度三者的几何平均值，是这3个量的综合结果，它的变化图也是综合发展位、综合发展势和协调度3个图形的综合。从图7.13中可以看出，海南省海洋经济可持续发展度总体呈现上升态势，但上升比较缓慢平稳，这表明海南省可持续发展能力在逐渐增加，然而增速十分缓慢。造成此种状况的原因主要是：海南省海洋自然资源环境发展位较高，因此自然发展势较低，海南省海洋经济人均增长值不高，社会经济基础比较薄弱，因此影响了海洋经济可持续发展能力的增长。

从前面的计算过程和变化图可以看出，海洋经济可持续发展度综合地反映沿海地区海洋经济、社会与海洋资源环境的可持续发展能力，能反映出海洋经济、社会及自然环境这3个方面单独反映无法体现的问题，是我们考察海洋经济可持续发展能力的合理指标。

7.3.3 海南省海洋生态—经济—社会系统耦合关系分析

根据以上的计算与分析结果，我们来通过建立海洋经济可持续发展水平评价标准谱系来分析海南省海洋经济可持续发展类型以及海洋生态—经济—社会子系统之间的耦合关系。

海洋经济可持续发展评价标准的建立取决于研究者对该问题的认知程度和研究水平，具有一定的主观性，但数据是客观的，因此是主观和客观相结合的结果。本章的研究中，以1997年为标准年，根据各年份海洋经济可持续发展度D的数值来判断海洋经济发展系统的“持续性”状况。

首先建立海洋经济可持续发展判断标准谱系，如表7.28所示。

表7.28　海洋经济可持续发展水平评价标准谱系

标准	$D \geqslant 0.5$	$0.5 > D \geqslant 0.3$	$0.3 > D > 0$	$D = 0$	$D < 0$
类型	强可持续	较强可持续	弱可持续	临界可持续	不可持续

前面在计算海洋经济可持续发展度的过程中，指标的下限值多是以1997年值为下限标准。但在计算过程中，只有可持续发展协调度的计算用到了指标下限值，因此实际上是将1997年的海洋经济可持续发展度看做是0，故根据公式，1997年海洋经济可持续发展度也为0。当我们以1997年为基准年份计算1998—2007年这10年的海洋经济可持续发展度时，可以看出这10年中，海洋经济可持续发展度均大于0，也就是说，相对于1997年，此后10年海南省海洋经济发展都处于可持续发展状态。但具体来看，我们可以发现，海南省除了2004年、2005年外，可持续发展度D均小于0.3，属于弱可持续发展型，2004年和2005年这两年属于较强可持续发展型，没有一个年份属于强可持续发展型，这主要是由于海南省经济和社会发展位较低造成的。

海洋经济可持续发展位由自然发展位、经济发展位和社会发展位三者综合而成，因此可以表示海洋经济可持续发展系统在一定发展时段所具有的状态，或者是海洋复合生态系统在一定时刻的发展水平。这种发展水平不仅与生态、经济、社会这3个子系统的各自的状态与水平有关，更与这三者之间的耦合关系密切相关。因此为了更深入地了解海南省可持续发展的内在机制，我们需要揭示这3个子系统之间的相互作用即耦合关系。

首先根据可持续发展位建立海洋生态—经济—社会可持续发展系统耦合关系的评价标准。由于在海洋经济可持续发展位的计算中只涉及上限值，因此 1997 年的发展位并不为 0，这里仍以 1997 年基准年。设 $L1$，$L2$，$L3$ 分别表示海洋自然发展位、经济发展位和社会发展位，$\triangle L1$，$\triangle L2$，$\triangle L3$ 分别表示各年份海洋经济可持续发展位与 1997 年对应发展位的增量，则可以建立海南省海洋生态—经济—社会可持续发展系统耦合评判标准谱系。如表 7. 29 所示。

表 7. 29　海南省海洋生态—经济—社会可持续发展系统耦合评判标准谱系

标准	耦合类型	标准	耦合类型
$\triangle L1>0$，$\triangle L2>0$，$\triangle L3>0$	综合协调型可持续	$\triangle L1>0$，$\triangle L2<0$，$\triangle L3<0$	生态型可持续
$\triangle L1>0$，$\triangle L2>0$，$\triangle L3<0$	生态经济型可持续	$\triangle L<10$，$\triangle L2>0$，$\triangle L3<0$	经济型可持续
$\triangle L1>0$，$\triangle L2<0$，$\triangle L3>0$	生态社会型可持续	$\triangle L1<0$，$\triangle L2<0$，$\triangle L3>0$	社会型可持续
$\triangle L1<0$，$\triangle L2>0$，$\triangle L3>0$	经济社会型可持续	$\triangle L1<0$，$\triangle L2<0$，$\triangle L3<0$	不可持续

根据前面的计算结果，可以得到海南省各年份相对于 1997 年海洋生态—经济—社会可持续发展系统耦合关系。如表 7. 30 所示。

表 7. 30　1998—2007 年海南省海洋生态—经济—社会可持续发展耦合类型

年份	$\triangle L1$	$\triangle L2$	$\triangle L3$	耦合关系
1998	0. 296 2	0. 289 7	0. 435 5	综合协调型可持续
1999	0. 312 6	0. 308 9	0. 450 3	综合协调型可持续
2000	0. 102 1	0. 386 6	0. 082 0	综合协调型可持续
2001	0. 104 9	0. 442 3	0. 087 1	综合协调型可持续
2002	0. 168 3	0. 483 7	0. 135 2	综合协调型可持续
2003	0. 136 4	0. 323 7	0. 132 5	综合协调型可持续
2004	0. 303 6	0. 475 4	0. 197 2	综合协调型可持续
2005	0. 360 2	0. 311 0	0. 178 4	综合协调型可持续
2006	0. 423 3	0. 560 5	0. 200 8	综合协调型可持续
2007	0. 494 5	0. 647 2	0. 213 9	综合协调型可持续

从表 7. 30 中数据可知，相对于 1997 年来说，各年度海南省海洋经济发展均处于综合协调型可持续发展状态，表明海南省海洋经济总估来说是处于综合协调可持续发展状态的。这表明海南省近 10 年来在大力发展海洋经济的同时十分注意海洋生态环境的保护，十分注重提高资源的利用利率，潜力类因素在经济社会发展中的作用越来越明显。海南省提出建设“生态省”，生态环境是海南省国民经济，尤其是海洋经济发展的生命线，对生态环境的保护至关重要。

为了进一步说明海南省海洋经济发展过程上资源与环境对其阻碍作用的降低，经济增长和社会发展逐渐在更多地依赖科技、人力与管理效率，我们设立以下指数：资源环境—发展（RE—D）指数：反映海洋资源消耗与环境污染和海洋经济社会发展之间的相互关系，即创造一定的财富，促进社会进步和发展的同时，带来的资源消耗和环境污染，其计算公式为：

$$RE—D = L1/(L2 + L3) \quad (7-37)$$

与前面一样，这里的 $L1$、$L2$、$L3$ 分别表示的是海洋自然（资源与环境）、经济和社会发展位。根据海南省数据计算见图 7.14。

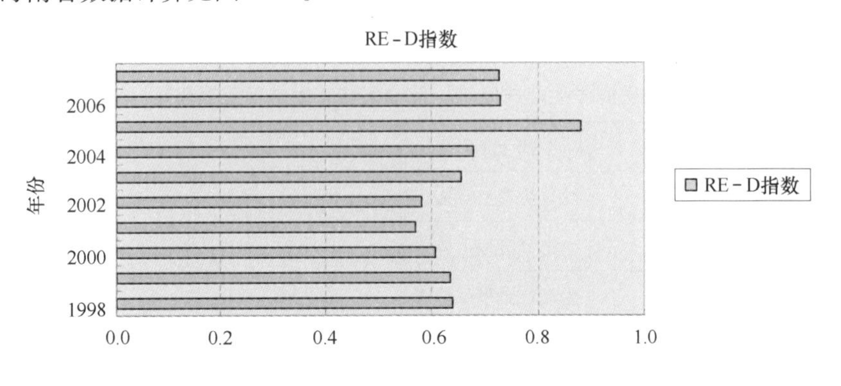

图 7.14　海南省资源环境—发展（RE—D）指数

从图 7.14 中可以看出，1998—2001 年间，RE—D 指数呈逐年降低势，表明海洋资源消耗与环境污染对社会经济造成的压力在不断减小，对海洋经济可持续发展的阻力也在减小，因此这一期间海南省海洋经济可持续发展能力也在持续增强，这从可持续发展度曲线变化可以明显看出。2002—2005 年，RE—D 指数逐渐增加，表示这一期间海洋资源消耗与环境污染对社会经济造成的压力在不断增大，对海洋经济可持续发展的阻力也在不断增强，尤其是 2003 年和 2005 年，增速明显加快，这与前面谈到的这两年海南省海洋增长率过低是一致的。2006 年之后，由于海洋经济的恢复性较快增长，相对而言，RE—D 指数又降低不少。

从上分析可知，RE—D 指数进一步揭示了耦合关系所不能揭示的综合协调发展过程中的细微波动。从耦合关系来看，海南省自 1998 年以来，一直是处于综合协调发展型态势，而 RE—D 指数则揭示出在总体上综合协调发展的背后，由于海洋经济增长的相对滞后，就会造成资源环境利用效率的降低，使环境的利用成本加大，经济对环境的压力也随之增大。

由此可见，在海洋经济发展与海洋生态环境之间，是海洋经济的发展带来了海洋生态的破坏、退化以及海洋环境的破坏，反而是海洋经济的发展才是海洋生态环境得到保护的唯一出路。这个结论看似与人们通常的观念相悖，但事实上很容易解释：如果不能很好地发展海洋经济，提高海洋资源利用的科技含量和利用率，那么不断增加的人口必将加大对海洋资源的索取，而粗放地、低层次地索取方式将给海洋资源与生态环境带来灾难。因此，为了实现人类更好地生存，我们必须加大海洋经济的发展力度，提高海洋经济的发展质量，以实现对海洋资源与生态环境的可持续利用。

本章小结

本章对社会、海洋经济、海洋资源与生态环境 3 大系统构成的综合系统的可持续发展状态进行了评估。这一部分的主要内容是构建海南省海洋经济可持续发展评估指标体系，对海南省海洋经济可持续发展状态进行评估。评估从 3 个方面运用了 10 年以来的相关数据进行分析：第一方面是对海洋产业发展的可持续性进行评估。分别用产业结构比例描述了海南省海洋产业三次产业的结构构成与变动；通过计算霍夫曼系数、第三产业弹性系数、产业集中化指数对海南省海洋产业结构的发展水平进行了分析；通过计算产业结构变动值、产业结构熵数对海南省海洋产业结构的变动进行了分析；通过计算产业地理集中度 Gini 系数，反映海南省海洋产业的空间分布情况。第二方面是立足于海洋资源与环境系统的海域承载力评价分析，运用欧氏几何空间法，通过建立海域承载力评估指标体系，对海南省 1998—2007 年 10 年间的海域承载力及各年的海域承载矢量进行了计算，并对结果进行比对分析。第三方面立足于海南省海洋经济可持续发展综合系统的协调发展，对海洋经济可持续发展综合系统的可持续性进行评估，得出海南省海洋经济可持续发展位、可持续发展势、可持续发展度及协调度。从这 3 个方面的评估结果来看，3 种角度的评估中涉及同类问题的结论是一致，这也从另一方面证明了评估的合理性与有效性。通过这 3 个方面的评估，全面分析与把握了海南省海洋经济发展系统的可持续状况，为促进海南省海洋经济可持续发展对策的提出奠定了基础。

第 8 章　海南省海洋经济可持续发展战略研究

海南省海洋经济的可持续发展，就是要达到海洋资源与环境系统、海洋产业与区域海洋经济空间系统、沿海地区社会发展系统 3 个系统的整合与协调发展。海洋资源与环境系统既是海洋产业与区域海洋经济系统赖以存在和发展的物质基础，又是海洋产业与发展和区域海洋经济系统发展的约束条件，这一系统平衡稳定状态与被开发利用的水平，决定着海洋产业发展的速度、高度和区域海洋经济系统发展的阶层；海洋产业系统是海洋经济可持续发展系统的核心，海洋产业是将海洋资源与环境转化成生产力与社会财富的发动机，这一系统的运作水平、方向，决定着海洋资源环境系统的利用深度和保护力度；区域海洋经济空间系统是海洋产业与区域相结合的结果，是海洋产业空间规模效应和聚集效应产生的源泉与产物。

由前述分析研究可知，海南省海洋经济可持续发展系统目前仍处于较低的发展阶段：资源开发利用粗放，经济发展系统对环境的负面影响大，经济系统自身效率较低，区域海洋经济空间系统的构建仍处于少数结点零散分布的状态，未能形成要素众多，结构功能复杂的网络系统，系统内生性增长能力薄弱。海洋经济可持续发展战略的侧重点应放在克服各系统发展及系统之间协调的限制因素，大力促进系统提升上。因此，在近期内，仍应以海洋产业发展为中心，努力增强海洋产业的发展实力，优化海洋产业结构，加大对资源利用的广度与深度，努力促进产业链延伸及海陆经济一体化发展，培育产业内在性增长能力，培育区域产业集群创新能力，同时兼顾海洋生态环境的保护。

海南省海洋经济可持续发展战略，是海洋经济发展战略的一个较高层次，是在可持续发展理念指导下，为实现区域海洋经济、社会、海洋资源环境全面、协调、公平发展所做的一个全局性的谋划。区域自身的特性和可持续发展的本质要求可持续发展战略具有前瞻性、系统性、全面性和指导性等特征。

海南省海洋经济可持续发展战略研究属于区域可持续发展战略研究。区域是一个复杂的巨系统，区域可持续发展战略研究是一项综合性、复杂性、系统性的工程，研究涉及的内容是多方面的。既有自然的，也有人文的；既包含单要素的，也包括多要素的；既涉及区内也涉及区际；既反映当前的，也体现长远的；既兼顾全局 ，也突出重点。

海南省海洋经济可持续发展战略是对海南省海洋经济可持续发展高层次、全局性、整体性的谋划，是指导制定海洋可持续发展的依据。

海南省海洋经济可持续发展战略包括：战略目标、战略原则、战略重点、战略步骤和战略对策。

海南省海洋经济可持续发展战略的制定是建立在对海南省海洋经济发展现状及预期前景的分析基础上的。由于在本书第 1 章就已经对海洋经济发展的条件基础进行了详细评估，下面简要地以 SWOT 模式对之进行综合。

为了更好地促进海洋经济的发展，同时保护好海南省海洋生态环境，在弄清了海南省海洋经济发展的现状，对海洋经济可持续发展状态进行了综合评价之后，本章将从海洋产业发展、海洋环境保护这两个海南省海洋经济可持续发展的关键环节来探讨如何促进海洋经济可持续发展。

8.1 海南省海洋经济可持续发展的 SWOT 分析

8.1.1 海南省海洋经济可持续发展的优势（S）

（1）宏观环境与海洋经济发展趋势有利于海南省发展海洋经济发展。

（2）海南省位于环北部湾经济圈内，且处于与东盟相连的最前沿位置。这一区位条件给海南省海洋经济的发展带来了潜在的发展机遇。

（3）丰富的海洋资源与良好的生态环境。海南省的“海洋资源供给能力”以绝对优势居各沿海地区中的第一位。这是海南省得天独厚的发展条件，是海南省可持续发展中最大的资本。

（4）地区经济快速发展，经济总体实力不断增强。1998 年以来特别是近几年来，海南省经济得到了快速发展，为海洋经济可持续发展奠定了良好的基础。

（5）基础设施不断完善，为经济发展提供了良好的条件。海南省十分重视基础设施建设，到目前为止，海南省公路、铁路、航空、水运已经形成功能齐全、运力强大的客货运网络，为经济建设提供着顺畅的通道。

8.1.2 海南省海洋经济可持续发展的劣势（W）

（1）由于孤悬海中，处于中国经济的最外缘，在全国整体经济循环中处于低级地位，大陆经济发展对海南经济的直接拉动作用有限。

（2）经济虽发展较快，但由于底子薄，经济基础依然薄弱，经济自主增长能力不强。央属国企虽然实力雄厚，但多为资源开发，且产品多运往内地加工，因此对地方经济的辐射有限；本地国企大多不景气，对地方经济的拉动作用不大；本地民企过分弱势。因此海南省无论政府财富还是民间财富储量都不大。

（3）海南省海洋经济可持续发展的制约因素

进入 21 世纪以来，海南省海洋经济的发展一直处于稳定上升态势，但与全国其他海洋省份相比，海南省的海洋经济发展速度仍然较慢，无论是传统产业还是新兴产业，都存在产业规模小、技术含量低的特点。这与海南省海洋资源大省的地位极不相称，究其原因乃是存在着一系列的制约因素，使海南省海洋经济可持续发展缓慢。

① 资源环境制约

海洋资源环境由以下几个主要方面组成：海洋生物资源、海域资源、海洋矿产资源、自然环境资源、水质环境资源。

海洋经济是以对海洋资源的开发和海洋环境的利用为中心的经济类型。上述各种类型的海洋资源是海南省海洋经济赖以存在和发展的物质基础。海洋资源环境的破坏会对任何海洋产业起制约作用。自然条件、自然环境、人工环境都是非常有限的，一旦受到破坏将很难恢复，人为地改善也要付出相当大的经济代价。如滨海沙滩被盲目开采，或者自然景观受到破坏，在很大程度上就会使该区域失去旅游价值。人工的改造必须投入大量的资金，这无疑造成了旅游资源的减少或者旅游业开发成本的增高，制约了该行业的发展。乱填海乱围垦永久性地改变海域功能，破坏了岸线资源，改变了河口区和内湾海域自然条件，可以使港口、航道淤塞，阻碍了海洋交通运输业的发展。水产养殖业的不合理布局，养殖密度过高和投饵的不科学造成了水质富营养化，使水域失去水产养殖功能，也导致赤潮灾害的发生，造成渔业经济损失，对渔业经济发展会是很大的打击。

资源环境的优劣对海洋经济的发展起着先决性的作用。自然资源环境属于天然的条件，虽然可以人工改造，但是具有很大的局限性。优越的海洋自然资源环境能为海洋开发利用提供较强的物质基础，有利于经济的发展。一般来说，河口区、海湾和群岛的存在，使区域具有丰富的海域资源、渔业资源、旅游资源、港口资源，对海洋经济的发展十分有利。反过来，可利用的海洋资源缺少，海洋经济的发展会受到制约，若海岸线上不存在形成港口的地理条件，发展海洋运输业将是困难的事情。区域性的海洋资源环境条件的差异，也导致海洋经济发展的差异。

海南省是一个海洋大省，拥有全国近2/3的海洋面积，各类海洋资源丰富，环境状况良好，可谓具有得天独厚的海洋资源优势。但目前海南省海洋经济发展中利用的主要是集中在沿海和近海区域的海洋生物资源、矿产资源、海域资源和水资源，而这一区域的海洋资源与海洋环境容量都是有限的。海南省4大海洋支柱产业——海洋渔业、滨海旅游业、海洋油气业、海洋交通运输业，对海洋自然资源与环境的依赖性都极大。但由于捕捞强度的盲目增长，海洋渔业资源严重衰退，是目前我国渔业可持续发展的资源性障碍。海南省虽然管辖海域辽阔，渔业资源丰富，但是由于海南省海洋捕捞渔船大多数为小型渔船，作业场所集中在海南省周边近海海域，加上有相当数量的拖网渔船违规进入底拖网禁渔区线内生产，致使海南省近海渔业资源处于衰退状态。在长期的发展过程中，人们过分关注经济总量的增长，对资源再生能力的降低及环境的退化视而不见，已经开始导致海南省近海海洋资源的逐步衰竭和环境的逐渐恶化。如果不能向外海拓展以及转变经济增长方式，而是继续走资源扩张型发展之路，那么资源与环境对经济发展的刚性约束会很快显现。

② 资金约束

自然资源的开发利用需要资金的支持、企业的运作离不开资金。在一个地区经济发展的早期和中期，资金在其发展中的作用是十分重要的。在著名的哈罗德—多马经济增长模型中，资金积累被认为是整个经济增长的中心环节。在柯布道格拉斯生产函数模型中也将资本投入量作为重要的生产要素。在现代经济增长中，现代科技和资本被称作推动21世纪经济增长的两个巨轮，资本通过资本市场对推进产业结构调整、推动风险投资和技术创新，推动企业组合等的作用，随着市场经济的发展越来越明显。然而，在一个地区经济发展的早期，资金又经常是在各项发展要素中最短缺的。

海南省自建省以来，由于原有经济基础薄弱，技术与人才缺乏，资金回报率较低，因此资金的供应不稳定且没有适应海南省自身发展的需要，导致海南省的经济发展，包括海洋经济的发展，虽总体来说保持增长势头，但增速并不快，且常有波动，其根本原因在于经济发展的资金投入不足以支撑海南省经济内生性增长的需求。海南省经济发展中的资金约束十分明显。

海南省海洋经济要实现增长方式的转变，从目前依靠资源消耗获取经济增长的粗放式增长转向依靠资金、技术和管理来获取增长的集约式增长；产业结构从低级向高级转化，都需要大量的资金投入。

③ 人才约束。

转变经济增长方式的关键是培养自主创新能力，而自主创新能力的关键则在于人才。发达国家一直坚持人力资本投入为先的战略。仅有 200 多年历史的美国，今天能成为军事实力、经济实力、科技实力都很强大的国家，一个重要原因是它拥有 130 多万研究开发人员，其数量居世界首位。研究和开发总投资占国民生产总值的 3%，教育投资占国民生产总值的 7.4%，是当今世界的最高水平。

而反观海南省的状况，由于海南省自身的区位条件、人文环境不如内地，人力资本投资不足、高等教育较为落后、市场调配机制不够完善等多方面的原因，使得海南省的海洋经济虽然有了较快进步，但是在海洋经济增长中，科技含量不高，科技投入仍属不足，缺乏足够数量的优秀海洋产业人才。据抽样调查统计，在编海洋从业人员中，从学历上看，研究生占 2%，拥有大学本科学历的占 43%，大学专科学历的占 40.5%，中专（高中）学历的占 13%，初中学历的占 2%（图 8.1）。从专业分布上分，海洋产业人才专业结构比较单一，主要集中在水产养殖专业，占整个海洋产业专业比例的 37%。航海专业占 2%，海洋船舶管理专业占 8%，海洋渔业专业占 5%，海洋捕捞占 2%，其他非海洋类专业占 41%（如图 8.2 所示）。从职称层面来看，海洋行政管理人员（公务员系列）几乎没有相应的技术职称，海洋企业从业人员队伍中大部分是农民企业家，没有受过正规的高等教育。落后的人才配备状况是海南省海洋经济发展水平与层次提高的重大障碍，因此要实现海洋经济持续快速发展，就必须加强人力资源的储备与运用（图 8.2）。

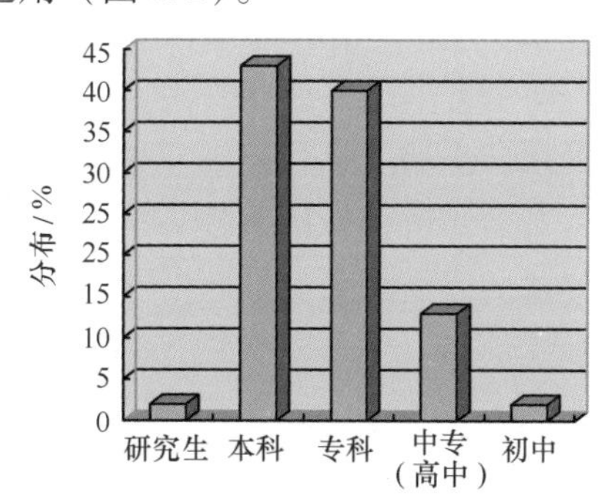

图 8.1　海南省海洋产业人才学历分布

资料来源：海南省渔业厅《海南省海洋经济人才队伍建设》

8.1.3　海南省海洋经济可持续发展的机遇（O）

（1）世界开发海洋的热潮及中国对开发海洋、发展海洋经济的重视为海南省海洋经济的发展带来了千载难逢的历史机遇

由于陆地资源的日益枯竭、人地矛盾的加大，使得世界各国纷纷将发展的目光投向了广袤的海洋，作为世界第一人口大国和人均资源穷国的中国也不例外。近些年来，国家加大了对海洋开发的关注和政策资金支持力度。海南省应抓住这一历史机遇，加快海洋经济发展。

（2）国际旅游岛建设为海南新一轮的快速发展提供了重要契机

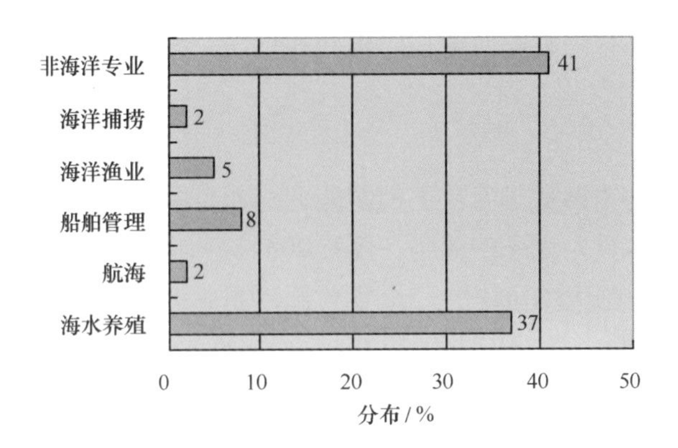

图8.2　海南省海洋产业从业人员专业分布图

资料来源：海南省渔业厅《海南省海洋经济人才队伍建设》

建设国际旅游岛对经济的带动作用已经初步显现，主要表现在房地产投资迅速上升上。房地产投资的乘数效应大，产业关联作用强，对地方经济的拉动作用比较明显。建设国际旅游岛将有更加开放便利的出入境政策、优惠的旅游购物政策、更加开放的航权政策、更加开放的海洋旅游政策、更加灵活的融资政策和更加开放的旅游相关产业发展政策和旅游项目等。这些政策一旦获批，不仅对海南省旅游业发展带来巨大的推动力，同时对海洋经济和整个海南经济都将产生根本性的改变。

（3）文昌建设航天城为海南经济发展带来了发展机遇

航天港的建设首先能给海南带来直接的经济效益，如加大GDP等。此外，航天港建成后，海南优美的热带风光和太空旅游相结合，必然产生更大的吸引力，来海南旅游的人数将会以更大的幅度增加，会为滨海旅游业的发展带来大的发展机遇。更重要的是航天事业是前沿的科技领域，它投资大，能够拉动市场，并提供大量的就业机会；它科学技术含量高，可以推动形成一个完整的产业链，有助于带动经济整体的综合素质和劳动力及国民整体素质的提高。所有这些，都将给海洋经济的发展带来良好的发展机遇。

（4）中国—东盟自由贸易区的正式建立为海南海洋经济的发展带来良好的发展机遇

从地理上说，海南省刚好处在中国—东南亚的中心位置，是离东南亚最近的地方，可谓是中国—东盟自由贸易区的桥头堡。此外，海南省的气候与自然环境与东南亚也非常接近。

从交通上说，海南省已经拥有了海口、洋浦、八所、三亚等港口，泊位条件可以承担一定规模的国际海运。美兰和凤凰机场都是按国际机场设计的。粤海铁路的通车又加强了和大陆的联系。

从文化渊源上说，海南省的华侨主要集中在东南亚，将成为中国和东南亚贸易的中坚力量，有可能成为海南省今后经济发展的主要动力之一，而海南省历来与东南亚各国有着频繁的经贸往来。随着中国—东盟自由贸易区的正式建成，海南省必将大有可为。

可以预见的影响主要包括：第一，对以洋浦为代表的西部工业走廊的发展机遇。洋浦是环北部湾的重要良港，海南省正在努力将洋浦建成面向东南亚的航运枢纽、物流中心和出口加工基地。中国—东盟自由贸易区的建立将为洋浦的发展带来巨大的发展机遇，并进而带动整个海南省西部工业走廊的发展。

第二，对海南省旅游业提供了面向国际的发展机遇。中国—东盟自由贸易区的建立，有利于广泛吸引东南亚国家的客源，有利于加强与东盟国家的旅游业交流与合作，提高海南省旅游业发展水平。

第三，对海南省热带高效农业的提高促进作用。自 2004 年开始，海南省农产品就开始受到东盟各国农产品进口的影响，但中国海关数据显示，海南省农产品出岛出口，不但没有下降，反而保持大幅增长态势。据分析，原因是海南省农业现代化进程加快，大量引进农作物优良新品种，全面推广农业新技术，市场营销体系不断完善，农产品加工由点到面发展。由此可见，中国—东盟自由贸易区的建立，对海南省热带农业来说是机遇大于挑战。

8.1.4　海南省海洋经济可持续发展的挑战（T）

任何外界因素对事物的发展所起的作用都不是绝对的，机遇往往同时也是挑战。挑战主要来自中国—东盟自由贸易区的建立。

第一，海南省的区位优势可能会弱化。大湄公河次区域合作由亚洲开发银行倡导，中国、老挝、缅甸、泰国、柬埔寨和越南 6 国参加。次区域合作是中国—东盟自由贸易区构建的一个组成部分，在次区域合作中，与东盟国家接壤的云南、广西二地的地缘优势明显，某些项目业已启动。再者，陆路大通道泛亚铁路建设也在筹划之中，这些都会从客观上削弱海南省的区位优势。

第二，农业将面临激烈竞争。随着中国从 2004 年起向老挝、柬埔寨、缅甸大部分对华商品提供零关税待遇和自由贸易区的逐步建成，东南亚的热带产品将大批涌入中国市场，海南省的传统优势产业热带高效农业将受到很大冲击，国内市场份额有可能进一步减少。

第三，东盟旅游资源丰富，自然旅游资源与海南省类似，而人文旅游景观及民族风情却截然不同，对国内游客更有吸引力；同时，不少东盟国家市场开发较早，运作成熟，设施完善，吸引了大批中国游客，必然导致海南省的旅游客源分流。随着自由贸易区的建成，东南亚旅游市场将进一步对中国开放，他们手续简、价格廉、服务好，使海南省旅游业面临严峻挑战。

第四，东盟国家也多为海洋国家，与海南省一样拥有丰富的热带海洋资源。类似的资源必然导致市场的激烈竞争，这是对海南省海洋经济发展的严峻考验。

机遇还是挑战，取决于在外界条件与形势前面如何应对。如能把握形势，有效地利用自身优势，并将劣势予以克服甚至转化成优势，那么挑战也是机遇。如果坐等机遇上门帮助自己改变，抱住原有落后发展模式不变，则机遇也会成为压倒骆驼的最后一根稻草。

综合上述对海南省面前所拥有的基础、条件，所面临的机遇挑战的分析，本书认为海南省在海洋经济可持续发展的过程中应采取增长型发展战略。

8.2　海南省海洋经济可持续发展的战略目标

8.2.1　海南省海洋经济可持续发展的总体战略目标

战略目标是海南省海洋经济可持续发展的中心，战略原则、战略重点、战略步骤、战略布局和战略对策都是围绕着战略目标，为了战略目标的实现而制定的。不同的战略目标，就决定了可持续发展的不同道路与发展态势。因此，根据海南省海洋经济发展的条件基础，制定合乎省情的海洋经济可持续发展战略目标，用以指导海洋经济可持续发展实际，是至关重要的。

可持续发展是指既满足当代人的发展需要，又不对后代人需要的满足构成危害的一种发展模式。在此思想指导下，根据前面对海南省区域经济、社会基础条件及海洋经济发展条件、现状、存在问题和海洋生态环境现状的分析，结合国内外经济发展的实际，提出海南省海洋经济可持续发展的总体战略目标为：

逐步采用和推广循环经济发展模式，大力开发海洋资源，加强海洋资源及能源的集约式循环利用，促进海洋经济总量持续增长及海洋产业结构不断优化升级，使海洋经济在海南省国民经济中所占的比重不断提高，实现海陆联动，参与全国区域经济分工与协作，以内地为腹地，经济发展向国外拓展，并于2035年前后在全国海洋省份中居于中等水平；通过海洋经济的发展促进沿海地区乃至整个海南省的经济、社会发展；在经济发展中加强生态环境的保护，保持海洋物种多样性，促进生态系统的良性运行。

2010年1月4日，中国国务院发布《关于推进海南国际旅游岛建设发展的若干意见》，将海南省建设国际旅游岛上升为国家战略。若干意见提出，海南省国际旅游岛建设发展6大战略定位，即中国旅游业改革创新的试验区，世界一流的海岛休闲度假旅游目的地，全国生态文明建设示范区，国际经济合作和文化交流的重要平台，南海资源开发和服务基地，国家热带现代农业基地。

在发展目标方面，到2015年，旅游管理、营销、服务和产品开发的市场化、国际化水平显著提升。旅游业增加值占地区生产总值比重达到8%以上，第三产业增加值占地区生产总值比重达到47%以上，第三产业从业人数比重达到45%以上。

到2020年，旅游服务设施、经营管理和服务水平与国际通行的旅游服务标准全面接轨，初步建成世界一流的海岛休闲度假旅游胜地。旅游业增加值占地区生产总值比重达到12%以上，第三产业增加值占地区生产总值比重达到60%，第三产业从业人数比重达到60%。

8.2.2 海洋产业发展分部门、分阶段战略目标

产业结构的不断升级与优化是海洋经济发展中心。因此海洋产业的培育与成长战略是海洋经济可持续发展战略目标的重要内容。

8.2.2.1 加强传统海洋产业的改造升级

海洋渔业、海洋盐业、海洋交通运输业是海南省的传统海洋产业。其中，海洋渔业与海洋交通运输业在海南省海洋经济中占据着近半壁江山，近年来虽然比重有所减少，但仍占四成，且产值绝对值逐年上涨。在今后海洋经济的发展过程中，要加强这些产业增长方式的转变和内部结构的优化，必将使这些老的产业焕发新的生机，继续稳健增长。

1）海洋渔业

总体目标：海洋渔业的发展主要坚持两个方向：一是加快海洋渔业产业化发展，提高渔业生产效率和附加值；二是优化渔业内部结构。

促进渔业产业化发展：培育龙头企业，采用“公司+农户”模式，提高渔业产业化水平；建立大型水产品集散交易中心，为渔业产业化理顺市场机制。

优化渔业内部结构：坚持捕捞、养殖、深加工协调发展的方针；转变渔业增长方式：从以外延扩大为主到以外延扩大与内涵式增长并举，最后到以内涵式增长为主；从以淡水养殖为主，向淡水养殖与海水养殖并举，逐步向以海水养殖为主转变；从以近海捕捞为主，向近海捕捞与外海、远洋捕捞并举，逐步向外海深海捕捞为主转变；从水产品由初级加工为主，向初级加工与精深加工并举，逐步向水产品综合利用为主转变。发展热带观赏和休闲渔业。将海洋渔业与旅游业相结合，发展渔业旅游，进一步挖掘海洋渔业的收益空间以及滨海旅游业的产品序列。

完善渔业区域空间布局：加强各中小渔港建设，形成全省大、中、小渔港的空间网络结构，促进渔业发展。在较大型中心渔港附近建设水产品加工基地。扩大海洋渔业产业链，增加水产品附加值。在北部建立海口、文昌水产品出口基地；西部建立白马井、新盈、八所海洋渔业综合基地；在东部建立潭门渔业基地；开发西、中、南沙渔业基地；在南部建立三亚海产品贸易基地和陵水新村网箱养殖基地。

2）海洋交通运输业

总体战略目标：以洋浦和海口为重点，加快“四方五港”等重要港口建设，建立与其他运输方式相协调的，安全、通畅、便捷、高效的海洋交通运输和物流体系，成为立足华南、面向东南亚的航运枢纽和物流中心，努力实现海南海洋交通运输业的跨越式发展。

阶段性发展目标：第一阶段（2009—2015年）：以洋浦经济开发区为龙头，努力打造面向东南亚的航运枢纽、物流中心和出口加工基地。着力构建海陆相连、空地一体、衔接良好的立体交通网络，实现集疏运网络化、集成化、配套化。

第二阶段（2015—2020年）：基本建成与地方经济发展相适应、与其他运输方式相协调的现代化港航体系。以三亚、海口为重点，配套建设一批为国际旅游岛和临港产业发展服务的港口设施。沿海主要港口基本实现现代化，形成布局合理、层次分明、功能完善、便捷高效、环境友好的现代化港口体系，成为立足华南、面向世界的重要海港群。建成安全高效、保障有力的水路运输服务体系。建成洋浦港、海口港2个亿吨大港，将洋浦—海口组合港建成区域国际航运枢纽。

3）海盐业

总体目标：海南省制盐工业结构调整取得实质性进展，形成若干具有核心竞争力的大型盐业企业集团，优化资源配置，依托大型制盐企业集团建立稳定有效的食盐供应体系；通过技术创新和结构优化，以盐的终端产品为目标，延长产业链，调整产品结构，开发高附加值产品，提升行业的整体效益；提高资源的综合利用率，以化工用盐为主，促进盐、盐化工、卤水养殖的共同发展，增强行业综合实力。

阶段性目标：2010年、2015年、2020年，制盐生产面积稳定在3 000 hm^2 左右，日晒海盐生产能力保持 17×10^4 t，保持产销基本平衡；多品种盐占食盐市场量比例分别达到21%、33.8%、43.2%；盐田养殖面积分别达到600 hm^2、1 050 hm^2、1 500 hm^2；盐化工产值分别达到1.39亿元、3.5亿元、8.6亿元。

8.2.2.2 大力发展新兴海洋产业

1）滨海旅游业

总体发展目标为；充分发挥海洋和滨海区位优势、政策优势、资源优势、环境优势，以市场为导向，进一步提高滨海旅游产品层次，拓展产品内涵，形成以度假休闲旅游为主导，游览观光、休闲度假、海上运动、商务会展、科学教育、工农业观光和都市旅游的多元化产品结构。优化旅游资源配置，建设滨海和海岛旅游区，实施名牌产品和特色产品战略，提高旅游业整体质量和效益。努力打造国际著名海洋旅游品牌，把海南省建设成为世界一流的海洋度假休闲旅游胜地。

其发展重点为；以发展滨海度假旅游为主导，海上观光旅游、海洋专项旅游并举，使包括滨海度假、海岛休闲、豪华邮轮、海上运动、海洋科普科考、海洋体育、海洋探险等各种形式的旅游产品协调发展。

具体发展目标为：第一阶段（2009—2015 年）：大力推进海洋旅游、度假旅游、入境旅游基地建设，提高海南旅游在亚洲、欧洲特别是韩国、日本和俄罗斯等市场的认知度。第二阶段（2016—2020 年）：把海南省建设成为中国最大的海洋旅游中心，世界上最大的海洋运动基地，世界一流的海洋度假休闲旅游胜地。主要旅游产品达到国际水准，城市建设、公共服务设施、现代服务业等适应世界发展潮流，综合环境能满足中外游客的各种需求。

2）海洋油气业

总体目标：以海洋油气资源为依托，有选择地承接发达国家和国内沿海地区的产业转移，不断加大招商引资力度，走多元化投资的道路。争取国家给予开发南海油气资源的政策，积极引进国内外著名企业，上规模、高水平、高起点建设一批油气化工项目，积极拓展和延伸油气化工产业链，向高、深加工度演化，促进海南油气化工产业结构优化升级。

大力发展油气化工产业集群，形成以洋浦经济开发区为核心的西部工业走廊油气化工产业集中区域布局，大力发展油气化工产业循环经济，实现油气资源合理利用与环境保护协调发展，走出一条科技含量高、经济效益好、资源消耗低、环境污染少的新路子。

油气勘探阶段性目标：第一阶段（2009—2015 年）：到 2010 年，莺歌海盆地、琼东南盆地以开发天然气为主，积极进行琼北福山凹陷和琼南斜坡海区油气资源勘探，并争取本省参与开发。原油开采共达 600×10^4 t/a，天然气共达 73×10^8 m^2/a。到 2015 年，原油开采达 $1\,057\times10^4$ t/a，天然气开采达 128.7×10^8 m^3。第二阶段（2016—2020 年）：勘探开发崖 19－1 构造、崖 21－1 构造等崖南油气构造，临高 20－1 构造等临高油气构造的油气资源；勘探开发南沙群岛油气资源，并争取本省参与开发。

油气加工阶段性目标：第一阶段（2009—2015 年）；到 2010 年，石油化工规模以上工业产值为 299.4 亿元，到 2015 年，石油化工规模以上工业产值达到 745.1 亿元。主要产品生产或加工能力：苯乙烯/聚苯乙烯 $8/10\times10^4$ t；MTBE10×10^4 t；PX/PTA$45/60\times10^4$ t；瓶级聚酯切片 24×10^4 t；争取建设一条年处理 150×10^4 t/a 深度催化裂解制烯烃项目。第二阶段（2015—2020 年）：到 2020 年，石油化工规模以上工业产值 1 200 亿元。

天然气化工产业阶段性目标：第一阶段（2009—2015 年）：2010 年、2015 年天然气及天然气化工规模以上工业产值分别达到123.8亿元、308亿元。第二阶段（2015—2020年）：到2020年，天然气及天然气化工规模以上工业产值达到496亿元。

3）海水利用业

总体目标：紧密结合海南省工业发展需求和海南国际旅游发展的需要，大力发展海水用于大型化工、电厂项目冷却用水技术；积极探索开发海水淡化用于大生活用水等项目；支持海水直接提取化学物质研发。

阶段性目标：第一阶段（2009—2015年）：在重要的沿海市县，因地制宜，有计划、有步骤地适度的实施海水淡化示范工程，逐步扩大海水利用规模，在主要海岛地区推广使用海水利用。第二阶段（2015—2020年）：在全省沿海地区和海岛地区大面积推广使用海水利用，至2020年，海水淡化量达$20\times10^4\ m^3/d$，海水直接利用能力为$50\times10^8\ m^3/a$。在海南岛沿岸以及海岛，逐步建设海水利用产业基地，形成工业海水、生活海水、淡化海水三大产业集群。使海水淡化成为提供安全可靠优质淡水的重要水源。海水利用产业成为海南省海洋经济新的增长点。建立起比较完善的海水利用宏观管理体系和运行机制。

4）海洋能利用

海洋风能利用。到2020年全省海洋风电总装机容量达260×10^4 kW，其中，近海风能：在2010年前开工建设4~6个风电场，总装机容量达到（25×10^4~30）$\times10^4$ kW；2015年以前达到40×10^4 kW，2020年全省沿海风电总装机容量争取达到60×10^4 kW。海上风能，到2015年，建成100×10^4 kW级大型浮海风电场，到2020年达到200×10^4 kW。

其他海洋能目标。到2010年，在海南省主要海岛上因地制宜地开发建设小型海洋能电站达到1~5个。到2015年，开发建设小型海洋能电站5~15个。到2020年，实现有常住居民的海岛全部开发建设小型海洋能电站。

5）海洋生物医药业

总体目标：根据海南省海洋科技人才资源、专业知识结构和自然资源特征及相匹配的基础条件，充分开发利用海南省的海洋生物资源，以研究开发高科技海洋药物为主攻方向，从海洋生物中提取、开发高效低毒的抗衰老、防癌抗癌和新型抗生素等新药和新型药物制剂，把海南省建成国家级海洋药物研究开发基地。将海南省的资源优势转化为经济优势，使得海南省在海洋生物高技术领域的激烈竞争中能够占有一席之地，切实有效地推动海南省海洋制药规模产业及其相关产业的形成与发展。

阶段性目标：

产值目标：2010年、2015年、2020年，海洋生物医药工业总产值分别达到1.6亿元、20.8亿元和261.7亿元。

企业发展目标：引导各种所有制企业相互参股、联合、并购，在股权多元化的公司制改造基础上，优化产业链，发展战略联盟，发挥规模效益。到2015年，重点培育一批海洋制药行业龙头企业，1~2个工业产值达到1亿元以上的大型海洋药物保健食品企业。

产品品种目标：产品及品种结构得到优化，努力培育出2个以上创新海洋药物并实现产业化；到2010年、2015年、2020年，培育出具有自主知识产权的海洋生物工程药物分别达到5个、15个和45个，争取投放市场；分别培育出30个、50个和100个保健食品品种。

6）滨海砂矿业

总体目标：对海南锆钛、石英砂资源实行统一规划，科学有序开采。大力调整产品结构，使海南锆钛、石英砂开采、加工与硅产业的生产能力、技术装备水平、产品档次有一个大幅度的提升。

第一阶段（2009—2015年）：2010年、2015年，滨海砂矿采选业产值分别达到6.5亿元和37.55亿元。优势滨海砂矿——锆钛矿深加工产品比例分别达到4%和15%。石英砂深加工比例分别达到6%和15%。

第二阶段（2015—2020年）：到2020年，滨海砂矿采选业产值达到129亿元。优势滨海砂矿—锆钛矿深加工产品比例达到15%%。石英砂深加工比例达到32%。把海南石英砂资源开发与硅产业建设成为在全国有重要影响力并具有一定国际竞争力的“四大基地、一个中心”，即石英砂资源综合利用与环境保护示范基地、优质浮法玻璃与高档日用玻璃产业基地、光伏产业与信息产业基础材料生产基地、特种硅材料产业基地，硅产业新技术研发与产品集散中心。

8.3 海南省海洋经济可持续发展的战略原则、战略重点与战略步骤

8.3.1 海南省海洋经济可持续发展的战略原则

8.3.1.1 坚持因地制宜、统筹规划的发展原则

海洋经济是以海洋资源为基础的经济发展模式，由资源禀赋决定的绝对优势、由原有经济基础及与周边地区的经济关联决定的比较优势共同决定了不同区域在区域经济发展中的分工与地位。因此，制定发展海洋经济战略规划目标及方案时，要认真分析各地各产业比较优势，统筹安排，既要尽量发挥各地优势，又要能形成各区域优势互补，避免重复建设，恶性竞争，从而提高资源的利用效益。

8.3.1.2 坚持海陆统筹联动的发展原则

海南省是一个岛屿省份，海岛经济特点十分突出。而海洋经济的特殊性决定了它必须与陆地经济相互配合，协调发展，方能使海洋经济与陆地经济都得到长足发展。因此要坚持海陆统筹联动的发展原则，发展海陆经济一体化。

海陆统筹联动包括以下含义。

1）促进海南经济与内地经济一体化发展

偏居一隅的海南省一直以来与内地经济的交流较少，小规模、小范围内循环的岛屿经济发展的空间与速度是十分有限的。为了促进海南省海洋经济及至整个国民经济的持续快速发展，就必须打通海陆联通大动脉，加强海上交通运输能力，促进海南省经济与内地经济的融合，使海南省经济最大限度地参与到全国经济的区域分工体系中，成为全国经济的一个重要一环，以整个大陆为腹地，面向国际的发展，才是海南经济的最终方向。

2）促进海南省内陆地经济与海洋经济的联动

包括陆地经济向海洋拓展，如鼓励大进大出、重型加工制作等陆域产业向沿海转移，这一点，在海南省经济发展过程上一直得以贯彻落实；海洋向陆地延伸，拉长海洋产业链条，改造提升传统海洋产业。例如，打造海洋产业基地，在推进海水精养、远洋捕捞的基础上，着力推进水产品加工向深加工、高创汇、高附加值和鲜活运销领域发展。规划建设海洋生物生态利用示范区，重点发展海洋生物医药业、海水利用业及海洋能利用业等；同时依托港口优势，发展海洋交通运输物流业。

3）在治理污染，保护生态环境方面实施海陆联动

海洋环境的污染，其污染源主要在陆地，因此为了治理海洋污染，保护海洋生态环境，必须将以陆地污染源防治为重点，海陆联动保护生态环境。

8.3.1.3　坚持科技创新原则

实现可持续发展的根本保证便是科技创新。只有通过科技创新，才能改变现有的粗放型外延式经济增长方式，实现资源的综合集约式利用，从而达到保护资源的目的；只有通过科技创新，海洋产业才能培育其内生性经济增长能力，降低企业生存的市场风险；只有通过科技创新，才能寻求最佳的环境保护技术与方法，以保证在经济发展的过程，生态环境能够得到最大限度的保护并为人类提供持续的资源与环境供应。

8.3.1.4　坚持效益优先，兼顾公平的原则

海南省海洋经济可持续发展是具体到一定的空间的。在资金有限、发展机会有限的条件下，哪些区域先发展、哪些区域后发展，是选择雨露均沾的均衡发展模式还是选择先集中人力物力和财力重点发展条件较好的区域，使其壮大之后再向外扩散，带动周围区域发展的非均衡增长模式，涉及政治和社会问题。由于海南省目前处于区域经济发展的初级阶段，经济起飞的积累阶段，因此根据国内外区域经济发展的经验，采用非均衡发展模式更有利于区域的整体发展。

8.3.2　海南省经济可持续发展的战略重点

在海南省海洋经济可持续发展过程中，必须有所侧重，明确了战略发展重点，便于合理分配与调度资金、资源。战略重点的确立包括以下几个方面：

1）海洋经济战略性产业的选取与培育

海洋经济的主体是海洋产业，海洋经济的发展主要体现为海洋产业的发展。合理化的产业结构是实现海洋经济持续增长的基础。由前述分析可知，海南省目前的海洋产业结构处于较低级的阶段，为了实现海洋经济的持续增长，根据不断变化的国内外市场环境寻找和培育适宜的战略性海洋产业是海洋经济可持续发展的战略重点之一。

2）区域海洋经济发展战略性空间节点的培育

在地域空间上，区域海洋经济发展表现为一个由点到线再到面的渐次推进、动态变化过程。区域海洋经济可持续发展战略必须遵循区域发展空间不平衡增长的客观规律，区域发展空间战略不应该遍地开花、同步发展，而应该选择一些经济基础较好、发展潜力较大、增长辐射带动能力较强的地方作为区域发展的主要节点加以培育，要充分利用和发挥主要节点的规模经济效应、集聚扩散效应，要强化和凸显节点的核心地位，带动区域的产业集聚、经济集聚、人口集聚，加快区域的城镇化进程和整体互动发展，这也是海南省海洋经济可持续发展的战略目标。

3）鼓励科技创新，推广循环经济发展模式

所谓循环经济，就是一种按照生态规律利用自然资源和环境容量，实现经济活动的生态化转向，以资源的高效、循环利用为核心，以“减量化、再生利用、再循环、再生和可降解”为原则，以生态产业链为发展载体，以清洁生产为重要手段，以低消耗、低排放、高效率为基本特征，符合可持续发展理念的经济增长模式，是对“大量生产、大量消费、大量废弃”传统经济增长模式的根本变革。这是一种符合海南省生态省建设目标的经济增长方式，是能够保证海南省海洋经济实现可持续发展的经济模式。为了实现海洋经济可持续发展的战略目标，海南省应该不遗余力地实行和推广循环经济模式。而能够实现这一模式的关键在于科技创新。因此海南省应将发展的战略重点放在科技创新上，努力提高海洋经济的科技贡献率，强化海洋经济的内生性增长能力。

8.3.3 海洋经济可持续发展的战略步骤

第一步：从现在到2025年末，实现海南省由海洋大省到海洋强省的转变。

渔、景、港、油资源与生态环境综合优势得到充分发挥，以海洋渔业、海洋旅游、海洋交通运输、海洋油气资源开发4大主导产业为重点的海洋经济持续快速发展，海洋经济总量及其在全省生产总值中所占比重明显提高，海洋科学技术的贡献率显著加大，海洋经济的竞争能力进一步加强，继续保持优良的海洋生态环境。同时，积极培育高科技新兴海洋产业，使其在海洋经济中的产值比重进一步提高。各主要沿海城镇经济发展形成一定规模，具备自主增长能力。

第二步：从2026—2035年，海洋第二、第三产业所占比重达到80%，三次产业结构形成“三、二、一”发展格局。

新兴海洋产业中海洋生物医药业、海水利用业和海洋能利用业形成产业规模，并替代海洋渔业、海洋运输业成为海洋经济的先导产业和支柱产业。各沿海城镇比较发达，形成结构合理，相互配合的专业沿海城镇体系，并向周边农村及海南内陆地区扩散生产要素，形成空间经济的网络化发展模式，区域经济一体化格局开始出现。

第三步：从2035—2050年，海南省海洋经济在全省经济中占据绝对主导地位，各海洋产业不断调整产业结构。

加强科技创新，实现海洋经济的持续快速增长，循环经济模式成为社会经济增长的主要方式，资源得到充分利用、进入环境友好型社会。海南省内区域空间布局实现功能分区优化，区域经济一体化发展实现，城乡差别进一步缩小，并与全国其他海洋省份开展广泛的区域海洋协作，社会发展达到中等发达国家水平。

8.4 海南省海洋经济可持续发展战略实施的相应对策

8.4.1 加强海洋生态环境保护建设力度

8.4.1.1 分区段，有重点的加强海洋生态保护和建设

环岛海洋生态保护和建设环岛海洋生态环境保护和建设实行“分区段，有重点”的建设与管理方式。

西段工业与环境协调区。以洋浦和东方的现代生态工业园区建设为基础，带动周围区域生态建设，加强工业走廊景观建设，强调人工生态与自然生态的协调发展；推进沿海土地退化的综合治理；维护海洋生态系统健康，保护海洋自净能力；在工业污染物预期入海量增加的形势下，加强海域污染监控，及时防治污染事件；鼓励、引导清洁生产，发展循环经济。

北段生态城市区。在海口、临高、澄迈和文昌等城镇，着重进行生态型的人居环境建设，建设沿路、沿河和沿岸的绿色生态走廊；在城市经济发展中坚持生态优先的原则，引导城市产业结构调整，发展生态产业；继续加强海域的污染监控。

东段生态资源保护区。以大洲岛和铜鼓岭自然保护区建设为重点，提升现有自然保护区管理和科研水平；增设东郊椰林等保护区；完善和改造沿海防护林体系，构筑完整的风暴潮灾害防护林带；把保护珊瑚礁、海草床生态系统和可持续利用养殖海域结合起来。

南段生态旅游区。保护现有海洋和滨海自然景观；完善区内的交通网络，联结各分散景点，打造“大三亚”旅游区；低密度开发新的旅游度假区，减轻传统景区生态环境压力；加强三亚市区的环境整治，加快垃圾和污水无害化处理进程；推广生态旅游开发与管理模式。

8.4.1.2 优化和完善监测站点

按照国家和省的有关要求，结合海洋环境生态监测的实际情况，进一步优化和完善监测站点，全面开展监测站位的监测，及时汇总数据、发现问题和分析问题，实行海洋环境监测的季（月）报制度。参照海南省海洋功能区划，新增海洋生态功能区监测站点如下。

海水养殖区：文昌—八门湾、长玘港和冯家湾，万宁—小海，陵水—新村港，乐东—望楼港和莺歌海，东方—北黎河。

赤潮生物：海口湾，文昌—淇水湾，三亚—大东海，洋浦湾。

海洋自然保护区：东寨港红树林自然保护区，文昌麒麟菜自然保护区，海南铜鼓岭自然保护区，文昌清澜自然保护区，琼海麒麟菜自然保护区，三亚梅山大珠母贝自然保护区，海南东方黑脸琵鹭自然保护区，儋州白蝶贝自然保护区，儋州新英湾红树林自然保护区，临高白蝶贝自然保护区。除此之外，污水处理厂建成投入使用后，均要布设排污口监测站位。

8.4.1.3 进一步加大海洋污染防治力度

对新项目的审批，要严格遵循海洋功能区划制度。凡是不符合海洋功能区划的项目一律

不能立项，对原有项目，要根据功能区划要求，重新进行环境评价，达不到环评要求的限期整改。与此应加快经批准立项的污水处理和垃圾处理项目的建设，并充分发挥已建成项目处理能力，提高沿海城镇的污水和垃圾处理率。整治沿海城镇的小型排污沟，新建和完善沿海城镇污水管网，严查私建排污管道现象，提高污水管网纳污能力。加强潟湖港湾的污水排放和垃圾倾废管理，确保港湾水质。继续巩固工业排海废水全部达标，工业固体废弃物零排放的成绩。以征收垃圾和污水处理费、中水利用、垃圾资源化和商品化、附带项目开发、政府政策扶持等为突破口，加速城镇污水处理和垃圾处理市场化步伐。通过改进养殖技术和加强污染监控，防止海水养殖污染。继续加强对高位池养虾环境影响的监控和研究。规范旅游项目开发和运作，严格项目环境影响评价，防止新的海洋开发项目对海洋造成污染。严格海洋倾废区的管理，杜绝非法倾废。主要依托国家力量监控和防治海洋溢油污染。在西沙和南沙开发过程中严格执行保护优先的原则。

8.4.2 扩展渔业养殖生产潜力和空间，提升全省渔业经济水平

8.4.2.1 加大老旧低产池塘的改造，提高养殖产量

通过老旧低产池塘的改造和改养，在没有增加土地资源的前提下，进一步扩展水产养殖业的发展空间，把规模做大。实施水产养殖老旧低产池塘综合改造工程，将其列入海南省农业基础设施建设民生工程，加大政府投入，有计划地稳步推进。目前全省还有淡水 15×10^4 亩和海水 12×10^4 亩的老旧地低池塘。计划完成 21×10^4 亩的老旧池塘改造工程（其中，淡水 15×10^4 亩，海水 6×10^4 亩），可实现新增罗非鱼产量 7.5×10^4 t，对虾产量 1.5×10^4 t。

8.4.2.2 发展山塘和水库，实施精养工程

继续推进《海南省罗非鱼产业化行动计划》的实施，重点发展池塘精养和水库精养。

继续以每年新增加鱼塘 1×10^4 亩的速度开挖新鱼塘。5 年扩大 5×10^4 亩，“十一五”末可新增产量 5×10^4 t。

充分利用现有水库水面，进一步开拓罗非鱼养殖发展空间。海南省水库水面约 70 万亩，目前技术可养水面 40 万亩，还有 20 万亩的扩大空间，其中只要有 10 万亩精养，就可新增产量超过 10×10^4 t 以上。

8.4.2.3 加强海洋与渔业基础设施建设

加快中心和一级渔港等公益性基础设施建设。争取动工建设临高新盈、儋州白马井 2 个中心渔港和文昌清澜、乐东岭头 2 个一级渔港，省渔业监察总队渔政码头开工建设。加快西南中沙渔业补给基地及海洋博物馆项目的建设。积极推进其他在建渔港项目的建设。

8.4.2.4 增殖和保护渔业资源

建设海上牧场，开展人工鱼礁建设和增殖放流工作。扩大渔业资源的增殖放流范围和数量，恢复近海天然水域的渔业资源。加强水产资源保护区管理，继续跟踪建立“西、中、南沙热带海洋动物保护区”申报工作。开展水生野生动物保护专项行动大检查，防止水生野生动物非法流出省境。

8.4.3　整合海洋交通资源，优化海洋交通布局

8.4.3.1　加强港口体系建设

依托区位、港口资源和保税港区的政策优势，优化港口结构和布局，把洋浦保税港区打造成为背靠华南腹地、连接北部湾、面向东南亚的区域性航运和物流中心；把洋浦港、海口港建设成主枢纽港，把八所港、三亚港建设成地区重要港口；发展一批地方特色专业港口，全面推进中心渔港和一级渔港建设，形成布局均衡的港口体系。

8.4.3.2　构建海、陆、空“三位一体”交通网络体系

以琼州海峡跨海大桥建设为着力点，打造海南与环北部湾地区的中心城市之间高速6小时陆路交通经济圈。以洋浦港专用高速公路、洋浦—白马井跨海通道、马村港中心港区疏港公路、清澜—东郊跨海通道等项目建设为突破口，加紧规划和推进公路和铁路大型枢纽、场站、通道建设；与海口美兰国际机场以及大型航空集团组建战略联盟，着力构建海陆相连、空地一体、衔接良好的立体交通网络，全面提升港口枢纽纵深辐射功能。

8.4.3.3　科学编制海洋交通运输发展规划

加强规划引导，从全省经济社会发展大局出发，充分挖掘和利用深水良港资源，利用中远等国内外大公司进入海南港航业的契机，把港航业发展成为海南省岛屿型经济的又一个支柱产业。

推进琼北港口群的整合。立足海南省的长远，对海口港、海口新港、马村港实行统一规划、统一建设，避免资源浪费；利用洋浦深水良港的优势，探索在洋浦开发区建立物流园区，促成国家石油战略储备基地、商业石油储备项目落户海南省；在海口、三亚建成国际邮轮停靠地；同时，完善中心渔港功能，把海南省建成我国渔船的南中国海停靠栖息地。

要切实加强对干线航道、港口的规划控制。以国家相关规划为依据，根据全省经济社会发展的总体要求，认真做好全省海运发展规划、沿海港口布局规划及各港口总体规划的编制工作。切实加强对干线航道、港口的规划控制。干线航道、港口岸线、船舶避风锚地和港口后方陆域是全省水运发展的战略性资源，要像保护基本农田那样保护这些战略性资源，不允许挪作他用。加强干线航道、港口、船舶避风锚地规划与城镇体系规划、城市总体规划、产业布局规划、物流规划、综合交通运输规划、土地利用总体规划、海洋功能区划、水利综合规划等的衔接。

8.4.4　加强油气产业的开发力度

尽管海南省油气业发展存在诸多问题，但由于海南省油气资源的丰富以及油气产业在国民经济中的重要性，海南省油气工业未来的发展前景仍是十分光明的。未来海南省海洋油气业可持续发展将集中在以下几个方面。

8.4.4.1　进一步加大对油气资源的勘探与开发力度

海南省所属海域油气资源的勘探远未结束，今后应进一步加大对下列11个重要潜力区开

展油气资源勘查，即莺歌海盆地天然气石油勘查区、珠三凹陷石油天然气勘查区、琼东南盆地天然气石油勘查区、琼西北福山凹陷石油天然气勘查区、南沙万安盆地石油天然气勘查区、南沙曾母盆地石油天然气勘查区、南沙北康盆地石油天然气勘查区、南沙南薇西盆地石油天然气勘查区、南沙礼乐盆地石油天然气勘查区、南沙中建南盆地石油天然气勘查区、西卫盆地石油天然气勘查区。

8.4.4.2 加大对油气业的产业结构升级与调整

当今经济全球化进程加快，国际竞争日趋激烈，世界大型石油和化学工业公司纷纷通过兼并、合作、收购等手段调整产品结构，逐步退出附加值低、污染严重的传统化学工业领域，并且使其在一些领域内垄断性更强，竞争更加激烈。在此环境之下，海南省油气业要尽快促进产业升级，以提高产业的市场竞争力，促进产业的健康持续发展。

8.4.4.3 加强产业技术创新，推行绿色化工

目前世界油气业核心产业已经开始向精细化工和高新材料方向转移，技术创新日新月异，海南省油气业发展要想发挥后发优势，就必须走技术创新的非常规发展道路。在技术创新的方向上，“绿色化工”是世界化工发展的大势所趋，是推进化学工业产品和技术更新换代的强大动力。世界石油和化学工业将在21世纪努力推行环境友好工艺技术，重视环保投资，节能降耗，合理利用现有资源，提高环境质量，以期在为全社会创造更多财富的同时，得到社会的认可，树立本行业的良好形象。这一趋势，也十分符合海南省建设“生态省”的目标。海南省要发展油气工业，同时又要建设生态省，“绿色化工”是唯一正确的道路。

8.4.4.4 扶持本地油气企业，延伸油气产业链条

油气业是有着巨额利润空间的产业。长期以来，由于油气资源由中央企业直接开采，外来大型油气化工企业从事油气化工业，这使海南省从油气资源的开发中获利极为有限。为了加大油气业对本土经济的辐射与拉动作用，海南省应重点扶持一批本土企业，从资金技术人才上予以支持，使其能为国有大型油气企业提供配套生产与服务，从而延伸产业链条，构建产业网络，提升油气业的附加值，拉动西部地区经济增长，使西部真正成为“工业走廊”。

8.4.5 整合盐业资源，优化盐业产业结构

8.4.5.1 采取多种方式转产过剩盐田

按照原盐供需基本平衡的原则，保持稳定的主业盐产品的盐田生产面积并对其进行技术改造，提高原盐质量和单产显得尤为必要。对一些不符合继续发展要求的盐场和盐田要积极进行转产，以产生其生产经济效益最大化。对生产规模小于 1×10^4 t 的盐场盐田进行转产，改造成养殖池或种植田，发展养鱼、虾或种植盐生植物等非盐产品。在盐田转产工作上，应慎重选取发展项目，组织专家进行项目可行性技术研究和论证。转产盐田宜渔则渔，宜农则农，使盐田转产项目既不给环境造成污染，又能为企业创造经济效益。

8.4.5.2　加大政府支持，促进盐业结构转型升级

一是政府应帮助盐业公司招商引资，筹措盐田转产开发资金；二是政府应对盐田转产给予税收优惠政策。对盐田转产新项目实行“二免三减半”的税收政策，即盐田转为新的产业后，2年内减免企业所得税，第3至5年减半征收企业所得税；三是政府帮助筹措转产企业补贴资金，解决盐田转产后无法就业盐民的安置和生活问题，保持社会稳定。

8.4.6　优化配置海洋旅游资源，发展海洋旅游

海南省滨海旅游业正面临着千载难逢的发展机遇，如何冷静应对、全面规划、落实实施，确保抓住机遇大力发展，是海南滨海旅游业在今后发展中应该解决的问题。海南省滨海旅游业的发展应从以下方面着手。

8.4.6.1　大力发展豪华邮轮南海旅游

建设海口、三亚国际客运海港，加快国际邮轮码头的规划和布局，尽快规划建设三亚、海口、博鳌等国际邮轮中心。逐步发展环中国海国家和地区的豪华邮轮旅游，打造海洋邮轮旅游精品。

8.4.6.2　开发海上游船旅游

以海南岛为基地，以西沙群岛为主要目的地，在海南岛、西沙群岛相关岛屿和海域开展海岛观光、各类海上休闲活动和潜水等旅游形式。

8.4.6.3　立足休闲度假，开发特色海洋旅游产品

加紧建设一批包括海口东西海岸及红树林、文昌铜鼓岭、万宁石梅湾与神州半岛、陵水土福湾、三亚海棠湾在内的重点度假旅游区。争取在西沙建立我国第一个海洋主题公园，力争得到国家支持。在具体实施过程中，一方面可以在保护海岛资源的前提下，保留具有特色、原生态的休闲农场、村庄或者城镇，建设生态化的特色酒店、度假村、小木屋、游船码头以及海岛、海滩、海上的各种娱乐设施，提供民风民俗表演、岛民生活体验、渔家乐等互动性强的旅游活动，让海岛特色深入人心，让旅游者获得深层旅游体验和身心的放松；另一方面应进一步挖掘和发展海南省海岛文化，建设标志性海岛旅游设施。

8.4.6.4　实施立体开发，实现海岛海岸线资源综合利用

海岸线是海岛特有的资源，是海洋旅游经济发展的一个重要基础。岛屿经济体发展所需要的海岛休闲度假、观光旅游、海岛交通、海洋能源利用、海水养殖等诸多产业都依赖于海岸线资源，立体化的开发模式能够对有限的海岸线资源实现综合利用。因此，海南对海岸线的开发和利用要注重符合海滩和岸线的自然属性，同时突出表现岸线景观的地理与文化特性，对岸线分配、景观布局、港址选择和用地等方面进行优化。

8.4.6.5　围绕南海旅游，加强同有关国家和地区的旅游合作

联合香港、新加坡等邮轮母港和越南以及广东、广西等地，以海南岛为重要邮轮停靠港

和旅游基地，巩固现有豪华邮轮航线，逐步发展环南中国海国家和地区的豪华邮轮旅游。以现代版的“海上丝绸之路”推动海南省对外开放，加强同东盟以及更多国家的经济文化友好交流，实施南海发展战略，塑造中国海洋旅游品牌——“南海旅游”。

8.4.7 加大对海洋能利用的金融支持

8.4.7.1 拓宽融资渠道，实现投融资的多元化

鼓励民间资本进入海洋能源领域，提高各类主体对海洋能源自主开发的权利；扩大利用外资的范围和力度，按照国际惯例采取特许经营、参股、控股、BOT、BT 等方式吸引外资；积极争取国际能源组织、国际金融组织及国外企业的支持与合作；建立海洋可再生能源产业发展投资基金，营造良好环境，吸引包括私人资本的多样化资本，创造条件鼓励优秀的海洋可再生能源公司上市。

8.4.7.2 建立投融资支持机制

包括项目前期投入、投资补贴、贷款贴息、折旧优惠、排污权交易、市场配额与自愿协议机制等。帮助投资者降低投资成本，控制市场风险。此外，还可以针对不同基础的海洋能利用企业采用不同的风险分担机制，注重发挥保险公司的作用。

8.4.7.3 鼓励商业银行投资海洋风能建设

鼓励商业银行将风能等海洋可再生能源列入优先支持领域，为获得政府支持的可再生能源企业提供贷款方便。

8.4.7.4 加大政策性金融机构的支持力度

在政策性金融方面，国家开发银行、农业发展银行等政策性金融机构，应加大对风能等海洋可再生性能源的贷款支持力度和优惠力度。

8.4.8 加快构建海洋医药产业投融资保障体系

8.4.8.1 争取在海南省设立海洋生物医药国家级研究开发基地

抓住国家设立高新技术产业化、技术创新项目、技术创新基金和农业科技成果转化资金等政策机遇，积极争取中央财政专项资金对海南海洋医药保健食品产业的支持，争取在海南省设立海洋生物医药国家级研究开发基地。对海洋医药重大高新技术项目增加专项资金，实行国内公开招标，落实列入国家高新技术、重大科技攻关项目的配套资金。

8.4.8.2 设立海洋新药研发基金和和海洋医药保健食品产业扶持基金

建议每年从省级财政（可考虑海洋医药保健食品企业税收比例留成）、工业发展资金、科技扶持资金、企业家赞助等方面赢取支持，安排部分资金用以设立海洋新药研发基金和和海洋医药保健食品产业扶持基金。列入省财政预算，第一年安排 500 万元，以后逐年递增 10%，集中使用，重点向海洋医药产业重大项目的研发、开发一体化发展，企业自主知识产

权新药的研究开发，新技术、新工艺、新制剂、新剂型等技术的研究与引进、消化和再吸收，海洋药物前沿技术项目等方面倾斜。

8.4.8.3 逐步建立海洋医药保健食品研发风险投资的市场运作机制

建立政府、银行和企业协调机制，积极向金融机构推荐有市场、效益好的海洋医药项目，加大银行投入。引进风险投资机构，逐步建立海洋医药保健食品研发风险投资的市场运作机制。

本章小结

本章在前几章的分析基础上，提出了促进海南省海洋经济可持续发展的对策，从海洋经济可持续发展的两个关键环节提出对策：海洋产业的发展、海洋生态环境的保护。其中，海洋产业的发展是海洋经济可持续发展关键与核心，海洋生态环境的保护是海洋经济可持续发展的基础与前提，在此基础上，探求海洋经济发展和海洋生态环境保护的具体发展对策。

第9章　海南省海洋生态环境保护战略研究

9.1　海南省海洋生态环境现状、存在问题及原因分析

9.1.1　海水质量现状

9.1.1.1　近海海域海水水质

据《2010年海南省海洋环境状况公报》显示，近海海域水质环境质量总体良好，全部近海海域符合第一类海水水质标准，大部分近岸海域符合第一类水质标准，约54.77 km^2的海域为第二类海水水质，约1.5 km^2的海域为四类海水水质，约0.2 km^2的海域劣于第四类海水水质标准。劣于第四类水质的海域主要是在海口市在昆沟入海口及东寨港，海水中的污染物为无机氮和治性磷酸盐。

据2007—2011年海南省近岸海域水质状况统计，海南省近常海域水质总体变化趋势为：第一类海水海域面积略有上升，第二类海水海域面积下降，第三类海水海域面积略有上升，第四类及劣于第四类海水水质的海域面积比例仍维持较低水平。

9.1.1.2　重点监测海域海水质量

海南省重点监测海域的区域范围主要包括：海口湾、清澜湾、博鳌、陵水湾、莺歌海、东方近岸海域、后水湾、洋浦湾、澄迈近岸海域、三亚近岸海域、昌化江口、万宁近岸海域。根据海南省海洋监测中心2012年重点监测海域的海水水质质量监测结果表明，大部分监测海域为清洁和较清洁海域，局部海域受污染，污染因子主要为无机氮（见表9.1）。

据《2012年海南省海洋环境公报》显示，2012年清澜湾、莺歌海近岸、东方近岸、洋浦湾、三亚近岸、昌化江口近岸海域的无机氮平均含量比2007年有所上升，其余海域均有所减少或持平。据2004—2008年全省无机氮平均含量比较，无机氮平均含量增加为总体趋势。从油类污染层面看，2012年海口湾、清澜湾、博鳌近岸、陵水湾、莺歌海近岸海域的油类平均含量比2007年有所增加，其余海域均有所下降。据2008—2012年全省油类平均含量比较，油类平均含量缓慢减少为总体趋势。

9.1.1.3　主要海洋功能区的海水水质

1）海水养殖区的水质状况

2007年对陵水新村港、临高后水湾、澄迈花场湾、海口市东寨港、文昌市清澜湾5个主

表 9.1 2008 年海南省重点监测海域海水水质状况

监测海域	总监测面积 /km^2	清洁海域		较清洁海域		轻度污染海域		中度污染海域		
		监测面积 /km^2	所占比例 /%	监测面积 /km^2	所占比例 /%	监测面积 /km^2	所占比例 /%	监测面积 /km^2	所占比例 /%	污染因子
海口湾	60	2.52	4.2	56.18	93.63			1.3	2.17	无机氮
清澜湾	40	33.8	84.5	3.77	9.42	2.24	5.6	0.19	0.48	无机氮
博鳌			100							
陵水湾			100							
莺歌海	20	15	75	5	25					
东方近岸海域	30	29.99	99.97	0.01	0.03					溶解氧
后水湾	20	18.43	92.15	1.57	7.85					
洋浦湾	25	24.9	99.6	0.1	0.4					
澄迈近岸海域	23				100					
三亚近岸海域			100							
昌化江口	25	22.83	91.32	1.72	6.88	0.45	1.8			无机氮
万宁近岸海域			100							

要鱼、虾、贝、藻类养殖区的水质进行监测，监测面积达到8 700 hm^2，其中，92%的监测水域水质状况良好，各项监测指标符合国家二类海水水质标准，能够满足海水增养殖区的环境功能要求。约8%的监测水域水质超过二类海水水质标准，与上年相比污染程度有所降低，主要污染因子为无机氮。

2）海洋自然保护区的水质状况

近年来海南省加强对海洋保护区的监管工作，有效地保护了红树林、海草床、珊瑚礁等典型海洋生态系统，同时也保护了白蝶贝、虎斑贝、海龟等珍稀海洋动物及其栖息地。2007年开展珊瑚礁、白蝶贝等保护区生态环境监测，结果如下。

三亚国家级珊瑚礁自然保护区：水质优良，符合一类海水水质标准，珊瑚礁生长状况良好，珊瑚礁生物多样性丰富，珊瑚礁生态系统健康。

大洲岛国家级海洋生态保护区：水质优良，符合一类海水水质标准，生态系统稳定。

儋州—临高白蝶贝自然保护区：水质优良，符合一类海水水质标准。

3）海水浴场的水质状况

三亚亚龙湾浴场：2007年浴场全年水质状况优、良、差的比例分别为94.6%、1.9%和3.5%；游泳健康指数全部达到优良水平，指数最高为100，最低为88；全年适宜或较适宜游泳天数的比例为94.4%，不适宜游泳天数的比例为5.6%，不适宜游泳的主要原因为降水和风浪偏大。

海口假日海滩浴场：2007年4—10月，浴场水质为优、良和差的比例分别为38.2%、56.3%和5.5%；游泳健康指数为优、良和差的比例分别为54.5%、29.1%和16.4%，适宜和较适宜游泳天数的比例为82.3%，不适宜游泳天数的比例为17.7%。海口假日海滩浴场水质较上年有明显改善，水质为“差”的比例下降了13.1个百分点，降水、风浪偏大和水质较差是造成浴场不适宜游泳的主要因素。

4）滨海旅游度假区环境质量状况

亚龙湾旅游度假区：2007年水质极佳和差的比例分别为98.6%、1.4%，影响水质的主要因素是2—4月部分时段海面有少量大型藻类漂浮；海面状况极佳、优良或良好的比例为94.4%，一般或差的比例为5.6%，影响海面状况的因素主要是降水和风浪较大；全年防晒指数均为中等—高。综合评价，亚龙湾旅游度假区非常适宜开展海底观光、沙滩娱乐、海滨观光和海上休闲等活动。

5）海洋倾废区环境质量状况

目前海南省共有6个海洋倾废区，其中，实际使用的仅有海口、洋浦、马村和清澜4个倾废区。2007年共签发许可证3份，批准倾倒量9.1×10^4 m^3，比2006年减少50.2%，倾倒的废弃物主要为疏浚物。据2007年海南省海洋监测中心对这4个倾废区的监测结果表明，各倾废区的水质均符合一类海水水质标准，倾倒活动未对周边海域环境产生显著影响，海洋倾废区的基本功能得以继续维持。

9.1.2 海洋生态系统环境系统状况

9.1.2.1 近海生态系统

近海生态系统是陆地和海洋交汇的区域，由陆海共同作用形成的一个特殊环境，该区域结构独特，生物多样性高，能量流动明显。主要包括盐沼、湿地、红树林、河口、海湾以及许多不同种类的植物和动物栖息地。

海南省海域辽阔，海洋环境质量优良、生态环境条件优越，近海生态系统，生物多样性高。近岸生态系统总体现状良好。但近年来随着海洋捕捞、海洋工程、海水养殖及海洋旅游等开发活动强度的加大，个别海域近海生态环境受到人类活动的干扰和破坏，使海南省近海生态系统面临着越来越大的压力。海南省一些近海区域的珊瑚礁及海草床基本处于无人管理状态，致使作为近海生物物种重要栖息地的红树林湿地、珊瑚礁与海草床分布面积有所减少，近海生态系统遭到破坏；个别区域由于海洋开发，出现河口变动，海湾迂回，泥沙堆积，岸滩侵蚀，潮间带变窄或局部区域海水受到污染等。

9.1.2.2 近岸典型生态系统

1）珊瑚礁生态系统

海南省海岸线漫长，漫长的海岸线蕴藏着丰富的珊瑚礁资源。据统计，全省共有珊瑚礁1个新种，分别属于13科、34属和2亚属。西沙群岛有38属127种和亚种，中沙群岛黄岩岛有19属46种，南沙群岛有50余属200种左右。海南省珊瑚礁面积占全国珊瑚礁总面积的98%以上。

海南省珊瑚礁分布较广，东部的文昌、琼海、万宁、陵水，南部的三亚，至西部的东方、昌江、临高、儋州、澄迈沿岸均有珊瑚礁及活珊瑚分布，主要分布区域为文昌、儋州、澄迈、琼海和三亚。其中，文昌珊瑚礁的面积最大，约为 1.5×10^4 km^2；儋州市和澄迈县次之，均为 0.2×10^4 km^2；但活体珊瑚群体分布较好的海域主要集中在海南岛南部三亚海域。

根据调研资料显示：海南省沿岸珊瑚礁资源丰富，珊瑚生长发育良好，珊瑚礁生态系统生物多样性丰富。活造礁石珊瑚平均覆盖度32.75%，其中，南部活造礁石珊瑚平均覆盖度最高为44.43%，其次为东部29.84%，西部总体上稍低，平均为17.38%，但个别调查区局部珊瑚覆盖度高可达40%～50%。海南省死造礁石珊瑚平均覆盖度为3.28%，其中，南部死造礁石珊瑚平均覆盖度为4.81%，东部为2.29%，西部为1.06%。全省珊瑚礁分布状况见图9.1，表9.2。

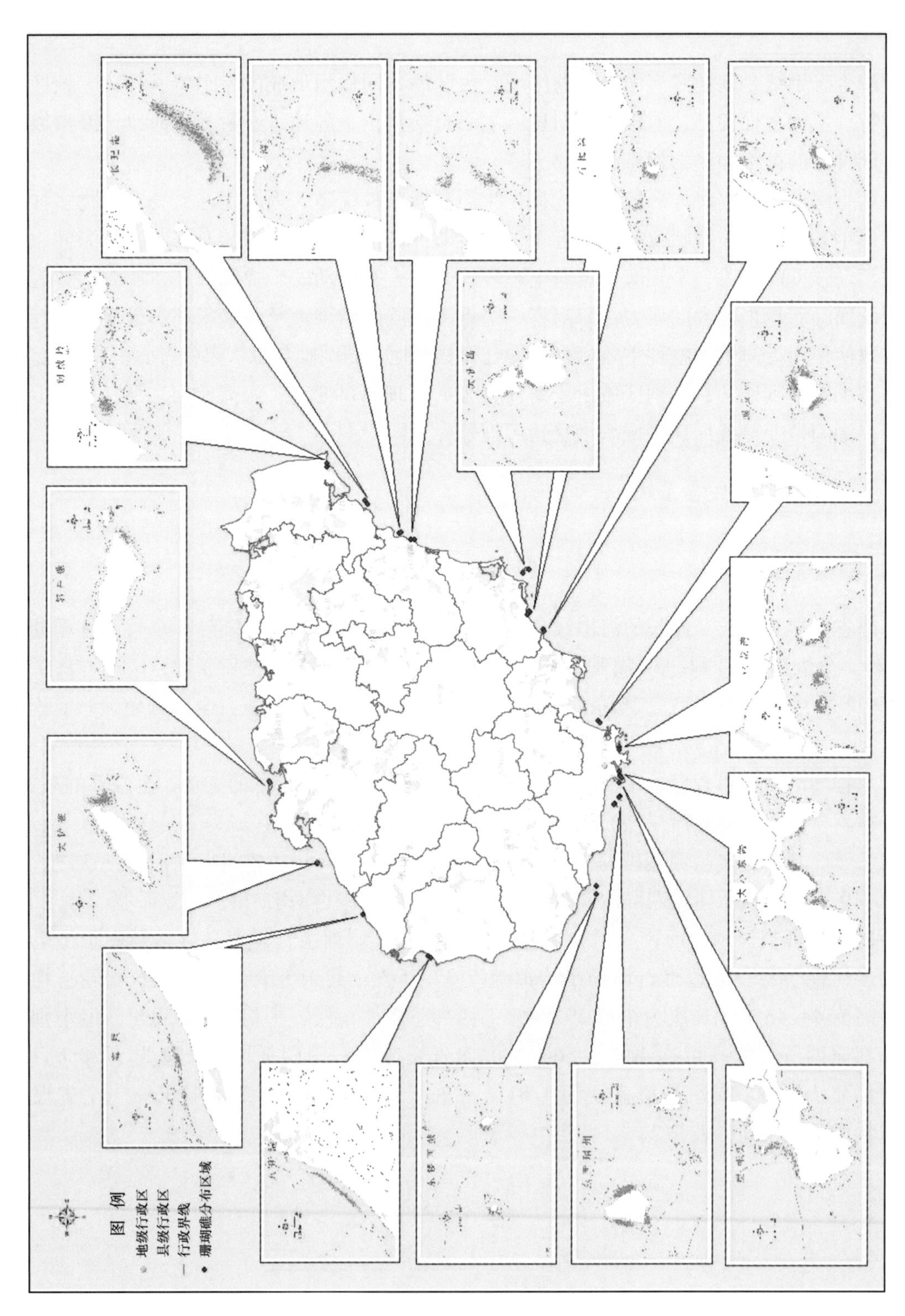

图9.1 海南省珊瑚礁分布示意图

表 9.2　海南省珊瑚礁总体分布状况

调查区		活造礁石珊瑚覆盖度	死珊瑚覆盖度	礁石	砂	多孔螅	软珊瑚覆盖度	柳珊瑚覆盖度
文昌	铜鼓岭	25.95%	1.70%	43.40%	10.00%	0.00%	18.95%	0.00%
	长玘港	41.00%	3.60%	47.00%	8.40%	0.00%	0.00%	0.00%
琼海	龙　湾	26.96%	2.58%	38.50%	27.29%	0.00%	4.67%	0.00%
	潭　门	24.88%	5.35%	47.25%	22.52%	0.00%	0.00%	0.00%
万宁	石梅湾	33.15%	1.32%	51.00%	12.37%	0.00%	2.16%	0.00%
	大洲岛	19.34%	0.82%	53.75%	25.41%	0.68%	0.00%	0.00%
陵水	分界洲	37.58%	0.67%	56.08%	5.67%	0.00%	0.00%	0.00%
三亚	蜈支洲	80.00%	5.17%	13.00%	0.58%	1.25%	0.00%	0.00%
	亚龙湾	66.05%	20.04%	13.33%	0.58%	0.00%	0.00%	0.00%
	大东海	40.85%	2.63%	46.81%	6.25%	3.46%	0.00%	0.00%
	小东海	40.54%	9.46%	44.46%	1.54%	4.00%	0.00%	0.00%
	鹿回头	23.38%	0.17%	35.67%	40.78%	0.00%	0.00%	0.00%
	西　岛	55.17%	1.17%	38.33%	3.66%	1.67%	0.00%	0.00%
	东锣西鼓	5.00%	0.06%	43.75%	5.69%	0.00%	45.00%	0.50%
东方	八所港	18.62%	1.00%	36.00%	44.38%	0.00%	0.00%	0.00%
昌江	海　尾	25.00%	2.63%	34.45%	37.42%	0.50%	0.00%	0.00%
儋州	大铲礁	19.75%	0.24%	33.75%	46.26%	0.00%	0.00%	0.00%
临高	邻昌礁	6.13%	0.35%	36.80%	56.62%	0.00%	0.10%	0.00%
平均值		32.74%	3.28%	39.63%	19.74%	0.64%	3.94%	0.03%

根据调查统计，2007 年海南省珊瑚礁资源普查共 18 个区域 38 个站位（图 9.2）。其中，属于健康状态的站位 23 个，占总站位的 61%，属于健康状态的站位主要为一些珊瑚礁自然保护区或开发保护的旅游区，如，三亚保护区海域；属于亚健康状态的站位 11 个，占总站位的 29%；属于不健康状态站位的 4 个，占总站位的 11%（表 9.3）。

表 9.3　健康评价统计

健康状况	健康	亚健康	不健康
站位	23	11	4
比例	61%	28%	11%

注：健康状况是根据 2007 年海南省珊瑚礁资源普查结果评价

通过近几年对海南省珊瑚礁监测数据统计，海南省珊瑚礁生态系统变化趋势为：在 38 个站位中，3 个站位变好，占总站位的 8%；11 个站位稳定，占总站位的 29%；10 个站位轻度退化，占总站位的 26%；8 个站位中度退化，占总站位的 21%；6 个站位重度退化，占总站位的 16%，见表 9.4。珊瑚生长变好的站位主要是一些开发保护后进行一段时间休整的海域，如石梅湾、蜈支洲海域；珊瑚礁生态系统轻度退化的站位，主要为一些持续开展旅游开发的海域，如，三亚部分海域；珊瑚礁生态系统重度退化的站位，主要为受人类渔业活动影响或

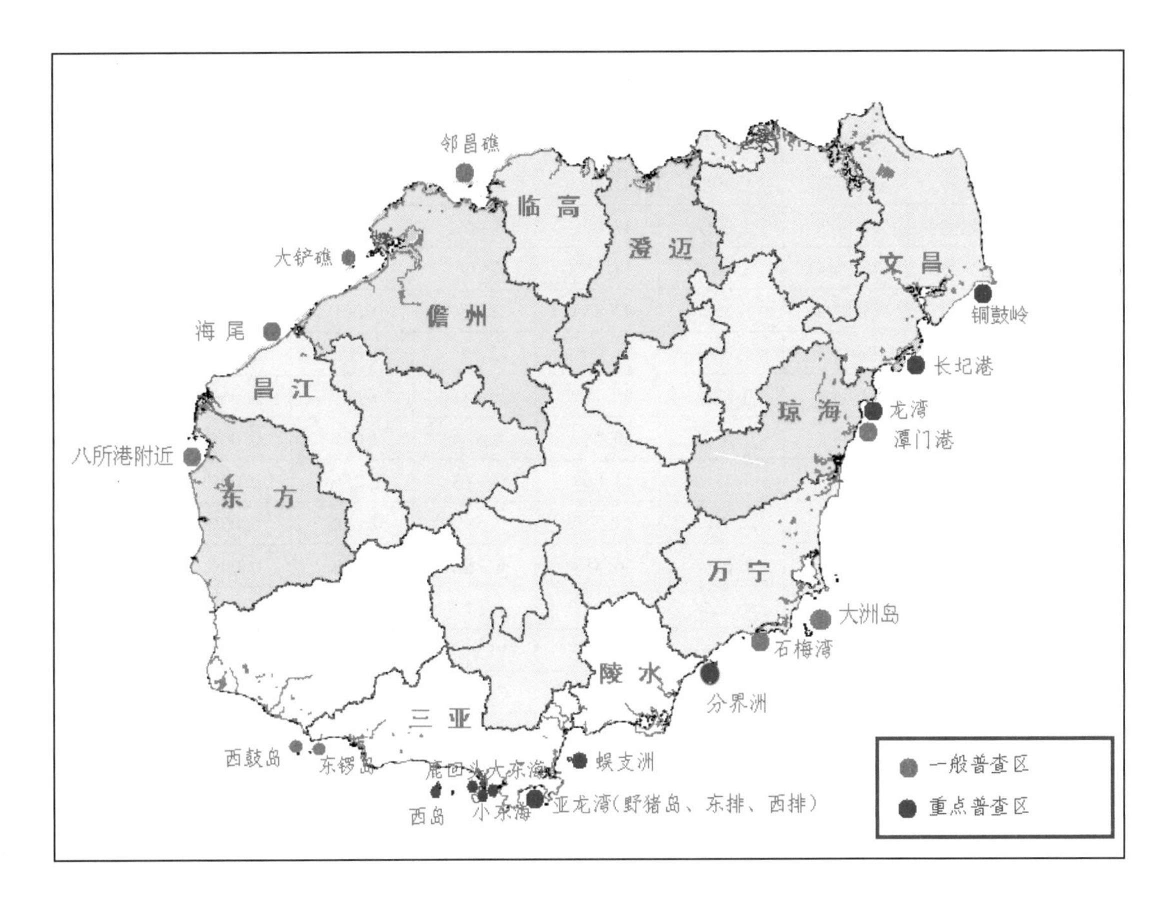

图 9.2　海南省珊瑚礁生态资源普查区域

近岸河口污水严重污染的海域，如，长圮港口门附近沿岸海域。

表 9.4　变化趋势分析

变化趋势	变好（恢复）	稳定	轻度退化	中度退化	重度退化
站位	3	11	10	8	6
比例	8%	29%	26%	21%	16%

注：变化趋势是根据 2004—2007 年调查结果比较分析

海南省西部调查区虽然有许多珊瑚礁和活体珊瑚分布，但大部分区域珊瑚礁生态环境有一定压力，珊瑚生长分布状况较差，活珊瑚总体覆盖度稍低，珊瑚种类相对较少，群落状态单一，仅部分调查海域局部珊瑚生长状况良好，珊瑚覆盖度高。东部近岸海域珊瑚礁资源虽然丰富，珊瑚生长分布状况较西部好，海水水质佳，但近年来沿海一些炸鱼毒鱼的索取性非法捕捞，使局部区域珊瑚生长受到一定破坏，仅个别旅游保护的区域珊瑚恢复良好。海南省南部海域因地理位置和气候条件优越，珊瑚生长分布状况良好，而且随着对珊瑚礁保护力度的加大，破坏珊瑚礁的行为得到有效遏制，珊瑚礁生态系统保持良好状态，特别使企业参与和协助政府管理保护的沿岸海域和岛屿，珊瑚礁生长发育良好，生态系统健康，但不可否认，旅游开发也给珊瑚礁生态系统带来一些干扰和影响。

2）海草床生态系统

海草是南中国海重要的生态系统之一，全球50多种海草中，南中国海就分布了20多种。在海草生长密集、长势良好、范围广泛的海域往往能形成海草床。

海南省气候温暖湿润，适宜海草生长发育的港湾众多。据了解，在20世纪60—70年代海南省陵水的新村港和黎安港、万宁的小海和老爷海、三亚铁炉港、文昌清澜港以及儋州洋浦港等大部分潟湖都有海草分布。但随着海洋捕捞、海水养殖及海洋旅游等海洋开发活动强度的加大，加上对海草的作用认识不足，管理力度不到位，海南省沿岸的海草生态环境呈现恶化趋势，部分区域由于环境的严重恶化，使海草已经在该区域消亡，如在东方沿岸区域就很难看到海草的踪影，万宁的小海和老爷海的海草已经消失；即使在海草生长态势较好的新村港和黎安港，由于受到人类活动的影响，海草的生长环境也在不断恶化，致使海草生长受阻，海草叶面泛黄，海草床面积逐渐缩小。海南省海草床分布示意图见图9.3。

据2007年海南省东部5个海草床生态监控区的调查（图9.4），目前海南沿岸共发现海草9种，分别为泰莱草（Thalassia hemprichii）、海菖蒲（Enhalus acoroides）、海神草（Cymodocea rotunda）、喜盐藻（Halophila ovalis）、羽叶二药藻（Halodule pinifolia）、二药藻（Halodule uninervis）（HU）、针叶藻（Syringodium isoetifolium）、小喜盐藻（Halophila minor）和齿叶丝粉藻（Cymodocea serrulata）。其主要优势种为海菖蒲和泰莱草。

新村港和黎安港具有典型的海洋潟湖环境，其海草种类丰富，分布密度较大，生物多样性高，港内的海草对水质起到很大的平衡和调节作用，是港内养殖业得以持续发展的保障之一。目前，新村港和黎安港内因不科学、不合理的产业布局，以及养殖过程中人为的破坏，导致海草生长环境压力较大，特别是黎安港存在直接对潮间带海草床开挖作为对虾养殖场的现象，导致海草床以及底栖生物直接消亡。

长玘港具有珊瑚礁、海草床、红树林三大海洋生态系统组成的多样性较高湿地，其中，海草床海草种类非常丰富，分布在珊瑚礁坪内侧口门和宝峙村沿岸，由于港口避风浪条件好，生物丰富，村民常在此进行小型经济作业，对海草造成的破坏很大，且海水涨落引起的水流冲刷，使得水中悬浮物常年较高，降低了海草床的光射入，影响海草的生长。宝峙村沿岸海草也因渔船的停泊和村民的活动，海草生长也受到一定影响。

高隆湾和龙湾港沿岸均有大量海草分布，伴生生物多，由于两者的海草是生长在相对开放的湾内，受风浪作用相对较大，海草及其伴生生物受人为破坏程度相对较轻，对港湾坡岸起到了固沙防蚀的保护作用。

3）红树林生态系统

海南省红树植物属东方类群，分8个群系、21个科、25个属、35种，其中，真红树12科、16属、25种，半红树9科、10属、10种，包含了全国95%以上的红树林植物的种类，是我国红树植物最为丰富的地区。据2001年全国红树林资源调查统计和2008年完成的“908”项目调查结果，海南省现有红树林面积约3 930.3 hm^2，占全国红树林面积的17.9%，红树林宜林地9 609.4 hm^2，占全国红树林宜林面积的16.3%。

海南省红树林广泛分布于全省沿海滩涂，沿海各市县几乎或多或少都有分布，主要集中分布在北部海岸（海口的塔市、演丰和三江一带）、东北海岸（文昌罗豆、清澜、龙楼一

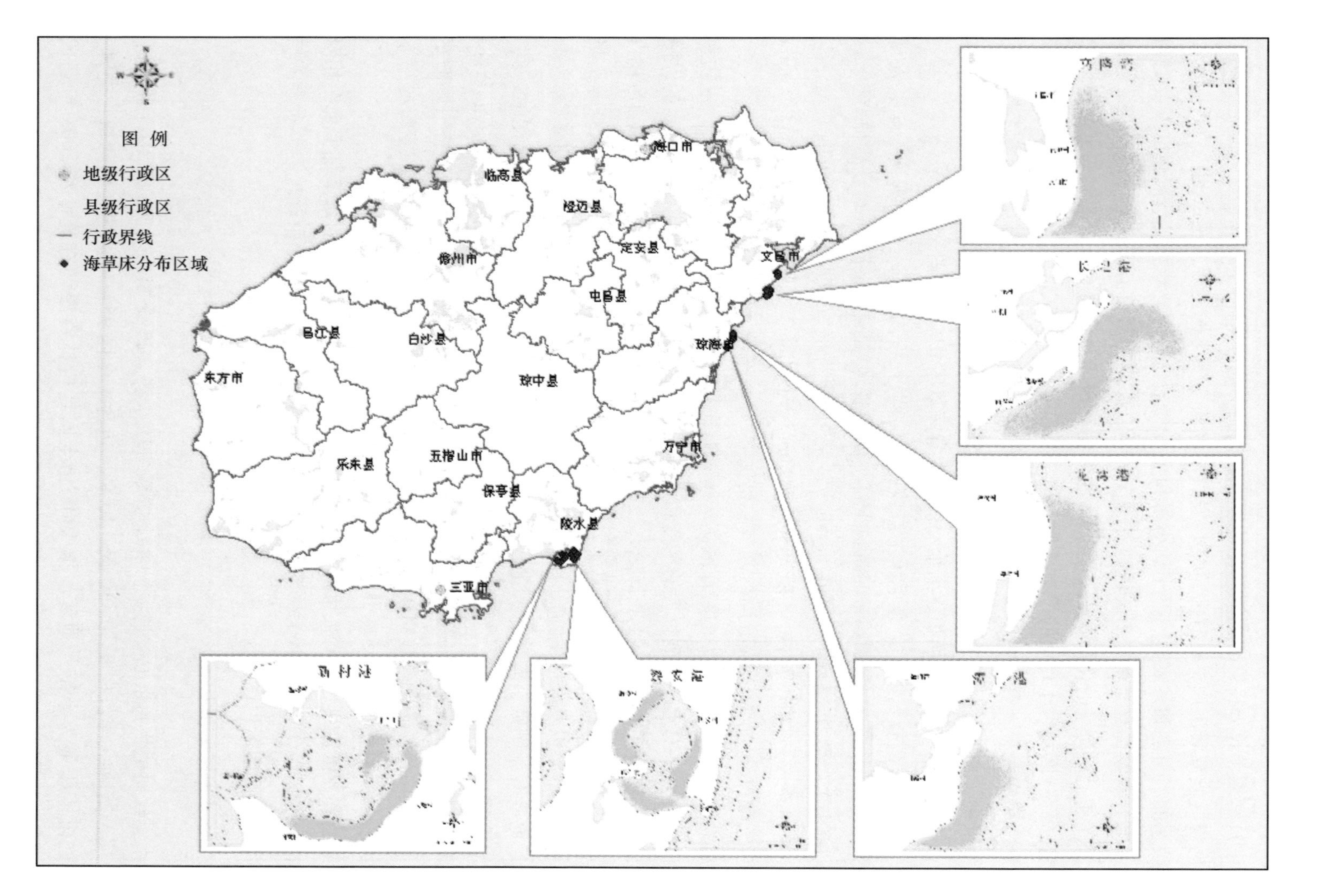

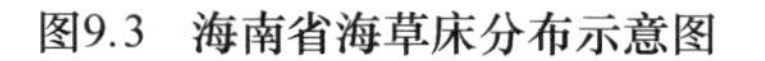
图9.3 海南省海草床分布示意图

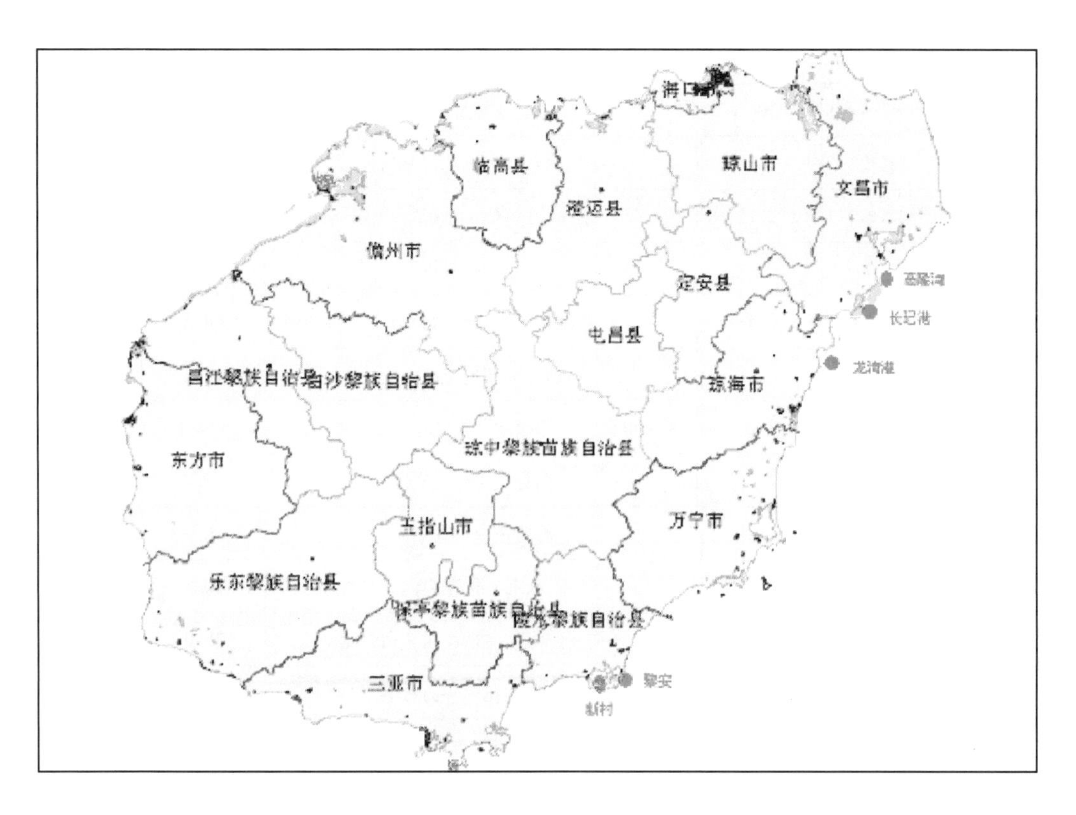

图 9.4　海南省东部海草生态监测区域分布

带）、西北（澄迈的美浪港一带）、西部（临高的彩桥村、南堂村、儋州和东方）和南部（三亚、陵水），东海岸的琼海市、万宁市也有少量分布。

海南省红树林的生态系统结构与组成也较为复杂多样。其中，北部与东北部红树林植物群落组成较复杂，几乎分布有海南省所有的红树林种类，西北部、西部的红树林种类稍少，主要是老鼠簕、小花老鼠勒 、海揽雌、卤蕨、榄李、红榄李、木榄、海莲、角果木、红树、海桑和桐花树；西南的东方仅分布有海揽雌一个种；东海岸的琼海市的红树林主要有榄李和桐花树，万宁的红树林主要有红树、海莲、榄李、水椰、卤蕨、尖叶卤蕨等；南部三亚市红树林主要有卤蕨、尖叶卤蕨、榄李、红榄李、海莲、尖瓣海莲、柱果木榄、木榄、角果木、红树、海榄雌、桐花树，而陵水仅有水椰、卤蕨和尖叶卤蕨的分布。红树林主要群落类型及分布面积见表 9.5。

表 9.5　海南省红树林主要群落类型及面积统计

群落优势种	面积/hm^2	比例/%	群落优势种	面积/hm^2	比例/%
白骨壤	199.1	5.1	黄槿	28.1	0.7
桐花树	60.3	1.5			
卤蕨	105.9	2.7			
木榄	72.0	1.8	木榄 + 秋茄 - 白骨壤 + 桐花树	24.5	0.6
海莲	64.6	1.6	海莲 + 秋茄 - 桐花树 + 白骨壤	399.9	10.2

续表 9.5

群落优势种	面积/hm^2	比例/%	群落优势种	面积/hm^2	比例/%
角果木	245.2	6.2	红海榄 + 秋茄 - 桐花树 + 白骨壤	515.8	13.1
秋茄	82.6	2.1	红海榄 + 红树	144.8	3.7
红树	17.4	0.4	秋茄 - 白骨壤	31.1	0.8
红海榄	6.8	0.4	红树 + 海桑 - 白骨壤	68.3	1.7
老鼠勒	1.5		秋茄 - 桐花树 + 白骨壤	24.6	0.6
榄李	125.3	3.2	角果木 - 桐花树	119.4	3.0
海漆	52.9	1.3	白骨壤 + 桐花树	78.7	2.0
水椰	9.3	0.2	红海榄 - 桐花树	20.0	0.5
瓶花木	2.8		秋茄 - 桐花树	20.3	0.5
海桑	52.9	1.3	木榄 + 红海榄 - 桐花树 + 白骨壤	35.0	0.9
银叶树	2.4		木榄 - 桐花树 + 白骨壤	116.2	2.9
玉蕊	1.3		红海榄 - 桐花树 + 白骨壤	603.6	15.4
海芒果	2.4		木榄 + 秋茄 - 桐花树	57.2	1.4
水黄皮	20.7	0.5			
水芫花	1.9		合计		100

20 世纪 80 年代以来，海南省政府和有关部门非常重视红树林的保护管理工作，先后在红树林集中分布的地区建立了 7 个保护区（表 9.6 和图 9.5），其中，3 个设立了管理机构和配备了专职的管护人员。海南省根据国家有关法律，结合本地区实际情况，专门制定并颁布了我国第一部关于红树林保护的地方性法规——《海南省红树林保护规定》（2004 年修订），另外还颁布了《关于严格保护珊瑚礁、红树林和海岸防护林的布告》、《关于进一步做好海防林、红树林专项治理工作的通知》等一系列的行政规章。通过这些法律法规和行政规章的颁布和实施，使海南省的红树林保护有法可依，初步形成了较完善的红树林法规保护体系。同时，就红树林资源调查、分类、生态保护、污染防治、合理开发利用与管理等领域开展了多方面的科学研究，加上积极开展人工恢复营造红树林工作、广泛开展宣传教育活动和积极参与国内外际交流与合作等，使海南省的红树林及其滩涂资源得到了较好保护，群落结构复杂，郁闭度增加，红树林面积有所恢复。

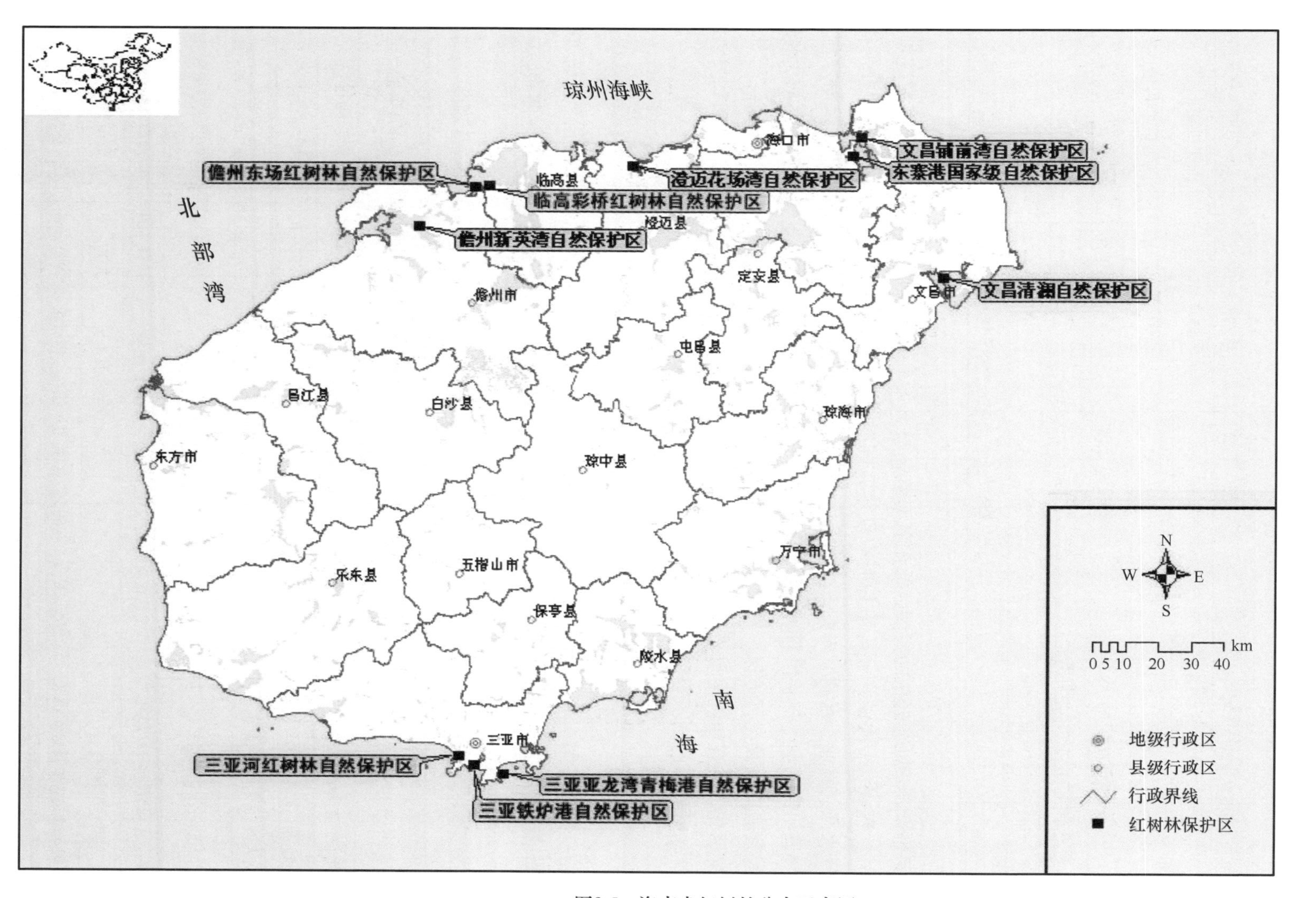

图9.5　海南省红树林分布示意图

表 9.6　海南省红树林自然保护区

保护区名称	保护区面积/hm^2	有林面积/hm^2	行政区域
东寨港国家级自然保护区	3 337	1 574.6	海口市
清澜港省级自然保护区	2 948	1 188.8	文昌市
三亚河红树林自然保护区	932.7	59.7	三亚市
儋州东场红树林自然保护区	696	371.3	儋州市
儋州新英湾自然保护区	115	115	儋州市
临高彩桥红树林自然保护区	350	155	临高县
东方黑脸琵鹭自然保护区	1 429	700	东方市
合计	9 798.7	4 164.4	

但是，随着社会经济的发展，海南省对红树林开发利用的程度在不断扩大，毁林建塘或毁林搞工程或发展旅游产业等事件时有发生，同时由于目前海南省红树林的管理涉及海洋、环保、水产、林业、水利、旅游、城建等多个部门，责权利不对称，缺乏红树林及海岸湿地管理协调机制，加上保护区管理能力和基础研究薄弱，研究人才缺乏、技术水平落后，保护管理经费匮乏以及红树林保护发展规划工作滞后、环境污染加剧等原因，造成目前红树林生态系统退化、生态功能严重丧失，使海南省红树林可持续发展面临严峻挑战，保护和发展海南省红树林资源已刻不容缓。

9.1.2.3　海洋类型自然保护区现状

根据海南省国土环境资源厅 2007 年编制的《海南省自然保护区名录》统计，截至 2007 年，海南省自然保护区共 68 个，其中，海洋类型自然保护区 23 个，面积达到 2 536 468.4 hm^2，占全省自然保护区总面积的 90%，见表 9.7。

表 9.7　海南省海洋类型自然保护区名录

自然保护区名称	地点	面积/hm^2	主要保护对象	建立时间	业务主管部门
海南东寨港国家级自然保护区	海口市	3 337	红树林及生境	1980－04	国家林业局
海南三亚珊瑚礁国家级自然保护区	三亚市	5 568	珊瑚礁及生境	1992－07	国家海洋局
海南大洲岛国家级自然保护区	万宁市	7 000	金丝燕及生境	1987－08	国家海洋局
海南铜鼓岭国家级自然保护区	文昌市	4 400	珊瑚礁、地质地貌、热带季雨矮林及生境	1983－05	海南省国土环境资源厅
海南清澜省级自然保护区	文昌市	2 948	红树林及生境	1981－09	海南省林业局
海南东方黑脸琵鹭省级自然保护区	东方市	1 429	黑脸琵鹭及生境	2006－05	海南省林业局
文昌麒麟菜省级自然保护区	文昌市	6 500	麒麟菜、江离、拟石花菜	1983－04	海南省海洋与渔业厅
琼海麒麟菜省级自然保护区	琼海市	2 500	麒麟菜、江离、拟石花菜	1983－04	海南省海洋与渔业厅
儋州白蝶贝省级自然保护区	儋州市	30 900	白蝶贝及生境	1983－04	海南省海洋与渔业厅

续表 9.7

自然保护区名称	地点	面积 /hm^2	主要保护对象	建立时间	业务主管部门
临高白蝶贝省级自然保护区	临高县	34 300	白蝶贝及生境	1983－04	海南省海洋与渔业厅
海南东岛白鲣鸟省级自然保护区	西沙群岛	100	白鲣鸟及生境	1980	海南省海洋与渔业厅
海南西南中沙群岛省级自然保护区	南海	2 400 000	海龟、玳瑁、虎斑贝等	1983	海南省海洋与渔业厅
三亚大东海珊瑚礁市级自然保护区	三亚市	13.5	珊瑚礁	1989－01	三亚市环境保护局
三亚三亚河红树林市级自然保护区	三亚市	475.8	红树林	1992－02	三亚市林业局
三亚鲍鱼市级自然保护区	三亚市	67	鲍鱼及生境	1983－06	三亚市海洋与渔业局
三亚亚龙湾青梅港红树林市级自然保护区	三亚市	155.7	红树林生态系统	1989－01	三亚市林业局
三亚铁炉港红树林自然保护区	三亚市	292	红树林及生境	1999－11	三亚市林业局
澄迈花场湾沿岸红树林县级自然保护区	澄迈县	150	红树林生态系统	1995－12	澄迈县海洋管理局
临高珊瑚礁县级自然保护区	临高县	32 400	珊瑚礁生态系统	1986－12	临高县国土环境资源局
临高彩桥红树林县级自然保护区	临高县	350	红树林生态系统	1986－12	临高县国土环境资源局
临高临高角县级自然保护区	临高县	3 467	珊瑚礁生态系统	1986－12	临高县国土环境资源局
儋州新英湾红树林市级自然保护区	儋州市	115.4	红树林生态系统	1992－04	儋州市林业局
洋浦鼻县级自然保护区	洋浦	132.8	自然景观	1992－04	洋浦管理局

从保护区级别来看，在23个海洋类型自然保护区中，有国家级自然保护区4个，省级自然保护区8个，县市级自然保护区11个；从保护区管理部门来看，属海洋主管部门管理的11个，属国土环境资源主管部门管理的5个，属林业主管部门管理的7个；从分布区域来看，海口市1个，文昌市3个，琼海市1个，三亚市6个，儋州市3个，临高县4个，澄迈县1个，西南中沙群岛2个；从主要海洋资源保护对象来看，保护对象为珊瑚礁及其生态系统的有5个，红树林及生态系统的有8个，麒麟菜、江蓠以及拟石花菜的有2个，白碟贝及生境2个，海龟、玳瑁和斑虎贝1个，鲍鱼、黑脸琵鹭、金丝燕和白鲣鸟以及湿地自然景观各1个。海南省各海洋类型自然保护区分布示意图见图9.6。

9.1.3 海南省海洋生态环境存在的主要问题

9.1.3.1 局部近岸海域水质仍受到不同程度的污染

随着海南省社会经济的发展、城市化进程的加快和人口的不断增加，污水及其污染物的排放量也大为增加，尤其是由于“十一五”期间海南省大力发展工业，工业废水大幅度增加。同时由于城市污水管网建设的滞后，全省城镇生活污水处理率仅为36.01%，远低于全国平均水平。到目前为止，全省仅有4座污水处理厂，主要集中在海口、三亚等少数城市，大多数城市仍然是空白，大部分城镇生活污水未经处理就直接排入就近水体。由于生活污水排放量大，排放有机污染物总量大，对水环境构成较大的污染隐患。

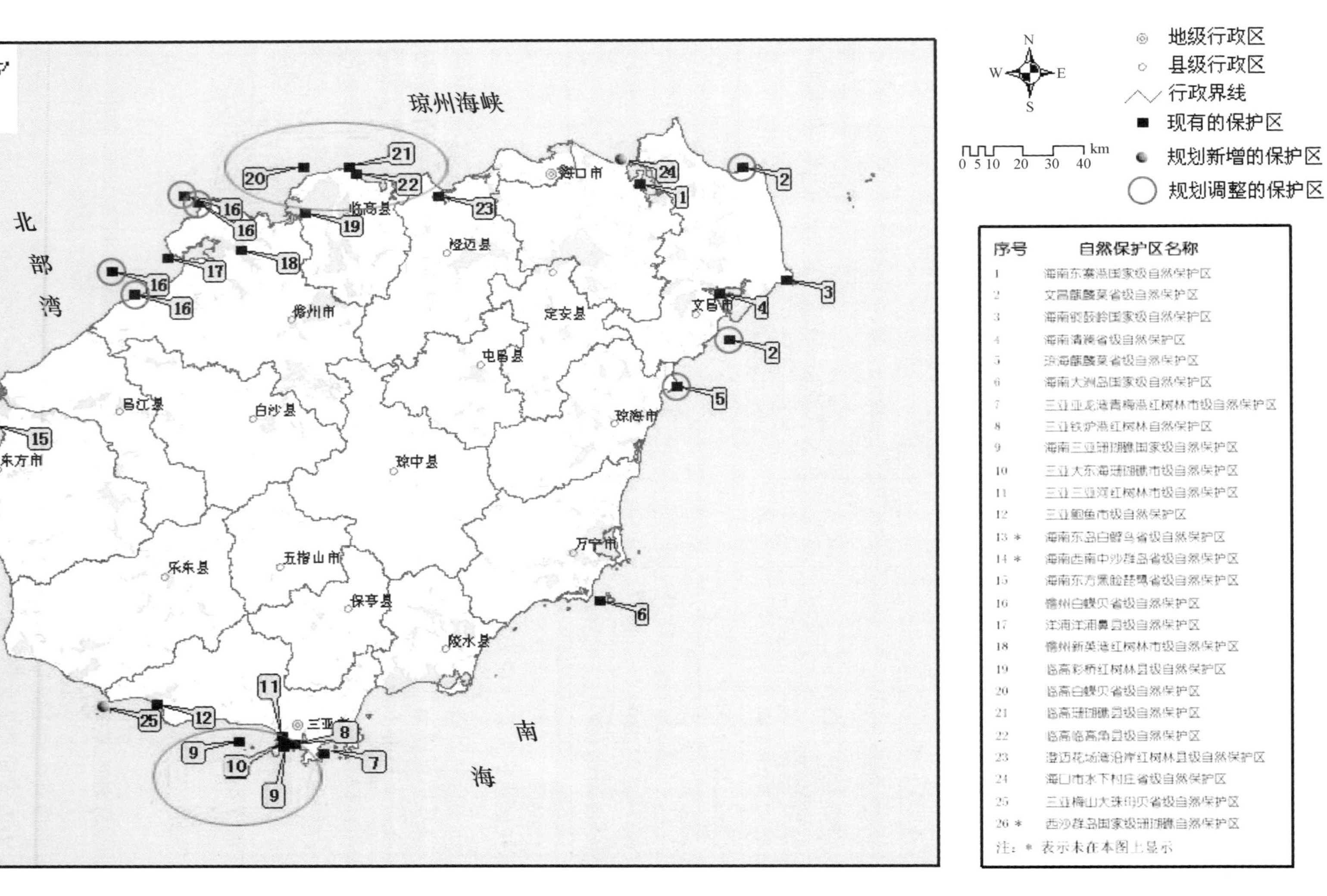

图9.6 海南省各海洋类型自然保护区分布示意图

另外，由于滩涂及城郊地区的畜禽养殖场不成规模，分散经营，大多养殖场没有配备污染防治设施，污染物不能达标排放，特别是在东寨港等自然保护区和有些饮用水源地等，还存在养殖污水未经处理直接排放的现象。这些畜禽养殖污水也是近岸海域污染的一个重要来源，并且该污染来源有进一步增大的趋势。

此外，农村地区农药、化肥的大量使用，这些农业面源污染物随地表径流进入近岸海域的数量也相当大，且造成的污染不易控制，农业面源污染已成为影响海南省地表水质的主要原因。

9.1.3.2　海水养殖业自身污染日趋严重

海南省海水养殖业发展迅速，在海洋经济中占重要地位。但是，由于缺乏科学规划，布局不合理，局部海域养殖密度过大，加上残饵、排泄废物、有机碎屑等富集养殖场基底，导致底质环境恶化，养殖水体出现富营养化，易遭病害侵袭，出现了各种生态环境问题。目前在海南省海水养殖业比较发达的地区，养殖自身污染已成为近岸海水污染的一个重要原因，并影响到沿海地区地下水等。随着网箱养殖业和高位池养虾的发展，特别是部分低位虾塘在没有规划的情况下转变成高位虾塘，海水养殖污染所产生的环境影响将呈进一步加重的趋势。

9.1.3.3　主要海洋生态系统遭到破坏

自20世纪50年代以来，海南省红树林遭受到严重破坏，面积大幅度减少，林分质量明显下降，群落严重退化。海南省的红树林面积在50年代初为10 308 hm^2，80年代初为7 195 hm^2，2001年资源调查红树林面积为3 930.3 hm^2，分别比50年代初减少了61.9%，比80年代初减少了10.2%。不合理的开发利用红树林资源是海南省红树林湿地面积剧减的主要原因。由于围红树林造塘养殖海产品的趋势增加，红树林面积目前还在继续减少，分布区也逐渐缩小，使红树林的生态功能明显下降，造成海南省沿海局部地区的生态环境恶化。

据了解，在20世纪60—70年代海南岛大部分潟湖如陵水的新村港和黎安港，万宁的小海和老爷海，三亚铁炉港，文昌清澜港，儋州洋浦港等都有海草分布。现仅文昌、琼海和陵水沿岸海域有大量的海草分布，西海岸则极少有分布，万宁的小海和老爷海的海草已经消失。由于海洋捕捞、海水养殖及海洋旅游等海洋开发活动强度的加大，加上对海草的作用认识不足，管理力度不到位，海南沿岸的海草生态环境呈现恶化趋势。

长期以来，海南省的珊瑚礁因烧石灰、制作工艺品、盖房、铺路等遭到不断挖炸摧残和受到海水污染的影响，使珊瑚礁群遭受到严重破坏。目前近岸珊瑚礁仅剩下2.2×10^4 hm^2，岸礁长度480 km，比1960年减少了一半多，目前约有80%的珊瑚礁资源遭受破坏，造成了严重的生态后果。如，三亚市瑁洲岛珊瑚礁经野蛮的挖炸后，海浪冲塌岛岸，海水入侵200 m，地下水变咸，村民饮水出现了困难。

长期以来，许多浅海滩涂的开发由于缺乏统一的规划和科学的管理，以及围垦滩涂和填海的法规不完善，致使一些地方出现围垦滩涂和填海无序、无度、无偿的情况，破坏了海域生态环境，妨碍了泄洪排涝和航运，造成了不良的后果。例如，在东寨港红树林区盲目建造养殖水池破坏了一些经济种类的自然栖息环境，而红树林破坏后栖息或觅食鸟类受影响，种类、数量都会减少，生态系统失去平衡。且红树林沼泽底质为典型的硫酸盐酸性土质，硫酸释放到周围水体中，使水体的pH值降低，可溶性硫酸铝析出，对多数水生生物都有毒害作用。

9.1.3.4 渔业资源得到较好的恢复，但仍要控制捕捞强度

海南省拥有北部湾、清澜、三亚、西中沙和南沙等优良的渔场，属于海洋生物生产力较高的南海海域，海洋生物种类繁多，渔业资源丰富。据估算，海南省5个近海渔场渔业资源量为885×10^4 t。但是由于近海过度捕捞，炸鱼炸礁现象时有发生，加上陆源污染，造成近海渔业资源衰减，多种传统经济鱼类难以形成渔汛。南海的近海渔场已经捕捞过度，根据1997—2001年国家海洋勘测所得到的最新调查结果，北部湾现存的渔业资源密度平均仅为0.7 t/km^2。为了制止渔业资源持续衰退的状态，1999年，海南省开始实行伏季休渔的措施，规定每年的6月和7月，在离海岸30 n mile的禁渔线内，禁止拖船作业等违规作业方式，以保护幼鱼的成长。经过9年的伏季休渔，海南省的渔业资源得到了较好的恢复。2006年全省海洋捕捞产量116.51×10^4 t，比上年增长7.9%。但是，由于海南省海洋捕捞渔船的盲目增多和捕捞技术的先进，尤其是设备陈旧和落后的小渔船多集中在近海进行狂捕滥捞，而远洋捕捞明显不足，从而造成了近海捕捞强度超过了资源的再生能力，近海渔业资源的保护仍存隐忧。另外，陆源污染、滥采乱挖珊瑚等也对渔业资源造成一定的破坏。

9.1.3.5 赤潮灾害时有发生

由于海南省沿海大部分养殖场的养殖污水和城镇的生活污水未经处理就直接排入大海，以及农田施用的化肥等农业面源污染物随地表径流进入近岸海域，使沿岸海域污染负荷不断加重，直接导致海域中氮、磷等营养盐类，铁、锰等微量元素以及有机化合物的含量大大增加，极易促进赤潮生物的繁殖。近年来，海南省基本每年都有赤潮出现。海南省近海赤潮发生频率较高的水域有海口近岸、三亚红沙、陵水新村、洋浦湾等近岸海域。2006年海南省近岸海域发生7次赤潮，分别出现在海口湾、三亚红沙港、陵水新村港、文昌淇水湾，累计面积近48.5 km^2，其中，赤潮面积最大的约为22 km^2，赤潮持续时间3～8 d。

9.1.3.6 预警应急能力严重落后，沿海环境监测体系有待加强和整合

海南省应急监察和监测能力建设较薄弱。由于长期以来能力建设资金不足，全省的监察和监测能力建设工作相当滞后，与社会经济迅速发展、环境问题的日益突出极不协调。目前环保、海洋、水利、海事、农业、林业等部门都有开展沿海地区的环境监测工作，但仍然是传统的环境保护监管模式，各自的监测数据和资料自成体系，没有形成统一的监测网络和数据库系统，目前大部分市县的监测设备相当陈旧、落后，相当部分污染物无法监测，监视、预报、警报和海上救助等保障体系尚不完善而且装备落后，海洋防灾、减灾能力较低，全省开展突发性事故的应急处理工作比较被动，快速反应受到条件限制，对于突发事件的处理缺乏应急能力。

9.1.4 海南省海洋生态环境存在问题的原因分析

近年来，海南省海洋经济在省委、省政府的领导下取得了长足的发展，但随着海洋开发活动的增加，海洋生态环境在一定程度上也受到破坏，其原因主要有以下几个方面。

9.1.4.1　海水养殖污染

近年来，海南省海水养殖业发展十分迅速，有力促进了全省的经济建设，但同时由于规划控制及管理不到位，给当地生态环境造成了不良影响。养殖废水的外排、残余饵料的堆积、化学药物的使用、对海洋生态的人为干扰、对沿岸红树林和滩涂的破坏，以及养殖水体自身不完整的生态结构所导致的养殖系统生命力脆弱，易遭病害侵袭等，容易引起水体富营养化，使得沿岸生态环境恶化，水域生物多样性减少，近海生态系结构发生变化，严重时导致养殖生态系统失衡、紊乱乃至完全崩溃。例如，东寨港国家级红树林自然保护区周边密密麻麻的虾塘包围着红树林，据统计，东寨港周边养殖户 920 多户，养殖面积 8 695.095 亩。虾塘、渔场的污水未经处理就排入大海，破坏、污染了保护区的自然环境，影响了红树林的正常生长发育。同时，过密的水产养殖不仅产生自身污染，而且也造成局部海洋环境的污染。如，东寨港贝类养殖区，监测结果除一个站附近海域海水为二类海水水质外，其余各站附近海域海水为三类水质、劣三类水质，污染因子主要是无机氮、无机磷，已经不能满足养殖的基本要求。另外，据调查，2007 年个别重点增养殖区发生过不同程度的养殖病害，如，陵水新村，其主要病害为鱼类寄生虫病、对虾病毒白斑病、弧菌溃疡病、海带绿烂病等。

2007 年海南省共有海水养殖面积 19 164 hm^2，其中，鱼类养殖面积为 1 665 hm^2，虾蟹类为 13 291 hm^2，贝类为 1 993 hm^2，藻类为 2 108 hm^2。其中，儋州市的海水养殖面积最大，为 3 894 hm^2，其次是文昌市 2 830 hm^2，海口市的海水养殖面积也较大，为 2 038 hm^2，这 3 个市县海水养殖面积约占全省海水养殖总面积的 46%。全省沿海各市县水产养殖面积见表 9.8。

表 9.8　2007 年海南省沿海各市县水产养殖面积　　单位：hm^2

市县	海水养殖面积	鱼类	虾蟹类	贝类	藻类
海口市	2 038	126	1 352	359	201
三亚市	1 225	7	737	215	235
文昌市	2 830	367	2 237	65	84
琼海市	901	107	5 205	3	266
万宁市	1 463	49	1 349	0	65
澄迈县	1 077	107	390	163	417
临高县	1 327	540	425	322	41
儋州市	3 894	0	3 231	534	128
东方市	961	13	677	104	167
乐东县	882	147	717	0	18
陵水县	1 018	115	504	11	388
昌江县	394	28	268	268	98
洋浦	10	10	0	0	0
农垦系统	1 144	48	879	217	0
		1 664	13 291	1 993	2 108

近年来海南省高位池养虾发展迅猛，遍及全省沿海 12 市县，高位池养殖污水未经处理直接外排，排放量大且超标严重，造成近岸海域水质下降、生物多样性降低、海岸自然景观破坏等生态环境问题，使得局部地区的海岸带生态环境趋向恶化，沿海人民群众深受其害。根据 2005 年海南省环境科学研究院对全省高位池养殖状况的调查，2005 年全省高位池养殖总面积约 5.6 万亩，主要集中在文昌、琼海、三亚、陵水和儋州等地。从养殖水平来看，基本上属于初级水平，高科技含量极少。全省高位池养殖废水排放总量为 1.95×10^8 t，化学需氧量为 11.7×10^4 t、氨氮 63.9 t。文昌市、三亚市和乐东县分别占全省高位池养殖废水及主要污染物排放量的 16%、14% 和 12.6%。废水中主要污染物为化学需氧量，高位池养殖万元产值废水和化学需氧量排放量远远高于其他行业。表 9.9 为 2002 年和 2005 年海南省高位池养殖的调研结果，表明随着经济的发展，水产养殖规模的扩大和污水排放量的增大，养殖废水中的污染物排放量可能有增大的趋势，海洋环境保护将面临着严重挑战。因此，对养殖污水进行处理，防止近岸水域富营养化，在发展沿海养殖业的同时解决好海水养殖排放污染问题，是海南省海洋环境治理的一项重要任务。

表 9.9　2002 年和 2005 年海南省高位池养殖废水及主要污染物排放量情况

地区	2002 年调查结果				2005 年调查结果			
	养殖面积/亩	废水排放量/(10^4 m^3)	化学需氧量/t	氨氮/t	养殖面积/亩	废水排放量/(10^4 m^3)	化学需氧量/t	氨氮/t
海口市	5 170	1 800	10 800	5.9	5 919	2 061	12 364	6.8
文昌市	7 789	2 710	15 100	8.89	8 917	3 102	17 287	10.2
临高市	320	111	665	0.364	366	127	761	0.4
琼海市	3 210	1 120	6 710	3.67	3 675	1 282	7 682	4.2
万宁市	3 360	1 170	7 010	3.84	3 847	1 339	8 025	4.4
陵水县	5 389	1 880	11 300	6.17	6 169	2 152	12 936	7.1
三亚市	6 803	2 370	14 200	7.77	7 788	2 713	16 256	8.9
乐东县	6 166	2 150	12 900	7.05	7 059	2 461	14 768	8.1
东方市	3 601	1 250	7 490	4.1	4 122	1 431	8 575	4.7
昌江县	880	306	1 830	1	1 007	350	2 095	1.1
儋州市	5 557	1 930	11 600	6.33	6 362	2 210	13 280	7.2
澄迈县	671	234	1 400	0.77	768	268	1 603	0.9
合　计	48 916	17 031	101 005	55.8	55 999	19 496	115 632	64

数据来源：海南省环境科学研究院

9.1.4.2　海域污染

海域污染源分为船舶排污、港口作业排污、海洋石油平台排污、海洋倾废等，而全省海域污染物排放主要为船舶排污和港口作业排污。

1）船舶排污

从海南省的油轮、非油轮、渔船和船舶事故的石油类排海情况来看，渔船石油类排海是海南省海洋船舶石油类污染的主要来源。海南省现有渔港43座，2005年海南省拥有机动渔船19 431艘，总功率为77.8×10^4 kW，其中，生产渔船18 890艘，功率73.8×10^4 kW；捕捞渔船15 632艘，功率69.9×10^4 kW。捕捞渔船中，600马力以上渔船36艘，功率22 136 kW；61~599马力渔船2 885艘，功率43 975 kW。经类比分析知，我省渔船年污水排放量超过2.2×10^4 t，其中，油类、COD、NH_4-N和无机磷年排放量分别超过1.6×10^3 t、1.7×10^3 t、5.8×10^5 t和8.6×10^{-2} t。据粗略统计，每年通过海南省辖区的船舶为48×10^4艘次左右，全省所有船舶排放油污水的接收量约4 000 t。由于油轮和非油轮（主要指大运输船）的机舱水等含油污水大多经油水分离装置处理后排放，因此它们的石油类排海量较低。局部地点发生的油污染事故造成的影响较为突出，如，2004年12月海南省北部沿海发生油污染事故，海口市西海岸至临高县临高角约70 km岸滩受到严重污染，对近岸海域水质造成极大影响。

2）港口作业排污

港口污染源主要有港口陆域产生废水、陆域和船舶产生污水、停泊船舶产生的油污等。一般大型综合港口生产废水的部门多，其废水排放量也大，对港池水域带来的污染严重。港口污染源主要为港区装卸机械和运输机械作业时滴漏和排出的污油等。2007年海南省沿海港口吞吐量为$4\ 551\times10^4$ t，经类比分析，海南省港口装卸、运输货物机械排油量估算为185 t。

3）石油开采

在海上石油开发中，海上采油平台经常发生溢油现象。据估计，全世界海上采油平台大规模溢油每年约为$(3\sim5)\times10^4$ t，小规模溢油每年为2 700~3 800 t。采油平台操作需要排放油污，一般每生产一桶原油伴随着0.8桶水采出。按美国规定，采水排放其油浓度不得超过72 mg/L，月平均应低于48 mg/L。

据《2007年中国海洋环境质量公报》，2007年南海区共有21个海上油气田，含油污水年排海量约$9\ 680\times10^4$ m^3，钻井泥浆年排海量约38 939 m^3，钻屑年排海量约13 831 m^3。

9.1.4.3 陆域废水排放污染

引起海洋生态环境污染的另外一个重要的原因是陆域废水排放污染，2000—2007年全省废水排放总量处于不断上升趋势。2007年全省废水排放总量为$35\ 158.6\times10^4$ t，较2000年排放总量翻了一番。见表9.10排放区域主要集中在海南省的北部和西部。北部年排放废水$13\ 776.7\times10^4$ t，占全省总量的39.2%，西部年排放废水$8\ 946.9\times10^4$ t，占全省总量的25.4%。废水排放量位于前5位的依次为海口、三亚、儋州、澄迈和洋浦，这5个区域废水排放总量为$23\ 531.1\times10^4$ t，占全省废水排放总量的61.2%。其中，工业废水排放量最大的是洋浦，排放量为$1\ 915.19\times10^4$ t，澄迈、昌江、海口和临高分别为904.94×10^4 t、

640.06 $\times 10^4$ t、556.75 $\times 10^4$ t 和 495.46 $\times 10^4$ t。生活废水排放量最大的是海口市，排放量为 9 683.2 $\times 10^4$ t，三亚、儋州、琼海、澄迈和万宁分别为 3 918.6 $\times 10^4$ t、2 960.2 $\times 10^4$ t、1 593.2 $\times 10^4$ t、1 287.7 $\times 10^4$ t 和 1 268 $\times 10^4$ t，见表 9.10，图 9.7 和图 9.8。

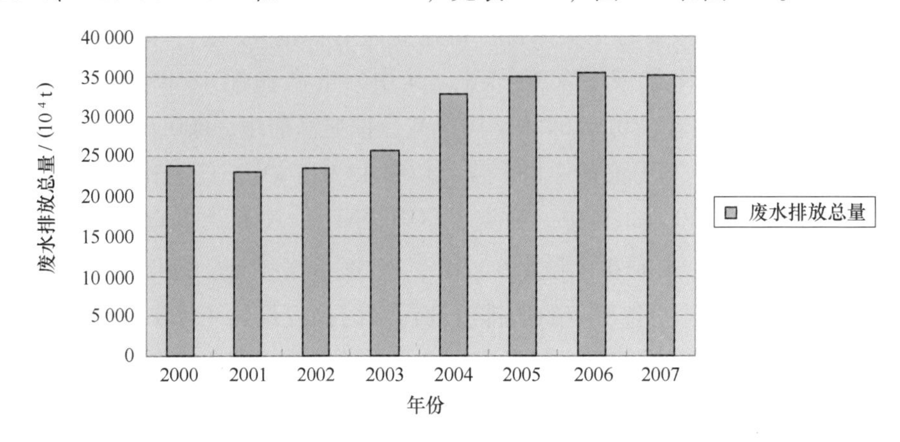

图 9.7　2000—2007 年海南省废水排放总量

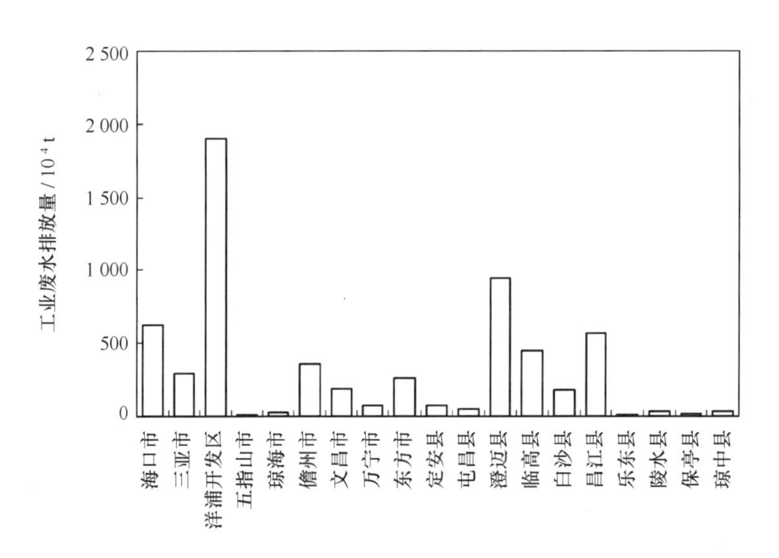

图 9.8　2007 年海南省各市县工业废水排放量

表 9.10　2007 年海南省各区域废水排放情况

区域名称	企业数 /个	非农人口 /10^4 人	废水排量 /10^4 t	生活污水 /10^4 t	工业废水 /10^4 t	COD 排放总量/t	生活 COD /t	工业 COD /t	废水排量所占比例 /%
全省	286	327.5	35 158.63	29 198.51	5 960.123	101 399.8	88 494.02	12 905.8	100
北部区域	70	128.68	13 776.66	12 161.08	1 615.583	28 101.91	25 497.16	2 604.744	39.2
南部区域	41	57.15	6 261.667	6 164.449	97.218	16 559.73	16 458.27	101.458	17.8
西部区域	93	73.62	8 946.85	5 374.26	3 572.59	31 809.88	24 184.17	7 625.719	25.4
中部区域	23	23.97	2 133.13	1 749.81	383.319 8	8 269.198	7 874.145	395.053 1	6.1
东部区域	59	44.08	4 040.328	3 748.915	291.412 7	15 540.87	14 480.28	1 060.593	11.5

资料来源：海南省环境科学研究院

由于工业和生活污水的大量排海，特别是部分排污口的连续超标排放，致使排污口邻近海域海水污染程度加重，沉积物质量下降，生态环境持续恶化，底栖环境恶劣，底栖生物群落结构退化，耐污种增多，大部分排污口邻近海域底栖经济贝类难以生存，甚至出现了超过 30 km^2 的无底栖生物区，海面漂浮物增多，透明度下降，景观美学受损，娱乐、观光、休闲指数降低。

根据海南省主要陆源入海排污口排污状况及部分排污口邻近海域生态环境实施的监测资料显示，2007 年所监测的 30 个排污口中，有 25 个排污口超标，超标率达到 83.3%（表 9.11）。

表 9.11 2007 年海南省陆源入海排污口超标排放情况

年份	监测的排污口数量/个	超标的排污口数量/个	超标率/%
2007	30	25	83.3
2006	30	26	86.7
2005	46	27	58.7

2007 年海南省陆源排污口中，陵河入海排污口的污水入海量最多，为 6 912 000 t/d，主要污染因子为 COD 和磷酸盐；其次为太阳河入海口，为 2 592 000 t/d，主要污染因子为 COD、氨氮和磷酸盐；清澜环球轮渡排污口的污水入海量最少，为 173 t/d，主要污染因子为磷酸盐。部分排污口携带的污染物浓度较高，已经对邻近海域水质造成了不同程度的污染。2007 年海南省陆源排污口概况见表 9.12。

表 9.12 2007 年海南省陆源排污口概况

排污口名称	经度 /°E	纬度 /°N	污水入海量 /（t/d）	COD /（mg/L）	氨氮 /（mg/L）	磷酸盐 /（mg/L）
龙昆沟排污口	110.313 7	20.039 7	1 296	√	√	√
五源河	110.205 8	20.053 9	77 760	√	√	
横沟河	110.348 8	20.069 2	32 400		√	-
福昌河河口	110.481 0	20.022 3	1 728	√	√	
演丰西河口	110.553 9	19.950 1	9 331	√	√	
秀英工业排污沟	110.270 6	20.023 7	55 296	√	√	
美舍河入海口	110.351 1	20.048 9	1 555		√	-
藤桥河口	109.742 7	18.397 8	31 104	√	√	
三亚河口	109.505 9	18.236 8	7 776			√
宁远河口	109.162 3	18.367 4	77 7600	√	√	-
文昌河河口	110.759 6	19.621 8	8 640	√	√	√
清澜港门排污口	110.832 7	19.545 4	12 442			√
清澜－环道排污口	110.809 5	19.532 5	17 280			√

续表 9.12

排污口名称	经度/°E	纬度/°N	污水入海量/(t/d)	COD/(mg/L)	氨氮/(mg/L)	磷酸盐/(mg/L)
会文烟堆排污口	110.704 8	19.419 1	51 840		√	√
清澜海军码头排污口	110.821 5	19.564 2	1 728		-	√
清澜环球轮渡排污口	110.820 6	19.566 3	173			√
海南大众海洋产业有限公司	110.676 1	19.347 2	3 456	√	√	√
八所排污口	108.642 0	19.114 8	34 560	√	√	√
化工厂一期排污口	108.627 4	19.062 8	5 184	√	√	√
化工厂二期排污口	108.628 7	19.058 8	233	√	√	√
太阳河入海口	110.440 3	19.748 4	2 592 000	√	√	√
造船厂排污口	109.965 0	18.411 8	2 592	√	√	√
陵河入海排污口	110.077 5	18.490 0	6 912 000	√		√
海口火电股份有限公司	110.025 0	19.943 7	129 600		√	√
武钢集团海南有限责任公司	110.052 0	19.969 6	1 296 000		√	-
莺歌海盐场水道口排污口	108.707 9	18.497 1	18 144			
望楼河入海口	108.894 8	18.470 4	259 200	√	√	
文澜江入海口	109.687 9	19.908 4	995 328	√	√	√
北门江	109.347 0	19.748 6		√	√	
春江	109.288 9	19.720 3	1 296 000	√	√	√

数据来源：海南省海洋监测中心

综上所述，海南省海洋生态环境总体来说处于较好的状态，尤其是与其他海域相比，海南省的海洋生态环境状况可列前茅。但这种优于其他海域的良好状态的获得，除了一部分原因的确是因为海南省在海洋经济发展过程中注重了海洋生态环境的保护与修复之外，更多的原因则在于：一是由于南海海域地处热带，且海域辽阔，海水自净能力强于其他海域，尤其是强于渤海；二是海南省的海洋经济活动规模小，对海洋的污染能力也相应较小，如果以与其他海域相同的海洋规模而言，海洋污染情况则必不乐观。海南省海洋生态环境系统主要存在的问题有：① 局部近岸海域水质仍受到不同程度的污染；② 海水养殖区污染较为严重；③ 主要海洋生态系统遭到破坏；④ 近海渔业资源破坏严重，恢复缓慢；⑤ 赤潮灾害时有发生。

9.2 海南省重点海域污染物总量控制政策研究

9.2.1 入海污染物总量预测分析

9.2.1.1 工业入海污染总量预测

根据《海南省水污染防治规划》对工业污染源的综合预测结果表明，2010年和2020年海南省工业废水排放量分别为3.5×10^8 t和4.3×10^8 t，2010年全省工业COD、氨氮排放量分别为5.26×10^4 t、0.19×10^4 t。其中，儋州市污染物排放量最大，约为21.5×10^4 t，约占总量的41%；其次为东方市、澄迈县和昌江县，约占总量的42%。2020年全省工业COD、氨氮排放量分别为6.27×10^4 t、0.23×10^4 t。其中，儋州市污染物排放量最大，约为2.84×10^4 t，约占总量的45%，其次为东方市、澄迈县和昌江县，约占总量的42%。

2010年西部工业走廊工业COD和氨氮排放量占全省的64%和75%，“十一五”期间工业水污染防治重心在西部。洋浦是海南省工业COD和氨氮排放量最大的地区，占全省排放总量的35%和45%，是“十一五”期间海南省工业水污染防治的重中之重（图9.9、表9.13）。

表9.13 2010年全省工业污染物排放总量及2020年预测值 单位：t

市县	2010年		2020年	
	COD	氨氮	COD	氨氮
全省合计	52 552	1 925	62 695	2 322
海口市	1 778	59	1 997	66
三亚市	262	9	302	10
五指山市	101	3	108	4
琼海市	231	7	266	8
儋州市	21 505	1 001	28 407	1 323
文昌市	645	8	731	9
万宁市	261	9	288	10
东方市	7 476	472	9 444	596
定安县	2 054	105	205	9
屯昌县	696	33	745	35
澄迈县	7 619	89	8 934	104
临高县	2 142	25	2 528	30
白沙县	677	15	679	15
昌江县	6 804	44	7 723	50
乐东县	42	14	55	19
陵水县	65	4	67	4
保亭县	67	10	75	11
琼中县	129	18	141	19

数据来源：《海南省海洋环境保护规划》

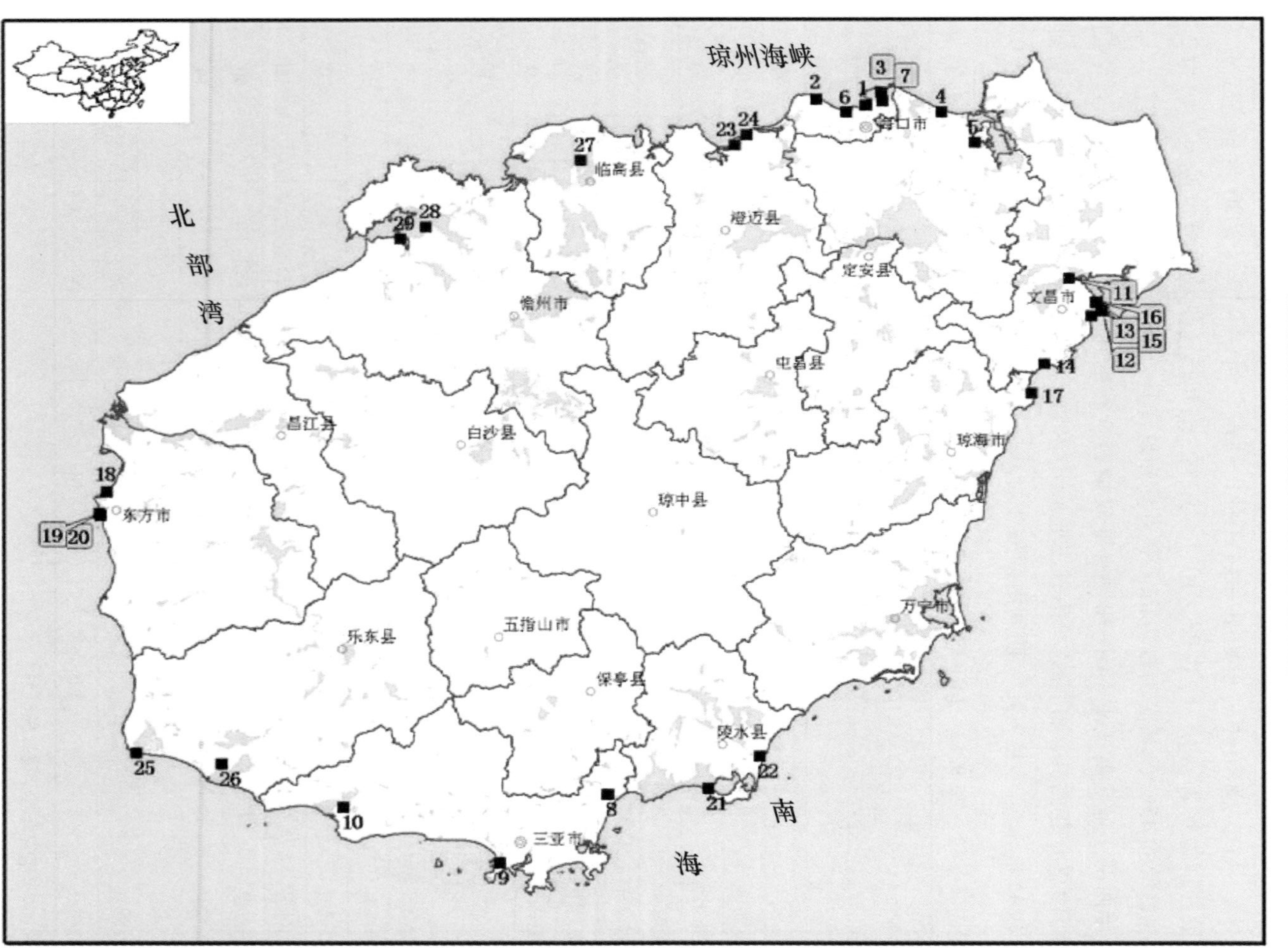

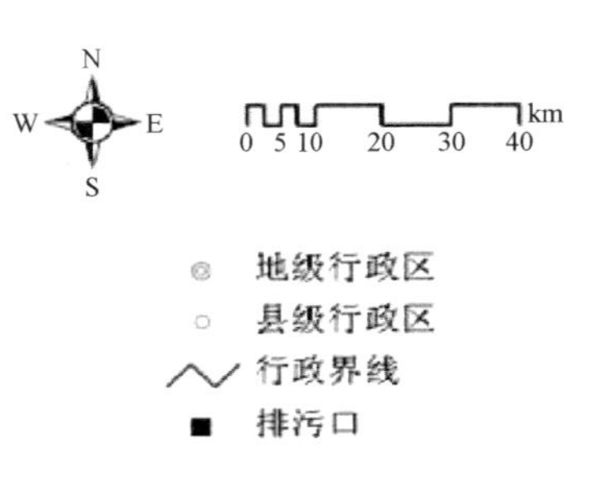

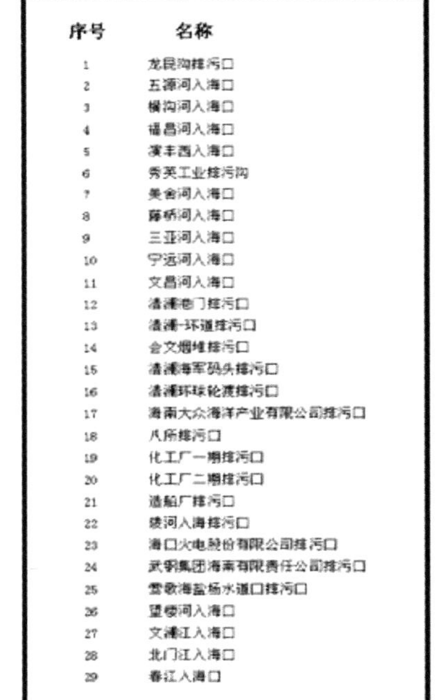

序号	名称
1	龙昆沟排污口
2	五源河入海口
3	横沟河入海口
4	福昌河入海口
5	演丰西入海口
6	秀英工业排污沟
7	美舍河入海口
8	藤桥河入海口
9	三亚河入海口
10	宁远河入海口
11	文昌河入海口
12	清澜港门排污口
13	清澜一环道排污口
14	会文烟堆排污口
15	清澜海军码头排污口
16	清澜环球轮渡排污口
17	海南大众海洋产业有限公司排污口
18	八所排污口
19	化工厂一期排污口
20	化工厂二期排污口
21	造船厂排污口
22	陵河入海排污口
23	海口火电股份有限公司排污口
24	武钢集团海南有限责任公司排污口
25	莺歌海盐场水道口排污口
26	望楼河入海口
27	文澜江入海口
28	北门江入海口
29	春江入海口

图9.9 海南省陆源入海排污口分布

9.2.1.2 城镇生活入海污染源总量预测

由于海南省城镇污水管网配套设施建设的滞后，近年来全省城镇生活污水排放量呈持续增长的趋势。根据《海南省水污染防治规划》对现有治理水平下城镇生活污染物排放量的预测结果（表9.14和表9.15）表明，按现有治理水平和污水处理率发展，2010年全省城镇生活COD、氨氮的排放量分别为10.28×10^4 t、0.83×10^4 t；2020年全省城镇生活COD、氨氮的排放量分别为11.70×10^4 t、0.97×10^4 t。海口市、儋州市和三亚市等主要城市污水排放量较大，2010年三者排放总量分别占全省城镇生活COD、氨氮排放总量的38.7%、42.8%；2020年三者排放总量分别占全省城镇生活COD、氨氮排放总量的40.1%、43.2%。五指山市和保亭县城镇生活污染物排放量最小（表9.14，表9.15）。

表9.14 2010年全省城镇生活污染物排放总量

市县	城镇人口/万人	城市综合用水量/（L/PD）	污水排放系数	污水处理率/%	COD排放量/t	氨氮排放量/t
全省合计	337.1	3 617			102 791	8 272
海口市	105.8	240	0.85	87.6	14 235	1 528
三亚市	39.7	240	0.85	49.5	12 064	887
五指山市	6.7	195	0.85	0	2 280	178
琼海市	17.1	222	0.85	0	6 625	442
儋州市	17.1	195	0.85	0	13 497	1126
文昌市	14.3	189	0.85	0	4 717	314
万宁市	21	190	0.85	15.7	7 166	642
东方市	12	200	0.85	0	5 585	425
定安县	11.2	189	0.8	0	3 477	271
屯昌县	8.2	189	0.8	0	2 546	198
澄迈县	12	207	0.8	0	7 004	467
临高县	8.5	195	0.8	0	2 529	181
白沙县	10	186	0.8	0	3 055	237
昌江县	10.4	195	0.8	0	3 331	259
乐东县	13.4	195	0.8	0	4 750	396
陵水县	10.5	195	0.8	0	3 363	224
保亭县	9.2	200	0.8	0	3 022	201
琼中县	10	195	0.8	0	3 545	296

资料来源：《海南省水污染防治规划》

表 9.15　2020 年全省城镇生活污染物排放总量预测值

市县	城镇人口/万人	城市综合用水量/（L/PD）	污水排放系数	污水处理率/%	COD 排放量/t	氨氮排放量/t
全省合计	459	215			117 114	9 689
海口市	131	240	0.85	87.6	17 596	1 889
三亚市	39	240	0.85	49.5	14 824	1 090
五指山市	7	195	0.85	0	2 445	190
琼海市	21	222	0.85	0	8 236	549
儋州市	53	195	0.85	0	14 491	1 209
文昌市	24	189	0.85	0	6 408	427
万宁市	25	190	0.85	15.7	5 522	768
东方市	19	200	0.85	0	6 525	496
定安县	14	189	0.8	0	4 238	330
屯昌县	12	189	0.8	0	2 894	225
澄迈县	22	207	0.8	0	7 362	491
临高县	17	195	0.8	0	2 678	192
白沙县	10	186	0.8	0	3 055	237
昌江县	15	195	0.8	0	4 744	369
乐东县	19	195	0.8	0	5 702	475
陵水县	12	195	0.8	0	3 827	255
保亭县	9	200	0.8	0	3 022	201
琼中县	10	195	0.8	0	3 545	296

数据来源：《海南省水污染防治规划》

9.2.1.3　农业生产入海污染源总量预测

1）种植农业污染物排放总量预测

以 2005 年海南省种植农业主要污染物 COD 和氨氮的排放总量估算值为基础，预测 2010 年海南省农业种植 COD 排放量为 12.75×10^4 t，氨氮排放量为 2.55×10^4 t。2020 年全省 COD 和氨氮排放量分别为 13.39×10^4 t 和 2.68×10^4 t。其中，儋州市、乐东县和文昌市农业种植面积大，污染物排放量较大，五指山市、保亭县污染物排放较小。海南省各市县农业种植污染物排放预测结果见表 9.16。

表 9.16　2010 年海南省各市县农业种植污染物排放情况及 2020 年预测值

市县	2010 年		2020 年	
	COD/t	氨氮/t	COD/t	氨氮/t
全省合计	127 450	25 490	133 929	26 787

续表 9.16

市县	2010 年		2020 年	
	COD/t	氨氮/t	COD/t	氨氮/t
海口市	10 064	2 013	10 493	2 099
三亚市	4 241	848	4 343	869
五指山市	1 405	281	1 443	289
琼海市	6 878	1 376	7 096	1 419
儋州市	16 493	3 299	17 827	3 565
文昌市	10 383	2 077	10 693	2 139
万宁市	5 660	1 132	5 782	1 156
东方市	7 537	1 507	8 013	1 603
定安县	6 282	1 256	6 779	1 356
屯昌县	4 821	964	4 987	997
澄迈县	8 924	1 785	9 768	1 954
临高县	8 716	1 743	9 219	1 844
白沙县	3 934	787	4 097	819
昌江县	4 860	972	5 259	1 052
乐东县	14 776	2 955	15 232	3 046
陵水县	5 157	1 031	5 358	1 072
保亭县	2 649	530	2 744	549
琼中县	4 670	934	4 796	959

数据来源：《海南省水污染防治规划》

2）禽畜养殖污染物排放总量预测

根据《海南省“十一五”农业发展规划》中畜禽养殖业发展目标和目前全省畜禽养殖分布现状，预测2010年和2020年，全省畜禽养殖业粪便产生量为1 802 $\times 10^4$ t和1 951 $\times 10^4$ t，其中，规模化养殖场粪便产生量为216 $\times 10^4$ t和234 $\times 10^4$ t；2010年和2020年，全省畜禽养殖业COD产生量为69 $\times 10^4$ t和75 $\times 10^4$ t，氨氮产生量为6.7 $\times 10^4$ t和7.2 $\times 10^4$ t，其中，规模化养殖场COD产生量为12 $\times 10^4$ t和13 $\times 10^4$ t。2010年全省畜禽养殖COD、氨氮排放量分别为32.3 $\times 10^4$ t、0.14 $\times 10^4$ t。2020年全省畜禽养殖COD、氨氮排放量分别为3.50 $\times 10^4$ t、0.16 $\times 10^4$ t。

2010年和2020年畜禽养殖污染物排放量预测值见表9.17，规模化养殖场污染物排放情况见表9.18，不同规模养殖场的污染负荷如表9.19所示。

表 9.17　2010 年海南省畜禽养殖污染物排放量和 2020 年预测值

市县	2010		2020	
	COD/t	氨氮/t	COD/t	氨氮/t
全省合计	32 332	1 444	34 962	1 563
海口市	3 346	151	3 562	161
三亚市	1 489	65	1 641	71
五指山市	460	19	497	20
琼海市	2 878	139	3 155	153
儋州市	3 915	175	4 242	190
文昌市	3 002	145	3 244	157
万宁市	1 638	74	1 771	81
东方市	2 092	88	2 279	96
定安县	1 540	69	1 649	74
屯昌县	1 411	62	1 518	66
澄迈县	1 980	88	2 138	95
临高县	2 445	109	2 648	118
白沙县	872	37	936	40
昌江县	839	36	909	39
乐东县	1 878	79	2 027	86
陵水县	1 048	45	1 138	48
保亭县	630	27	675	29
琼中县	869	36	933	39

注：资料来源于《海南省水污染防治规划》

表 9.18　2010 年全省规模化养殖场污染物排放情况和 2020 年预测值

污染物	粪便产生量	COD 产生量	COD 流失量
2010 年/（10^4 t）	216.39	12.02	0.63
2020 年/（10^4 t）	234.27	13.02	0.69

资料来源：《海南省水污染防治规划》

表 9.19　规模化畜禽养殖场污染物排放量估算

项目	养猪场		养鸡场		养鸡场		养牛场	
	200 头	500 头	2 000 只	1 万只	2 000 只	1 万只	40 头	100 头
废水中 COD 浓度/（g/L）	1.05	1.05	1.1	1.1	1.1	1.1	4.2	4.2
固体废弃物量/（t/d）	0.36	0.9	0.125	0.6	0.125	0.6	0.4	1.0
废水负荷量/（t/d）	3.0	7.5	1.2	6	1.2	6	6.8	17
废水 COD 负荷量/（kg/d）	31.5	78.75	13.2	66	13.2	66	28.56	71.4

资料来源：《海南省水污染防治规划》

9.2.2 入海污染物总量控制目标

9.2.2.1 工业污染源的控制目标

到2010年，加大对洋浦经济开发区、澄迈县、昌江县和东方市4个重点区域工业废水处理工程建设的投资，全省工业废水集中处理率（经地区污水处理厂集中处理后排放）达到15%；全省工业废水排放量控制在3.5×10^8 t以内，工业废水处理率达到90%以上，工业废水达标排放率达98%以上，工业废水中化学需氧量控制在5.26×10^4 t以内，氨氮排放量控制在0.19×10^4 t，万元工业增加值COD排放量达到8千克/万元；大力推行清洁生产和循环经济，尤其在海口工业园、老城开发区、洋浦开发区、昌江循环经济工业区和东方化工城5大工业园区形成规模，工业重复用水率提高到58%，建设重点工业企业污染排放在线监测监控系统27个和环境应急能力工程22个。

到2020年，加大对全省其他非重点工业区域废水处理设施建设的投资，全省工业废水集中处理率达到30%；全省工业废水排放量控制在4.3×10^8 t以内，工业废水中化学需氧量控制在6.27×10^4 t以内，氨氮排放量控制在0.23×10^4 t，万元工业增加值COD排放量达到5 kg/万元；工业废水全部达标排放，提高工业企业清洁生产普及率，工业重复用水率提高到71%，建设重点企业污染排放在线监测监控系统80个。

9.2.2.2 主要生活污染物COD和氨氮的控制目标

到2010年，新增城镇生活污水处理设施的处理能力75.9×10^4 t/d（加现状值为115.9×10^4 t/d）。全省城镇生活污水集中处理率达到70%，其中，海口、三亚污水处理率在75%以上，全省城镇污水处理回用率分别达到25%，重点城市分别达30%，90%以上陆源排污口达标排放；城镇生活污水排放量控制在3.6×10^8 t以内，生活污水中化学需氧量控制在10.28万吨以内，氨氮排放量控制在0.83×10^4 t。到2020年，生活污水处理能力达300×10^4 t/d以上，全省城镇生活污水处理率达80%以上，全省城镇污水处理回用率分别达到35%，重点城市分别达50%，95%以上陆源排污口达标排放；城镇生活污水排放量控制在4.5×10^8 t以内，生活污水中化学需氧量控制在11.70×10^4 t以内，氨氮排放量控制在0.97×10^4 t。

9.2.2.3 农业面源污染物控制目标

到2010年，农业面源污染得到治理，农业生态环境有所改善。禁止在南渡江、万泉河和昌化江等干流周围2 km、大中型水库沿岸1 km等区域及重要水源地等重点保护区使用高毒高残留化学农药，60%的农田推广使用生物防治和生态控制技术，测土平衡施肥面积达到40%；重点保护区外10 km其他主要河流两侧10 km范围的区域及水土流失重点区、各河流源头区等一般保护区农业有害生物综合防治面积达50%，大力推广生物农药、植物源农药和高效、低毒、低残留、易分解的化学农药，禁止生产和使用国家明令禁止的农药品种；平衡施肥面积达到30%；除重点保护区和一般保护区外的汇水区农业有害生物综合防治面积达到40%，平衡施肥面积达到20%。

到2020年，农业面源污染得到有效控制，农业生态环境趋向良性循环。除发生重大生物灾害外，重点保护区全面禁止使用化学农药，以自然灾害为主，辅以生物防治技术，进一步增强对农业有害生物采取生物防治和生态控制的能力，测土平衡施肥面积达到70%，主要经济作物基本实现无害化生产；一般控制区农业有害生物综合防治面积达80%，改善农业生态条件，大力推广生物防治和生态控制技术，进一步压缩化学农药用量；平衡施肥面积达到60%；其他汇水区农业有害生物综合防治面积达60%，进一步减少化学农药的应用，平衡施肥面积达到50%。

9.2.3 入海污染物总量控制对策

9.2.3.1 工业污染源控制对策

实行工业污染物总量控制。加快工业结构调整，加快水泥、制糖（酒精）、食品加工等企业重组进程，大力推进清洁生产，推进规模化集约经营，开展相关生态工业园区试点，淘汰落后工艺设备，取缔、关停一批布局不合理、低水平重复建设、污染严重、治理无望的小企业，为大工业的发展腾出环境容量。不得新上、转移、生产和采用国家明令禁止的工艺和产品，严格控制限制类工业和产品，禁止转移或引进重污染项目，鼓励发展低污染、无污染、节水和资源综合利用的项目。企业通过开发节水工艺，建设废水回用设施，提高工业用水的重复利用率；改进生产工艺，新建污水处理设施等措施，实现工业污染物排放的总量控制目标。

加强对现有企业排污监管。严格执行环境管理制度，加强对工业污染源的监督管理，筹建专业治理公司，按“谁污染谁负担”原则进行专业管理及分区治理。各市、县环保部门要开展污染源调查，对重点工业污染源进行重点控制，提高工业废水处理率和达标率，实现全省工业污染源达标排放，巩固“一控双达标”成果。建立集聚区废水专业污水处理厂，将各企业排放的同类型废水集中做专门处理，在达到市政污水处理要求后一部分用作中水使用，用于对水质要求不高的工艺和冷却用水，用于集聚区生活服务。为了保证工业废水的处理要求，集聚区其他企业的废水在企业各自预处理达到并网要求后，排入污水处理厂，与生活污水等一同处理。

严格控制新建项目污染。按照《海南省建设项目环境保护审批管理分类名录》和环境功能分区要求，加强新建项目环境保护审批管理和审批后的监督，严格执行新建项目“环境影响评价”制度，严格执行环保设施与主体工程同时设计、同时施工、同时投入使用的“三同时”制度，确保新建项目污染物排放量控制在规定的标准和总量指标之内。

9.2.3.2 城镇生活污染源控制对策

要加快城镇污水处理厂及其配套污水管网的建设。按照分散与集中结合的原则，采用多种方式，开拓各种资金渠道，先行建设市、县政府所驻城镇和水源地及河流上游城镇的污水处理工程，在有条件的区域，实施污水适度处理，离岸排放的海洋处置工程。提高城镇污水收集率和处理达标率，到2010年，使各市、县城区污水收集率达到70%~80%；到2020年，各市、县城区污水收集率达到80%~90%。

采用脱磷、脱氮工艺，进行城镇污水处理设施的新建、扩建和改建，近期主要建设海口长流、琼海、洋浦、东方、昌江汉河、白沙、万宁、文昌污水处理厂及配套管网；中远期各市县主城区、工业区以及其他重点城镇均应完成污水处理设施与配套污水管网建设。

提高城镇污水处理设施脱磷、脱氮能力，并配套建设污泥处理处置设施。各市县要根据当地实际情况，制定有利于污水回收和处理的政策，实行节约用水，推广中水回用，推行清污分流，减少污水排放量。按照保本微利的原则，适当收取污水处理费以解决污水处理厂日常运行的经费等问题，确保污水处理厂的正常运营。城镇污水处理厂应全部安装在线监测装置，实现污水处理厂排污的实时、动态、全面的监督与管理。省水务部门要对污水处理厂进行监督指导，保证污水处理厂正常运转。

防治城镇生活垃圾污染。采取适合海南地理环境特点的处理方式，加快城市垃圾无害化处理厂（场）建设。按照资源化、减量化的原则，推行焚烧发电、生物堆肥等生活垃圾资源化综合利用。在 2010 年底前，已清理原堆放的垃圾，完成东方、儋州、昌江、文昌、万宁、五指山和西沙等垃圾处理厂（场）建设，在有条件的城镇推广生活垃圾资源化处理；解决好垃圾处理厂（场）的二次污染问题。至 2010 年，全省城镇垃圾无害化处理率达到 70%。

防治农村生活污染。结合生态文明村建设和民房改造，合理规划农村居民点，使新建的住宅适当集中；结合推广沼气池和改水改厕工作，对人畜粪便进行资源化利用，生活垃圾定点集中堆放，利用人工湿地或土壤净化处理系统处理净化生活污水。各市县要根据水污染控制实际情况，倡导或限制使用无磷洗涤剂，把磷、氮污染物控制在最低水平，防止产生水体富营养化。

9.2.3.3　农业面源控制对策

海南省农业污染防治的重点是规模畜禽养殖场、农业面源和高位池养殖污染。推进农业标准化建设，加快无公害农产品、绿色食品基地建设，合理使用农业投入品，加强规模畜禽养殖场和高位养虾池的污染治理设施建设。

1）防治畜禽养殖污染

要根据国家环保总局印发的《畜禽养殖污染防治管理办法》的要求，加强畜禽养殖业规划，合理布局规模养殖场，规范畜禽养殖业的环境管理。在城镇、水源保护区和风景旅游区周边划定畜禽规模养殖禁止区，搬迁或关闭禁养区内的畜禽养殖场，通过转移外迁等方式，将养殖区搬迁至环境容量大、自净能力强的城市远郊区。

对禁养区外已建成但未履行环评审批手续和环境保护设施验收手续的养殖场，必须限期补办环保手续，完善污染防治设施，落实畜禽废渣综合利用措施。对逾期不补办环保手续的，按有关法律规定处理。新建畜禽养殖场必须严格执行环境影响评价制度和“三同时”制度。

科学、规范地做好场址的选择、栏舍设计、生产规模和饲养品种的确定、饲料生产和供应、防疫、消毒程序和制度，沼气池和粪便处理设施等各方面工作，减少资源耗损和对环境的污染，解决人畜混居、庭院环境污染。积极推广畜禽养殖小区建设模式，力争在 2015 年生猪规模化养殖比重达 70% 以上，家禽规模化养殖比重达 73% 以上。

合理处置和综合利用畜禽养殖过程中产生的粪便和废水，通过转化为有机肥料和沼气进行资源化利用，减少畜禽废水直接向流域水体排放。积极推广养殖废水的土地处理，提高畜禽排泄物的资源化利用率。重点在海口、三亚、琼海和文昌的市郊开展畜禽养殖污水处理示范工程、畜禽排泄物资源化示范工程，加强海口市罗牛山密集养猪场地区和文昌市、琼海市密集养鸡场地区的环境管理和污染治理投入。提倡“猪—沼—果（菜）”等种养结合和生态养殖的循环农业发展模式，突出抓好海口循环经济示范带建设，逐步推广舍饲、半舍饲养殖模式，逐步实现养殖业的合理布局。

2）控制种植业面源污染

抓好农田基本建设，对中、低产田进行改造和综合治理。加强对农产品种植基地环境质量监测，实行无公害、绿色和有机产品基地的环境质量公告制度。科学合理施用农药和化肥，按照标准化管理要求，加强对农业投入品的监督，推广应用低残留、低毒、高效农药和生物防治技术，禁止使用高剧毒农药，尽可能少使用化学农药，逐步实行总量控制。大力推广节水灌溉技术、配方施肥技术和病虫害综合防治技术，减少水土流失，提高肥料利用率，注重有机肥和生物农药的使用，减少及控制化肥和化学农药使用量。推广使用可降解农膜，减少农业的白色污染。大力推广秸秆还田，过腹还田、秸秆气化技术和其他综合利用措施，提高农业生产秸秆的资源化利用水平。以点线面相结合，开展生态农业示范区、生态农业带、生态农业圈的建设，使农业生态环境得到全面治理。

3）防治海水养殖污染

制定全省沿海各市县海水养殖总体规划，明确海水养殖的布局、总量，尤其是合理布局和规范管理高位池养殖，并对规划进行战略性环境影响评价。通过制定优惠政策和加强海域使用审批管理，引导内海潟湖和其他海水交换能力较差的海区内养殖企业与专业户转向发展近海深水养殖业，减轻海水养殖对近海的污染。对海水交换能力较差的岸段，以及影响饮用水和农田的区域严格控制养殖规模。积极推广生态养殖技术，减少养殖药物和养殖饵料的投放，从源头减少污染物排放；研究制定养殖废水地方排放标准，加强养殖废水处理技术的研发与引进，有效治理海水养殖污染。

9.2.3.4 海域污染源控制对策

海洋污染源防治的重点是海上开发项目、港口、船舶和倾废物污染。积极组织实施“碧海行动”计划，在治理陆源污染的同时，加强海上污染的防治。到2010年，80%的岸段海水仍保持国家一类海水水质标准；西部工业走廊岸段则规定，排污口混合区以外海域水质控制在二类水质标准以内。

防止海上开发项目污染。加强海洋工程项目的环境监督管理，重点抓好海口湾整治，严格实施《防治海洋工程建设项目污染损害海洋环境管理条例》等着重加强海上污染物排放管理的法律法规。严格按照规定处理含油污水和油性混合物，回收残油、废油，防止对海洋环境的污染。实行海上排污许可制度和收费制度，利用法律和经济手段加强海上流动污染源的环境管理。

加强对港口、渔港区的监督管理。提高船舶、港口防污设备和溢油应急设备的配备率，建设完善港口和渔港废水、废油和垃圾等污染物的回收处理装置，并能监控船舶污染物排放情况，船舶排放生活污水应在距最近陆地4 n mile以外，并保证排出的污水在其周围水域不产生漂浮固体和不使水体变色。严格控制港口及渔港石油类污染排放，强化监督管理。建立港区环境保护监测站（点），加强港区环境的常规监测。

控制海上船舶污染。加强对海上船舶污染物处置的监督，严格实行《海上船舶防止油污证书》制度，严禁违反规定向海洋排放污染物、废弃物和压载水、船舶垃圾及其他有害物质。实行海上排污许可制度和收费制度，加强海上流动污染源的环境管理。采用先进的溢油监视监测与消除技术和设备，建立海上溢油事故应急防治体系和管理信息系统。

加强海洋倾废区管理。严格管理海洋倾废活动，杜绝违反规定的倾废行为，把倾废活动严格限制在已划定的 6 个海洋倾废区内。对所倾倒的废弃物，海洋主管部门必须在装载之后予以核实。加强对倾废区的环境监测，及时掌握各倾废区的水质变化情况，对不宜继续使用的倾废区应及时关闭。

9.3　海南省海洋生态环境管理模式研究

9.3.1　海洋自然保护区发展规划研究

海洋自然保护区是国家为保护海洋环境和海洋资源而划出界线加以特殊保护的具有代表性的自然地带，是保护海洋生物多样性，防止海洋生态环境恶化的措施之一。海南省海洋自然资源丰富，根据海南省海洋自然生态特点，海南省海洋自然保护区未来的发展构思如下。

9.3.1.1　规划目标

总体目标：到 2020 年，调整合并海洋自然保护区 5 个，涉及现有海洋自然保护区 8 个，新建海洋自然保护区 3 个，新增保护区面积共 $8.78 \times 10^4\ hm^2$（增加三亚大母贝保护区面积），规划期末全省海洋类型自然保护区总数为 21 个，其中，国家级 5 个，省级 9 个，市、县级 7 个；对资源状况和保护区域范围不太清楚、保护机构不健全、保护经费没有落实的原广东省批准设立的海洋类型自然保护区资源进一步深入调查，明确保护区保护对象和范围，如有必要可调整保护区类型和级别；逐步形成一个以国家级自然保护区为核心，省级自然保护区为网络，市、县级自然保护区为通道的类型齐全、布局合理、管理高效、社会效益和生态效益显著的全省海洋自然保护区体系；优先保护一批典型海洋生态系统、濒危物种、海洋自然遗迹和海底景观；逐步恢复和有序、高效保护全省海洋生物资源、生态环境和生物多样性；培育和试点国家滨海公园建设；全面维护和提高全省海洋生态环境质量，促进全省海洋经济持续协调发展。

2015 年前，新建自然保护区 2 个，调整合并自然保护区 5 个。

新建的自然保护区：一是海口市水下村庄省级自然保护区，为地震历史遗迹，这是目前我国历史上唯一因地震下沉而形成的海洋遗址及古代村庄遗迹奇观；二为三亚梅山省级大珠母贝自然保护区，据初步调查，目前海南岛近岸海域仅在三亚梅山东锣西鼓海区保存有少量大珠母贝资源，急需保护。

根据保护区区域、保护对象现状以及资源分布状况调整合并的自然保护区有：将三亚大东海珊瑚礁市级自然保护区并入海南三亚珊瑚礁国家级自然保护区；将临高白蝶贝自然保护区（省级）、临高县珊瑚礁自然保护区（县级）和临高县临高角自然保护区（县级）合并为临高白蝶贝、珊瑚礁自然保护区（省级）；在文昌麒麟菜自然保护区（省级）和琼海麒麟菜自然保护区（省级）增列海草、珊瑚礁为保护对象；在儋州白蝶贝省级自然保护区中增列珊瑚礁为保护对象。抢救性保护一批典型海洋生态系统、濒危物种和有价值的历史遗迹、自然遗迹与自然景观；进一步完善海洋自然保护区的法规体系；自然保护区管理机构设置及人员配备率达到60%，基本保护管理设施配备率达到50%，具有一定的科研能力与自我发展能力；启动国家滨海公园建设调研和规划制定。

到2020年，新建自然保护区1个，为西沙群岛国家级珊瑚礁自然保护区，全省海洋自然保护区总数为19个。自然保护区管理机构设置及人员配备率达到80%，具有较为完善的保护管理设施，配备率达到80%，并充分发挥自然保护区的自然保护、科学研究、宣传教育、旅游和经营示范等多种功能；开展国家滨海公园建设试点。

9.3.1.2 保护措施

对全省重要海洋生态系统开展全面调查，特别是对红树林湿地生态系统、珊瑚及珊瑚礁生态系统、海草床生态系统和重要水生生物产卵场、孵育场等重要敏感生态系统进行全面调查，摸清海洋生态系统基本情况及变化趋势，科学评估生态系统的受损度、破碎度及其生态价值，建立全省海洋生态系统评估地理信息系统。

在系统调查基础上，利用科学理论分析和评价人类活动对海南重要生态系统产生的影响，提出恢复策略；避免和消除人类各种经济活动对重要敏感生态系统的影响；建立对涉及重要敏感生态系统开发活动的科学评估决策制度。

根据保护需要，新增或调整海洋自然保护区，加强对重要生态系统内珍稀物种、重要经济类群以及生物多样性的保护；建立对重要生态系统的监测评估网络体系；逐步实施红树林栽种计划和珊瑚、海草人工移植保护计划；对水深20 m以浅海域重要海洋生物繁育场予以特别保护。

加大保护区建设投资，完备保护区基础条件建设、完善保护区管理队伍和科研机构及管理制度，增强保护区管护能力，有效保护保护区内海洋资源及海洋生态系统。

9.3.2 海洋生态环保的科技战略与对策研究

海洋环境基础调查与科学研究是提高海洋环境保护管理水平的重要基础工作和先导。为满足海洋经济发展的需要，实施近岸海域基础地质调查和生态环境调查工程，摸清近岸海域基础地质（特别是现代地质作用）与区域稳定性评价、重点用海地区工程地质情况及地质灾害危险性评价和海域生态环境质量状况，特别是典型生态区的生物多样性调查评价、生态系统功能和结构状况调查评价，全面掌握海南省近岸海域基础地质与环境质量基本状况，建立相应的信息系统，正确评价海南省海洋环境质量健康状况，为预测海洋环境的未来变化趋势，控制和预防海洋灾害，制定海域环境容量、养殖容量、污染物控制总量等海洋环境保护措施，实现为海洋环境动态管理提供科学的依据，为加快海洋经济建设提供基础保障。

9.3.2.1 加大对海洋环保科研工作的资金投入

各级政府都应将海洋环境保护规划纳入各级国民经济、社会发展规划和年度计划，把海洋环境保护投资纳入各级财政预算的正常支出科目，建立固定的资金渠道，稳步增加对海洋环境保护科研方面的投入，逐步提高环境污染防治投入占本地区同期GDP的比重。对项目使用海域征收的海域使用金，应由各级财政安排一定的比例用于海洋环境保护和整治工作。制定和完善投融资、税收、进出口等有利于海洋环境保护的优惠政策，吸引国内外资金投向海洋环保项目。扩大引进国内外资金的力度和领域，国外长期优惠贷款要优先安排污染治理和生态保护项目。

9.3.2.2　加速开展海洋环境保护科学技术研究

1）海洋环境容量分析与总量控制技术研究

深入研究近岸海域的水动力环境、海水交换能力和海水自净能力，建立典型海域环境容量计算模式、容量总量控制模式和容量总量分配模式，为充分利用海洋的自净能力提供科学依据；对主要污染物的入海途径和入海通量，建立相应的测算方案和技术，确定各种途径入海的污染物通量，合理分配污染物的排放浓度和排放时间；开展水体自净能力及水质预测模型和环境容量研究，为在全省建立污染物入海排放许可制度提供科学依据。

开展海口湾、三亚湾、文昌清澜湾等重点港湾的潮流场及环境容量模拟计算，建立各重点港湾的海水动力交换模型和海水水质控制模型，定期监测并发布各重点港湾海水环境容量及预测成果，为全省沿海城市化、工业化，特别是重大项目的布局决策提供科学依据。

2）海洋生态恢复技术研究

研究人类活动对海洋生物多样性和脆弱海洋生态系统的影响及其评估体系，以及环境影响的评价方法和生态环境的效益补偿机制和外来物种对海洋生态环境的损害和影响机制。积极开展海岸带及近海资源现状和资源再生过程与环境的演变规律，以及特定海域养殖技术和生产潜力、生物资源补充过程的研究。重点发展海水养殖区污染的生物修复技术、污染海域环境的生态修复技术、受石油和重金属等污染的海底沉积物净化技术、濒危海洋生物物种恢复和保护技术、外来灾害生物物种的清除技术、有毒和有害污染物的自动、快速、灵敏检测技术等。

3）海上突发污染事件的应急处置技术研究

加强海洋环境综合整治技术研究，不断提高识别污染物危害的能力；开展海洋环境质量评价与污染防治技术、溢油动态预测技术、有害赤潮发生机制及治理技术等方面的研究。

重点应发展赤潮灾害应急处置技术和突发性溢油污染事件应急处理技术。其中，赤潮灾害应急处置技术主要包括赤潮监测技术、赤潮灾害评估技术和赤潮防治技术；突发性溢油污染事件应急处置技术则主要包括重大溢油回收与消除技术、溢油灾害损失评估技术等。

4）重视海洋环境科技的转化与应用

建立海洋环保技术服务体系。积极推广海洋环保科研成果，各级政府都应将海洋生态环境保护与科技发展结合起来，增加海洋环境保护中的科技投入，提高海洋环保的科技含量和水平。开展海洋污染防治控制项目、生态保护项目和海洋生态环境灾害监测预报预警系统等科技领域的新理论、新技术、新工艺、新方法的研究和推广，建立健全海洋环境监测网络，建议尽快实现与全国海洋环境监测网联网。完善环境与安全信息、应急监控和预警体系，建立信息资源共享机制。依靠科技进步提高海洋开发效益，加快海洋高新技术产业化建设，积极引导海洋开发企业投资于经济效益和环境效益均显著的项目。进一步组织开展有关技术政策、科普宣传和技术培训，全面提高海洋环境保护工作队伍的整体素质。深化海洋环境科技体制改革，跟踪国内外海洋开发与保护的经验。加强与国内外各相关方面的合作及区域性和国际间的交流，努力提高海洋环保工作水平。建立一支结构合理、人员精干并具有国际先进水平的海洋环境科研队伍和与之相适应的海洋环境科技管理体制，培养重点学科技术带头人和中青年科技人才，积极开展国际海洋环境科技合作与交流，及时跟踪研究国外海洋环境科技发展水平。

9.3.3 海洋生态系统恢复与建设战略和对策研究

9.3.3.1 人工鱼礁建设

建设海区人工鱼礁，对海洋渔业资源衰退严重、水域荒漠化严重和转产重点区域的近岸水域进行生态修复，达到重建生态系统，补充、增殖水生生物资源的目的。在海南省沿岸幼鱼幼虾繁育区内建设若干个人工鱼礁，同时，对投放人工鱼礁后的效果进行监测和评估。通过人工鱼礁建设工程，使海南省沿岸重点海域和重点海湾的海洋生态环境质量得到修复和改善，濒危珍稀野生动物得到有效保护，海洋生物资源得到保护和恢复，达到可持续利用目标。

9.3.3.2 生物资源保养增殖

制定海洋生物资源增殖法规和规划，建立海洋生物资源增殖管理机构，在沿海重点海域实施生物资源增殖、放流计划，使之成为保护和恢复海洋生物资源的一种有效措施。每年由海洋与渔业行政主管部门制定生物资源护养增殖计划，并负责在沿海人工鱼礁区、幼鱼幼虾保护区、水产资源自然保护区、贝类和海珍品护养增殖区等海域实施护养增殖计划。计划2010年放流苗种100亿尾，在北部湾、琼东部海湾区域，投放人工鱼礁200×10^4 m^3，形成4×10^4 hm^{2}蓝色海洋牧场，年增殖渔业资源15×10^4 t。2020年，在西沙群岛和南沙群岛海域建设海藻增殖区。

9.3.3.3 海岸防护林带建设

海岸防护林带是为了防御台风，减少灾害，改善环境和护岸固沙等作用，而在沿海营造灌木和乔木地带。在海南岛沿海最高潮位200 m范围内为营造防护林带的区域和在沿海的流动、半流动荒地上造林，其主要目的是保护海岸和保护村庄、农田，抵御海浪、风暴潮、台风和风沙等自然灾害的袭击，改善生态环境。为了加强海洋环境的治理和保护，促进经济建设与环境保护的协调发展，建设良性循环的生态环境，根据有关区划，结合海南省沿海生态环境及经济发展的实际，建设总长度约1 080 km、宽度一般不少于200 m的海岸防护林带。防护林的树种主要是木麻黄及搭配种椰子、酸豆、海棠、青皮树等。

9.4 海南省海洋生态系统健康与安全战略和对策研究

9.4.1 战略目标

健全全省综合监测、信息网络、预报预警和海洋气象4大监测平台，着重抓好入海排污口监测、入海河口监测、近岸海域环境质量与趋势监测、旅游区监测、海水增养殖区监测、海洋主要生态功能区监测、赤潮生物监测、重点项目对海洋环境影响跟踪监测和海洋污染事故应急监测。强化海洋监测队伍建设，充实海洋环境监测队伍，提高人员素质，配备完善监测设备。加快现有海洋环境监测部门的建设，采取措施尽快扭转海洋环境监测手段不足、监测和分析水平低、仪器设备落后的局面，利用卫星遥感、航空遥感、自动观测、计算机网络及自动化等先进技术初步形成覆盖全区的海洋观测监测网络体系，提高海洋环境监测的现代化水平，使海洋环境监测适应海南省海洋环境保护的需要。

9.4.2 对策研究

9.4.2.1 加强海洋环境监测监控能力建设

加强沿海海洋监测系统的建设，完善以卫星、船舶、浮标、岸站组成的多种监测技术集成的海洋环境监测技术体系。在现有海洋环境监测的基础上，进一步加强海洋环境监测队伍建设和实验室建设，全面提升海南省海洋环境监测能力，重点强化海洋功能区、污染源、海洋生态灾害及生态系统健康监测的能力建设。根据各种海洋灾害应急预案，加快应急体系的建设，提高海洋监测对突发性事件的应急处理能力。建立和实施海洋监测结果报告制度，积极地、及时地以环境质量状况公报、海洋环境质量公报、海洋环境监测专题报告、海洋灾害监测评估报告、海水浴场监测报告等形式向沿海地方政府、有关部门和社会公众定期或不定期地发布海洋环境质量状况，有效服务于海洋环境保护、经济社会发展和海洋开发利用与管理。

1）优化和完善监测站点

按照国家和省的有关要求，结合海洋环境生态监测的实际情况，进一步优化和完善监测站点，全面开展监测站位的监测，及时汇总数据、发现问题和分析问题，实行海洋环境监测的季（月）报制度。

参照海南省海洋功能区划，新增海洋生态功能区监测站点如下。

海水养殖区：文昌—八门湾、长玘港和冯家湾，万宁—小海，陵水—新村港，乐东—望楼港和莺歌海，东方—北黎河；

赤潮生物：海口湾，文昌—淇水湾，三亚—大东海，洋浦湾；

海洋自然保护区：东寨港红树林自然保护区，文昌麒麟菜自然保护区，海南铜鼓岭自然保护区，文昌清澜自然保护区，琼海麒麟菜自然保护区，三亚梅山大珠母贝自然保护区，海南东方黑脸琵鹭自然保护区，儋州白蝶贝自然保护区，儋州新英湾红树林自然保护区，临高白蝶贝自然保护区。

除此之外，污水处理厂建成投入使用后，均要布设排污口监测站位。

2）污染源达标排放监控

对重点工业污染源、重点集约化禽畜养殖污染源达标排放情况和海上船舶及其相关作业的污水排放进行监督控制监测。在例行环境监测的基础上，对主要直排口、混排口、入海河口、市政下水口进行陆、海环境监测，分析水质变化规律，预测海洋环境质量的变化趋势，确定排污与海洋环境质量间的输入响应关系。对水质监测站点进行有效水质监测，准确评估海洋环境保护中期实施效果，实行海洋环境质量的月报制度；对直排口、混排口、入海河口、市政下水口、海上船舶的主要污染物入海排放总量进行年度监测。

3）制定海洋生态环境监测调查评估方法

针对海南省独特的热带海洋生态系统，制定能准确反映海南省海洋环境生态现状的调查评估方法，并能够推断其未来走势。

针对珊瑚礁、红树林和海草床这3种典型生态系统，制定全新的生态监测调查评估方法。珊瑚礁生态系统除了活珊瑚覆盖率等传统指标外，还要引进能反映珊瑚个体健康状况的共生藻最大光合效力以及虫黄藻密度等指标。而海草床生态系统除了以往的生物量等指标外，还要引进珊瑚礁生态系统监测的方法，进行水下拍摄，大尺度监测生物多样性。红树林生态系统除了调查生物量和物种多样性，还需要进一步的监测其固氮能力，评估其生态价值。

9.4.2.2 加强海洋环境灾害预报与防治能力建设

1）赤潮的防治与预报能力建设

建设赤潮灾害防治技术支撑体系，加强赤潮灾害监测系统建设，提高现场数据实时自动采集能力、传输能力、处理能力和监测信息预警发布能力，完善事故调查处理机构资质审查、审批制度，编制各类事故及灾害的防治预案。加强有关赤潮监测的队伍建设，加强海洋、气象、水文、地震等行业部门专业预警预报机构间的合作，提高赤潮灾害应急响应能力和赤潮早期预警能力。

加强赤潮监测、监视的能力建设，制订赤潮监测、监视、预报、预警及应急方案，并对重点近岸海域、水产养殖区和江河入海口水域进行特殊监测和严密监视，以减少赤潮灾害的损失程度。

2）海洋环境污染事故灾害应急能力建设

制定海上船舶溢油和有毒化学品泄漏应急计划，制定港口环境污染事故应急计划，建立应急响应机制和支持信息系统，加强海上溢油和船舶危险化学品事故应急反应能力建设。完善海上溢油监视监测体系，建立和完善海上溢油监测台站，提高监测水平。加强海上溢油事故应急反应队伍和溢油应急装备库的建设，提高海上重大溢油事故的应急处置能力。建立重大污染事故应急处理体系，加大污染事故查处力度，提高渔业水域污染事故应急处理能力，最大限度地减少渔业损失。

开展不同条件下各类污染物对渔业的影响研究，对重大渔业污染事故开展技术鉴定和影响评估，提出和实施污染环境的应急处置、污染生境恢复和重建措施。

3）海洋环境预警预报能力建设

根据海南省的实际情况，开展海洋环境（温度、盐度、水质、沉积物质量、生物体质量、潮位等）预报和海洋灾害（风暴潮、海浪、海啸等）预警预报。同时，加强能力建设和人才培养，提升海洋灾害监测预警能力，开展海洋灾害风险评估和区划，全面核定沿岸防潮警戒水位，组织做好海洋灾害灾情收集、发布及评估工作，提高公众海洋防灾减灾意识，努力缩短灾害应急反应时间，最大限度地减轻人民生命财产损失。

4）合理利用岸线资源，加强海岸侵蚀防治

立足整体协调和可持续发展，根据海洋功能区划、海南省及沿海中长期经济社会发展规划等合理规划岸线的使用并预留发展空间，严格控制岸线外侧的工程建设、砂石开采等开发活动，建设海岸生态隔离带，将海岸工程建设控制在海岸生态隔离带向岸一侧，并针对易毁岸段的特点采取一定的防护措施，防止海岸侵蚀，保护海岸景观和生态功能。实施海南沿海海岸防护林带、湿地植被保护修复工程，加强海口市新海乡和长流镇部分侵蚀岸段的治理与保护。

9.4.2.3 加强海洋环境保护行政执法能力建设

适应社会主义市场经济体制要求，进一步完善海洋环境法规体系。制定有关海洋环境影响评价、化学物质污染防治、污染物排放总量控制、清洁生产、生物安全、生态环境保护和环境监测等方面的法律、法规，完善环境标准体系。加强生态保护相关标准和技术规范的制定，加快环境标志产品和环境管理体系标准的制定。

全面推行海域使用论证制度和海域有偿使用制度，对围填海工程及其他用海项目坚持可行性论证制度，对未经论证和审批的用海项目进行检查和处理，从源头上解决开发无序、利用无度和使用无偿的问题，协调好各种用海关系；严格执行建设项目环境影响评价制度，对未经环境影响评价擅自开工的涉海项目要依法责令停止建设，追究有关责任，对破坏海洋环境的企业做到违法必究，执法必严。

坚持依法行政，规范执法行为，加大执法力度，提高执法效果，依法打击违法犯罪行为，实行重大环境事故责任追究制度，坚决改变有法不依、执法不严、违法不究的现象。重点开展生态环境保护、污染源和建设项目环境保护“三同时”的执法监督，加强环境行政处罚和复议工作。

加快推进环境监察、海洋监察、渔政渔监、海事等行政执法体系的能力建设，并加强各支队伍间联合执法、协同行动的能力，重点加强海陆污染源监察执法和海洋生态保护监察执法的能力建设，不断改善执法手段和执法设施，提高执法监察的管理水平和力度，使用先进的技术手段，全面提高海南省海洋环境保护行政执法能力，依法维护海洋权益、保护海洋环境。

9.4.2.4 加强海洋环境信息与决策支持系统

海洋环境信息与决策支持系统是海洋环境保护、综合整治、开发、管理以及区域经济发展的重要手段，是海洋管理现代化的必然要求。通过系统建设，建立海洋环境信息基础数据库，实现信息资源共享，为海洋环境的保护和管理、海洋资源的合理利用提供决策依据，逐步完善海洋环境监测全程质量管理体系，并形成相关的建议和对策，为海洋经济发展提供有效服务，为海洋环境保护决策提供必要的支撑。

建立包括全省近岸海域自然地理概况、海洋环境状况、海洋资源状况、海洋保护区现状、海洋政策法规、海洋管理、海洋产业状况等的海洋环境地理信息平台，获取不同比例尺的基础地理信息产品，获取环境场分析产品、海洋环境、海洋资源、海洋产业统计分析和评价产品，为海洋环境保护管理工作的信息化建设奠定基础。

利用卫星遥感、飞机和船舶巡航以及常规监测等手段获取海洋环境监视监测信息，结合海洋环境背景场信息、海洋生态背景场信息以及倾废、排污、溢油等主要海洋污染事件信息，建立海洋环境保护综合管理系统，制作各类信息产品，实现陆源排污实时监控和预报预警，实现海洋生态监控区、赤潮监控区、海洋倾废、突发性海洋灾害事件、海洋工程实时监控等。利用网络信息发布技术，对相关信息产品进行网络发布。

第10章 海南省海域使用规划与评价研究

海南省海域使用规划是在一定海域内，根据海南省社会经济可持续发展的要求和当地自然、经济、社会条件，对海域资源的开发、利用、治理和保护在空间上、时间上所作的科学设计和安排。

10.1 海南省海域使用现状

10.1.1 用海类型统计

海南省海洋资源的丰富，区位条件优越，丰富的资源条件使得海域使用活动所涉及的领域较广，使用类型多样。目前主要的使用方式有：① 渔业用海；② 交通运输用海；③ 工矿用海；④ 旅游娱乐用海；⑤ 海底工程用海；⑥ 排污、倾倒用海；⑦ 围填海用海；⑧ 特殊用海；⑨ 其他用海。其中，渔业用海4 861宗，占全省用海总宗数的96.4%，其中，绝大部分为养殖用海，其他为渔港用海，此类型用海各沿海市县均有分布，文昌市和儋州市的渔业用海数量最多，陵水县、澄迈县等地区所占比例也较大。海南省交通用海50宗，占全省用海总宗数的0.99%，主要为港口工程、港池和路桥用海。主要分布在海南省东部沿海，其中，以文昌市和海口市居多。工矿用海5宗，占全省用海总宗数的0.10%，主要为盐业用海，其区位布局均分布在东方市。旅游娱乐用海74宗，占全省用海总宗数的1.47%，旅游娱乐用海数量仅次于渔业用海，主要为海上娱乐用海，其次为旅游基础设施用海和海水浴场。基本分布在海南岛东海岸，以三亚市为最，其次为海口市和琼海市。海底工程用海5宗，全部为管线路由用海，占全省用海总宗数的0.10%，数量很少，分布在儋州市、东方市和三亚市。排污倾倒用海6宗，占全省用海总宗数的0.12%。主要为污水排放用海。海南省“十一五”规划全省新建污水处理项目28个，未来污水排放用海数量也会相应增加。围海造地用海37宗，占全省用海总宗数的0.73%。围海造地用海主要用来进行城镇建设和港口建设，其数量以海口市和文昌市居多。特殊用海6宗，包括海岸防护工程和科研教学用海，占全省用海总宗数的0.12%，主要分布在海口市，只有一个科研教学用海位于三亚市。其他用海1宗，占全省用海总宗数的0.02%（表10.1，图10.1）。

表10.1 海南省各类型用海宗数统计

	渔业用海	交通用海	工矿用海	旅游用海	海底工程	排污用海	围填海工程用海	特殊用海	其他用海	市县总计
海口	460	9		11		1	8	4		493

续表 10.1

	渔业用海	交通用海	工矿用海	旅游用海	海底工程	排污用海	围填海工程用海	特殊用海	其他用海	市县总计
澄迈	521									521
临高	239									239
儋州	1 018	1			2	2	1			1 024
昌江	132									132
东方	81	1	4	1	1	1				89
乐东	252									252
三亚	273	5		22	1	1	1	1		304
陵水	545									545
万宁	115	6		9		1		1		132
琼海	111	2		8						121
文昌	1 103	20		14	1		11		1	1 150
省厅	11	6	1				16			43
总计	4 861	50	5	74	5	6	37	6	1	5 045

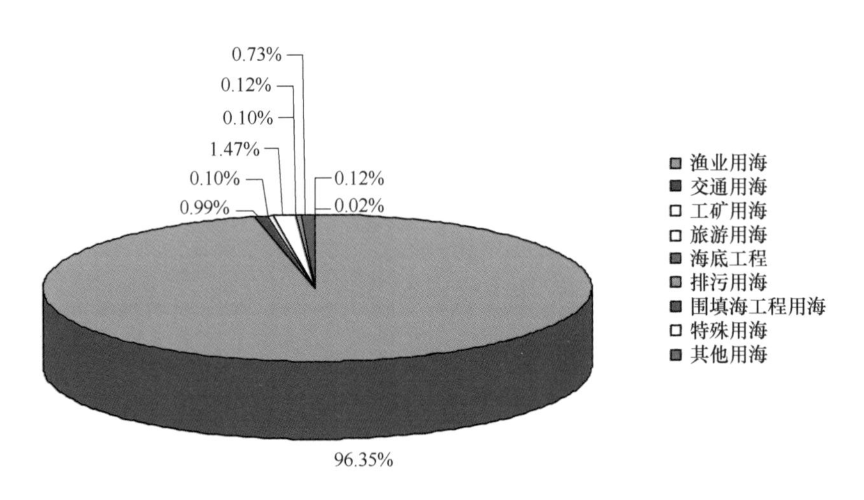

图 10.1　各类型用海现状

10.1.2　海域使用金征收情况

从海南省海域使用金层面看，目前只有 6 个市县有较明确的海域使用金统计数据，见表 10.2。征缴使用金的用海类型较少，主要为渔业用海、旅游娱乐用海，以及交通运输用海和小部分的围海造地用海。

表 10.2 海南省海域使用金征收现状调查 单位：万元

序号	县/市	用海类型	2006 年	2007 年	2008 年	合计
1	海口市	渔业用海	0.07	0.07	0.07	0.21
		交通运输用海	37.40	37.40	37.40	112.2
		工矿用海				
		旅游娱乐用海	2.49	2.49	2.49	7.47
		海底工程用海				
		围海造地用海	283.70	283.71	283.71	851.12
	合计		323.66	323.67	323.67	971
2	陵水县	渔业用海	0.38	0.38	0.38	1.14
		交通运输用海				
		工矿用海				
		旅游娱乐用海	3.70	3.70	3.70	11.10
		海底工程用海				
		围海造地用海				
	合计		4.08	4.08	4.08	12.24
3	三亚市	渔业用海	2.35	7.49	7.49	17.33
		交通运输用海	5.50	5.50	5.50	16.50
		工矿用海				
		旅游娱乐用海	217.80	217.80	221.17	656.77
		海底工程用海				
		围海造地用海	1.73	1.73	1.73	5.19
	合计		227.38	232.52	235.89	695.79
4	乐东县	渔业用海	2.29	2.36	2.36	7.01
		交通运输用海				
		工矿用海				
		旅游娱乐用海				
		海底工程用海				
		围海造地用海				
	合计		2.29	2.36	2.36	7.01
5	昌江县	渔业用海	2.07	2.16		4.23
		交通运输用海	0.16	0.16	0.16	0.48
		工矿用海				
		旅游娱乐用海				
		海底工程用海				
		围海造地用海				
	合计		2.23	2.32	0.16	4.71

续表 10.2

序号	县/市	用海类型	2006 年	2007 年	2008 年	合计
6	儋州市	渔业用海	3.15	3.81	1.99	8.95
		交通运输用海	2.28	2.28	2.28	6.84
		工矿用海				
		旅游娱乐用海		0.01	0.01	0.02
		海底工程用海				
		围海造地用海				
	合计		5.43	6.10	4.28	15.81

10.2 海域使用的特点

10.2.1 用海类型较简单

渔业作为海南的优势产业，其用海数量和面积为各种用海之最，达到用海总宗数的96.4%，其中又属养殖用海最多；其次为旅游娱乐用海，海南省定位为“旅游岛”后，旅游产业转型升级，用海需求越来越大；海洋交通运输业蓬勃发展，海口港、洋浦港、八所港、三亚港和清澜港等港口规模日益扩大；其余类型用海如围海造地用海、排污倾倒用海也将随着经济社会发展的需要逐渐增多；工矿用海、海底工程用海等也初露端倪。

10.2.2 不同区域各类用海有不同侧重

以区位自然条件为前提，以各种发展规划为指导，各类型用海在不同地区有不同侧重。海南省北部为综合产业带，包括海口、澄迈、临高、文昌 4 市县，以交通运输用海、旅游娱乐用海和渔业用海为主；南部为度假休闲产业带，包括三亚、陵水和乐东 3 县市，旅游娱乐用海较为突出；东部为旅游农业产业带，包括琼海和万宁 2 县市，以旅游和交通运输用海为主，渔业用海其次；西部为工业产业带，包括儋州、昌江、东方 3 县市，目前渔业用海所占比例仍然较大，交通运输用海、工矿用海等数量逐渐增多。

10.2.3 海域使用结构与布局日趋合理

全省海域使用管理工作逐步形成“规范、适度、有序”管理的新局面，海域使用人的海域使用意识逐渐增强，以海洋经济发展规划和海洋功能区划为指导，海洋产业布局和海洋资源利用日趋合理，各类用海结构和布局相应调整。

10.3 海域使用中存在的问题

10.3.1 开发层次低，资源利用不合理

海南省的海洋资源开发层次较低，旅游业仍以滨海观光旅游为主，海底旅游停留在体验

式潜水和观光用海，海岛特色和海湾特色的海洋旅游资源尚未得到充分、科学和合理利用。海水养殖业还停留在粗犷型的利用状态，大多数养殖用还没有采取环保措施，造成养殖区和附近海域污染严重。海水养殖应向高技术、生态型、重环保方向转型。

10.3.2 重开发、轻保护的情况依然很严重

从目前的情况看，海洋资源的开发正日益受到人们的重视，但对海洋资源进行必要的保护，却没有引起人们足够的重视。特别值得注意的是，近年来海南省的近海渔业资源遭到很大破坏，产量和质量均明显下降，主要是由于捕捞强度过大以及作业方式不合理等原因造成的。因此，加强对海洋资源开发的统一管理，在开发利用的同时注重资源和环境的保护，使资源开发与保护协调发展，实为一项十分重要而且刻不容缓的工作。

10.3.3 个别用海与功能区划有冲突

经调查发现有部分用海与功能区划不符或对周边功能区有影响的现象，有些港口的鱼排养殖都集中在潮汐通道，影响船只通航，也影响水交换，部分养殖在军事区内，影响国家安全。

10.3.4 部分传统用海未办理海域使用证

海南省部分传统用海未办理海域使用证，如三亚港的港区、航道、锚地、大多数群众性渔港、大东海传统渔场等，由于历史的原因未办理海域使用许可证。三亚市个别海域还存在无证经营的情况。

10.4 海南省用海需求分析

海南省海域使用规划是在一定海域内，根据三亚市社会经济可持续发展的要求和当地自然、经济、社会条件，对海域资源的开发、利用、治理和保护在空间上、时间上所作的科学设计和安排。海南省海域使用规划的编制必须对海南省社会经济发展状况、海南省总体发展规划、区域发展规划进行综合分析，并提出海域使用的需求。

10.4.1 地区经济建设和社会发展对海域的需求分析

海南省办特区 20 年来，乘着改革开发的春风奋勇前进，社会发展和地区经济建设取得了长足的发展。经济发展实现历史性的突破，2008 年，全省生产总值（GDP）在 2006 年突破千亿元大关的基础上，放量由建省办经济特区前 1987 年的 57.28 亿元扩张达到 1 229.6 亿元，按可比价格计算增长 7.6 倍，年均递增 11.4%，快于全国同期增长水平 1.6 个百分点。其中，第一产业增加值 382.8 亿元，增长 4.1 倍，年均递增 8.5%；第二产业增加值 363.8 亿元，增长 15.8 倍，年均递增 15.1%；第三产业增加值 483.0 亿元，增长 9.0 倍，年均递增 12.2%。经济的快速发展促进了产业结构的调整，全省三次产业结构由 1987 年的 50.0∶19.0∶31.0 转变为 2007 年的 31.1∶29.6∶39.3，其中，第一产业所占比重下降 18.9 个百分点，第二产业和第三产业所占比重分别提高 10.6 个百分点和 8.3 个百分点。

10.4.2　海洋产业的发展对海域的需求分析

1988年之初，海南省就提出了“以海兴琼，建设海洋大省”的发展思路。2005年7月，海南省海洋经济工作会议提出了实施“以海带陆、依海兴琼、建设海洋经济强省”战略目标。建省办特区20年，海洋经济在全省国民经济中的地位显著提升，产业结构逐步优化，4大支柱产业保持了持续快速发展（图10.2）。

海洋渔业持续快速增长。海洋渔业正在实现三大转变，即海洋捕捞实现由浅入深；水产养殖由港内向近海发展；水产加工实现了粗加工向精加工转变。作为海洋经济的先导产业，海洋渔业连续8年保持两位数的增长速度。2008年全省水产品总产量149.03×10^4 t，较上年增长12.7%，水产品总产值145.19亿元、增加值108.75亿元，按可比价对比，分别较上年增长10%和9.83%，按现价对比，分别较上年增长19.65%和19.47%。

海洋旅游业快速发展。2008年，海洋旅游业总产值175.75亿元、增加值96.5亿元，分别较上年增长10.3%和10.7%。

海洋油气化工开发日渐升温。2008年，总产值47.91亿元、增加值28.75亿元，分别较上年增长38.6%和38.6%。

海洋交通运输业总体运行良好。2008年，总产值52亿元、增加值23.4亿元，分别较上年增长21.7%和21.7%。

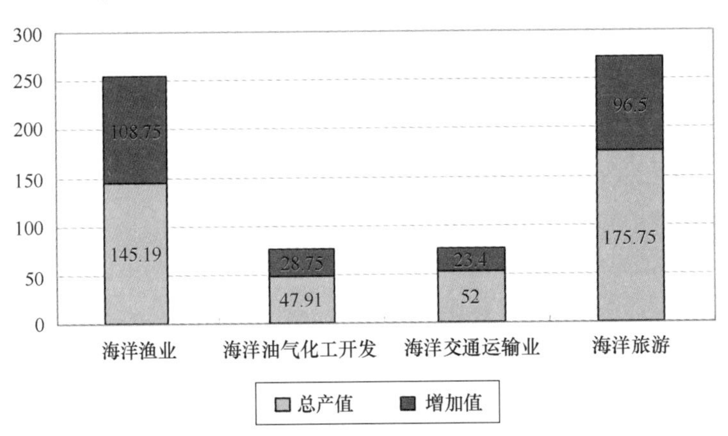

图10.2　2008年4大海洋产业生产总值和增加值（单位：亿元）

10.4.3　国防建设对海域的需求分析

海南省海域为东南亚诸国及我国港、澳、台地区所环绕，既是边境关系最复杂的省份，也是与周边国家及地区联系最方便、路途最短捷的省份，这一区域恰恰又是世界经济区域中最具活力的地区之一。作为我国的南大门，它在国际上占据有极其重要的战略地位，特别是南海诸岛，属国防前哨，具有防护南海、保卫祖国、维护我国主权和海洋权益的特殊意义。

自从南海海域发现有丰富的油气蕴藏以来，原先平静的南海泛起了海洋国土主权争端的巨浪，周边国家在南海海域抢夺油气资源的步子快、数量大，而拥有无可争辩主权的我国至今却在南沙海域无一口油井，未产一桶原油。我国与东盟国家争议的海域面积超过150×10^4 km^2。我国在南海九段断续边界线内的海域面积约200×10^4 km^2，而越南、菲律宾、马来西亚、印度尼西亚、文莱 5 国要求的海域有 154×10^4 km^2 进入我国九段断续边界线内，留给我国无争议的海域仅有 46×10^4 km^2，仅占 23%。

因此，加强国防建设是海南省社会主义现代化建设中必须正确面对的一个重大问题。诚然，作为一种公共产品，国防建设必然耗用稀缺的空间资源。因而，需要政府在资源的经济效用和社会效用的权衡中作出最佳选择，以促进国防建设与经济建设协调发展。

10.5　各类海域使用控制目标分析

10.5.1　港口航运区

该区是指为满足船舶安全航行、停靠，进行装卸作业或避风所划定的海域，包括港口、航道和锚地。港口的划定要坚持深水深用、浅水浅用、远近结合、各得其所和充分发挥港口设施作用的原则，合理使用有限的海域。要保证海南省重要港口的用海需要，重点保证有权机关批准的新建深水泊位和航道项目的用海要求。港口航运区内的海域主要用于港口建设、营运和船舶航行及其他直接为海上交通运输服务的活动。禁止在港区、锚地、航道、通航密集区以及公布的航路内进行与港口作业和航运无关、有碍航行安全的活动，已经在这些海域从事上述活动的应限期调整；严禁在规划港口航运区内建设其他永久性设施。港口水域执行不低于四类海水水质标准。

10.5.2　渔业资源利用和养护区

该区是指为开发利用和养护渔业资源、发展渔业生产需要划定的海域，包括渔港和渔业设施基地建设区、养殖区、增殖区、捕捞区和重要渔业品种保护区。为实现海洋渔业经济可持续发展、维护沿海地区社会稳定，要保证重点大型渔港及渔业物资供给和重要苗种繁殖场所等重要渔业设施基地建设用海需要，保证海南省的养殖用海需要，保证局部近岸海域和海岛周围海域生物物种放流及人工鱼礁建设的用海需要，确保重点渔场不受破坏。

其他用海活动要处理好与养殖、增殖、捕捞之间的关系，避免相互影响，禁止在规定的养殖区、增殖区和捕捞区内进行有碍渔业生产或污染水域环境的活动。养殖区、增殖区执行不低于二类海水水质标准，捕捞区执行一类海水水质标准。通过控制近海和外海捕捞强度，鼓励和扶持远洋捕捞，以及设置禁渔区、禁渔期和重要渔业品种保护区等，加强我国海域渔业资源养护。

设立重要渔业品种保护区，保护具有重要经济价值和遗传育种价值的渔业品种及其产卵场、越冬场、索饵场和洄游路线等栖息繁衍生境。近期，将加强对海域对虾保护区、重要鱼类产卵场、越冬群体及其他重要渔业品种保护区的建设和管理。未经批准，任何单位或个人不得在保护区内从事捕捞活动；禁止捕捞重要渔业品种的苗种；禁止在鱼类洄游通道建闸、筑坝和有损鱼类洄游的活动。进行水下爆破、勘探、施工作业等涉海活动应采取有效补救措施，防止或减少对渔业资源的损害。

10.5.3　矿产资源利用区

该区是指为勘探、开采矿产资源需要划定的海域，包括油气区和固体矿产区等。“十五”

期间，重点保证正在生产、计划开发和在建油田的用海需要。矿产资源勘探开采应选取有利于生态环境保护的工期和方式，把开发活动对生态环境的破坏减少到最低限度；严格控制在油气勘探开发作业海域进行可能产生相互影响的活动；新建采油工程应加大防污措施，抓好现有生产设施和作业现场的“三废”治理；禁止在海洋保护区、侵蚀岸段、防护林带毗邻海域及重要经济鱼类的产卵场、越冬场和索饵场开采海砂等固体矿产资源；严格控制近岸海域海砂开采的数量、范围和强度，防止海岸侵蚀等海洋灾害的发生；加强对海岛采石及其他矿产资源开发活动的管理，防止对海岛及周围海域生态环境的破坏。

10.5.4 旅游区

该区是指为开发利用滨海和海上旅游资源，发展旅游业需要划定的海域，包括风景旅游区和度假旅游区等。旅游区要坚持旅游资源严格保护、合理开发和永续利用的原则，立足国内市场、面向国际市场，实施旅游精品战略，大力发展海滨度假旅游、海上观光旅游和涉海专项旅游。重点保证国家重点风景名胜区和国家级旅游度假区的用海需要。科学确定旅游区的游客容量，使旅游基础设施建设与生态环境的承载能力相适应；加强自然景观、滨海城市景观和旅游景点的保护，严格控制占用海岸线、沙滩和沿海防护林的建设；旅游区的污水和生活垃圾处理，必须实现达标排放和科学处置，禁止直接排海。度假旅游区（包括海水浴场、海上娱乐区）执行不低于二类海水水质标准，海滨风景旅游区执行不低于三类海水水质标准。

10.5.5 海水资源利用区

该区是指为开发利用海水资源或直接利用地下卤水需要划定的海域，包括盐田区、特殊工业用水区和一般工业用水区等。盐田区应鼓励盐、碱、盐化工合理布局，协调发展，相互促进；重点保证国家大型盐场建设用海需要。限制盐田面积的发展，以改进工艺、更新设备、革新技术、提高质量、降低成本、提高单产、增加效益等项措施解决盐业发展用海；严格控制盐田区的海洋污染，原料海水质量执行不低于二类海水水质标准。特殊工业用水区是指从事食品加工、海水淡化或从海水中提取供人食用的其他化学元素等的海域，执行不低于二类海水水质标准。一般工业用水区是指利用海水做冷却水、冲刷库场等的海域，执行不低于三类海水水质标准。

10.5.6 海洋能利用区

该区是指为开发利用海洋再生能源需要划定的海域。海洋能是可再生的清洁能源，开发不会造成环境污染，也不占用大量陆地，在海岛和某些大陆海岸很有发展前景。海南省的海洋能资源蕴藏量丰富，开发潜力大，应大力提倡和鼓励。海洋能的开发应以潮汐发电为主，适当发展波浪、潮流和温差发电。加快海洋能开发的科学试验，提高电站综合利用水平。

10.5.7 工程用海区

该区是指为满足工程建设项目用海需要划定的海域，包括占用水面、水体、海床或底土的工程建设项目。海底管线区是指在大潮高潮线以下已铺设或规划铺设的海底通信光（电）缆和电力电缆以及输水、输油、输气等管状设施的区域；在区域内从事的各种海上活动，必须保护好经批准、已铺设的海底管线；严禁在规划的海底管线区域内兴建其他永久性建筑物。海上石油平台周围及相互间管道连接区一定范围内禁止其他用海活动；要采取有效措施，保护石油平台周围海域环境。围海、填海项目要进行充分的论证，可能导致地形、岸滩及海洋环境破坏的要提出整治对策和措施；严禁在城区和城镇郊区随意开山填海；对于港口附近的围填海项目，要合理利用港口疏浚物。

10.5.8 海洋保护区

该区是指为保护珍稀、濒危海洋生物物种、经济生物物种及其栖息地以及有重大科学、文化和景观价值的海洋自然景观、自然生态系统和历史遗迹需要划定的海域，包括海洋和海岸自然生态系统自然保护区、海洋生物物种自然保护区、海洋自然遗迹和非生物资源自然保护区、海洋特别保护区。要在海洋生物物种丰富、具有海洋生态系统代表性、典型性、未受破坏的地区，抓紧抢建一批新的海洋自然保护区。海洋特别保护区是指具有特殊地理条件、生态系统、生物与非生物资源及海洋开发利用特殊需要划定的海域，应当采取有效的保护措施和科学的开发方式进行特殊管理。海洋保护区应当严格按照国家关于海洋环境保护以及自然保护区管理的法律法规和标准，由各相关职能部门依法进行管理。

10.5.9 特殊利用区

该区是指为满足科研、倾倒疏浚物和废弃物等特定用途需要划定的海域。包括科学研究试验区和倾倒区等。科学研究实验区禁止从事与研究目的无关的活动，以及任何破坏海洋环境本底、生态环境和生物多样性的活动；倾倒区要依据科学、合理、经济、安全的原则选划，合理利用海洋环境的净化能力；加强倾倒活动的管理，把倾倒活动对环境的影响及对其他海洋利用功能的干扰减少到最低程度。加强海洋倾倒区环境状况的监测、监视和检查工作，根据倾倒区环境质量的变化，及时作出继续倾倒或关闭的决定。

10.5.10 保留区

该区是指目前尚未开发利用，且在区划期限内也无计划开发利用的海域。保留区应加强管理，暂缓开发，严禁随意开发；对临时性开发利用的，必须实行严格的申请、论证和审批制度。

10.6 海域使用管理规划和措施

10.6.1 政策保障

根据《中华人民共和国海域使用管理法》和海南省实施《中华人民共和国海域使用管理法》办法，制定《海南省海域使用管理办法》。通过制定管理办法，加强海南省的海域使用管理，为海洋开发提供保障。

海南省过度捕捞和不合理的海洋开发活动已造成渔业资源枯竭，珊瑚生态景观资源面临严重威胁，对海南省的海洋渔业和洋旅游业产生了影响，应制定海南省海洋生态资源保护切实可行的办法，确保海南省海洋生态景观资源的可持续利用。

目前海南省海洋资源利用水平较低，用海项目重复较大，海洋旅游景点特色不明显，建议进行海南省主要海湾和海岛开发编制详细规划，指导海域使用管理。

海南省海洋功能区划中个别海洋功能区需要调整，有些海洋功能区不科学合理，难以指导海域使用，如三亚市中心渔港，建议进行三亚市海洋功能区划的修编。

10.6.2 管理保障

海洋主管部门应进一步建立和完善有关海洋开发和管理的制度，明确职责，做到有法可依，有章可循。

完善执法体系。严格执行国家和地方有关海域使用的政策、法律、法规条例，提高执法人员的素质和执法水平，依法严厉查处非法使用海域的行为。

应加强领导班子的年轻化、专业化建设，努力实现决策过程的民主化和科学化。建立起决策失误责任追究制，使导致重大生态环境破坏或生命财产损失的当事者受到应有的处罚。

10.6.3 组织保障

加强政府对海域管理的领导，海洋综合管理必须由海南环保、旅游、交通、公安等相关部门协作，将海南省海域使用规划纳入当地的国民经济和社会发展计划，并组织实施；

以蓝丝带海洋保护协会为依托，聘请相关海洋专家和相关部门人员组建协调委员会，形成机能健全、互相协调、科学的海洋管理体系。

充分发挥人大、政协的监督作用，定期对海洋管理工作进行检查，督促各级政府和有关部门认真落实海域使用规划的建设目标。

10.6.4 资金保障

争取通过省政府，制定地方财政对资金投入的机制，从海域使用金中提留一部分，用于海洋管理和海洋区域规划的编制。

通过非政府组织，如海洋保护协会，筹集经费，用于海南省的海洋生态保护的宣传教育活动。

第 11 章　海南省海岛开发与保护规划研究

随着国际社会海权意识的增强，作为海陆兼备的海上疆土——海岛已成为共同关注的焦点。根据《联合国海洋公约》规定：一个岛礁的主权归属可以决定拥有 1 550 km^2 的领海主权（相当于一个小型县的面积），一个能维持人类居住或者其本身的经济生活的岛屿可以拥有 43×10^4 km^2 的专属经济区及该区域内的生物和非生物资源，从这个意义上讲，维护海岛安全就是维护海洋国土的安全。

11.1　海南省海岛开发保护现状研究

据统计，海南省所辖海岛（包括礁和沙洲，不包括干出礁、暗礁、暗沙和滩）总数为 280 个，其中，海南省周边海岛共计 222 个，西沙群岛海岛 32 个，中沙群岛海岛 1 个，南沙群岛海岛 25 个。海南省面积大于 500 m^2 的海岛为 235 个。海南省主要的有居民海岛为海甸岛、新埠岛、东屿岛、北港岛、西瑁岛、永兴岛等。其中绝大多数都属于无正式居民居住的岛屿。目前海南省的海岛开发仍处于初级阶段，除了有居民居住的海岛和少数无居民海岛以外，大多数海岛还没有开发。在已经有开发活动的海岛上，开展规模较大的是旅游活动，其他开发活动还有海洋捕捞业、养殖业、种植业等。另外，海南省在一些有条件的海岛，如三亚市的西瑁洲岛和蜈支洲岛，经批准开展了卓有成效的生态旅游观光活动。西瑁洲岛为有居民海岛，属国家珊瑚礁自然保护区范围，经有关部门批准于 2001 年开始对西瑁洲岛的部分区域引进旅游开发项目。蜈支洲岛位于三亚市东部，为无居民海岛。1997 年部队撤防后，在该岛建立旅游度假中心，开展了岛屿观光、水上和水下游览项目。目前，这两个海岛已经成为海南省重要的旅游胜地。总体上看，目前海南省海岛开发利用活动尚处于初级阶段，开发项目的生态性和精品意识不强，海岛资源的综合价值未得到充分的体现。在一些海岛及周边海域仍然存在着采挖珊瑚礁、毒鱼炸鱼、砍伐树木、污染环境等现象。这已经导致了为数 51 个的海岛消失。西沙群岛一直作为国防前线，目前经济开发程度很低，主要以渔业生产为主。岛上的居民主要聚居在永兴岛和七连屿，目前在永兴岛的渔民有 107 人，主要来自海南文昌、万宁、琼海、乐东等市县；居住在七连屿的渔民均来自海南省琼海市的潭门镇，现共有渔民 146 人，其中，90% 的渔民居住在赵述岛，10% 的渔民居住在北岛（图 11.1）。住岛渔民主要的作业方式是钓鱼、张网捕渔、捡螺、活捕龙虾、捉鲍鱼、捡海参等，主要生产作业区域为海岛附近的珊瑚礁盘海域，所捕获的海产品有些经过晒干等粗加工后存放着，有些则围海放养着，等积累到一定数量后，再卖给前来收购的渔船，并换取生活用品。

永兴岛作为西沙群岛面积最大的岛屿、西南中沙群岛办事处所在地、西南中沙群岛开发的主要基地，西沙群岛的基础设施建设主要集中此。从 20 世纪 70 年代开始，工委办公楼、招待所、商店、医院、海洋水文站、气象站、雷达站、机场码头（图 11.2 永兴岛码头）等相继建成投入使用，风能太阳能混合发电站、度假酒店等正在抓紧建设中。经过40多年的建设，永兴岛已经发生了很大的变化，从一个荒芜人烟的小岛变成楼房错落有致、水泥公路四通八达、生活设施日趋完善、对外交通便利的岛屿，具备了对外开放开发的基本条件。

图11.1　七连屿赵述岛渔民村

图11.2　永兴岛码头

11.2　海南省海岛开发与保护过程中存在的问题

11.2.1　海岛交通不便

自然地理阻隔导致海岛交通不便是妨碍海岛经济发展的重要限制性因素。海岛四面环水，与大陆隔海相望，与外界联系的主要交通工具就是船舶。但是，随着社会经济的发展，物流量大小成为衡量一个地区经济发展规模的重要指标，而单靠船舶这一单一的交通模式，不能支撑现代经济的发展。因此，对于海岛，交通不便已经成为海岛经济发展的瓶颈问题之一。

11.2.2 开发利用秩序混乱，资源破坏严重

与陆地相比，海岛地理环境独特，生态系统脆弱，淡水资源短缺，基础设施落后。一些地方随意在海岛上开采石料，砍伐植被，破坏了海洋自然景观和海上天然屏障，甚至使一些海岛生态资源不复存在。一个时期以来，炸岛、炸礁、采石、砍伐、挖砂等严重改变海岛地貌和地形的事件时有发生，极有可能改变我国一些领海的基点位置，从而损害我国的国家主权和领海安全。

11.2.3 海岛生态破坏严重

从当前已经开发利用的无居民海岛看，普遍缺少规划。某些海岛珍稀生物资源滥捕和滥采情况十分严重：一些单位任意在海岛上倾倒垃圾和有毒有害废物，把海岛变成了垃圾场；一些地方滥捕、滥采海岛上的珍稀生物资源，致使资源量急剧下降，甚至濒临枯竭。

11.3 海岛可持续发展的支撑体系

由于海岛远离大陆，面积狭小，地域结构简单，生物多样性程度低，稳定性差，环境容量有限，生态系统十分脆弱。一味追求经济利益，不顾海岛的生态效益及环境状况来换取暂时的经济繁荣的做法是不可取的。因此，海岛的可持续发展应将经济效益、生态效益、环境效益和社会效益结合起来，利用和养育并重，以确保海岛的长期存在。由此海岛可持续发展可定义为：因岛制宜，合理规划，依靠科技进步，加强法制管理，在保持海岛生态环境承载力不降低的前提下，合理有效地开发利用海岛资源，使其成为既满足当代人的需求又不对后代人的需求构成危害的发展。

国内学者张耀光、宁凌、顾世显、张状庆等对于海岛开发及其可持续发展进行了一般性研究，并对海岛可持续发展和生态系统建设提出一些建议和对策。根据2002年提出“可持续发展系统”的概念，海岛可持续发展系统又包括以下两个方面的要素。

11.3.1 海岛自然支撑系统

该系统主要包括生存支撑系统和环境支撑系统。海岛自然支撑系统中的生存支撑系统，又称为“基础支撑系统”或“人口的承载能力”。它是按人平均的资源数量和质量对于海岛内人口的基本生存和发展的支撑能力；环境支撑系统，也称为“环境的缓冲能力”。人类对海岛的开发，人类对海岛资源的利用，海岛经济的增长，人类对废物的处理等，均应维持在海岛环境的允许容量之内。

11.3.2 海岛社会经济发展支撑系统

该系统主要包括发展支撑系统、社会支撑系统、智力支撑系统。

海岛社会经济发展支撑系统中的发展支撑系统，也称为“动力支撑系统”或“区域的发展能力”。它是一个海岛的资源、人力、技术和资本，可以转化为产品和服务的总体能力；

社会支撑系统，也称为“社会的稳定能力”。在海岛整个发展的轨迹上，社会的公正、社会的进步和社会的有序，是海岛稳定能力的集中表现；智力支撑系统，也称为“制度支撑系统”或“管理的调控能力”。它主要涉及教育水平、科技竞争力、管理能力和决策能力。

海岛自然支撑系统和社会经济发展支撑系统是相互关联，相互作用的。任何一个海岛可持续发展能力绝不是其中任何一个支撑系统的单独作用，它所表现的是整体支撑系统的共同作用和综合贡献。社会经济发展支撑系统对海岛的经济发展尤其是可持续发展起到重要的作用；自然支撑系统是海岛社会经济发展支撑系统的基础和条件，对地区的可持续发展起到或促进或阻碍的作用。

11.4 海岛开发保护的指导思想、基本原则和总体目标

11.4.1 指导思想

海南省海岛开发建设和保护的总体思路是：以中国特色社会主义理论体系为指导，按照省委、省政府关于建设海洋经济强省的战略部署，以科学发展观统领海岛开发建设与保护全局，实施项目带动和品牌带动，发挥特色优势、因地制宜，以旅游、渔业经济发展为重点，壮大海岛特色产业规模，优化海岛产业结构和布局；加强基础设施建设，改善海岛生产生活环境；实行开发与保护相结合，加强海岛执法管理，促进海岛资源有效保护和集约利用，实现陆域经济与海岛经济互动联动发展。

11.4.2 基本原则

（1）坚持陆岛联动，促进协调开发。海南省海岛开发水平极低，且海岛生态环境极为脆弱的特点决定了海岛开发必须与海南本省的经济发展统一规划，联动开发，方能取得良好的经济效益。

（2）坚持突出特色，优化产业布局。海岛与大陆、海南本省的最大区别在于面积小、人口少。因此要发展海岛，想要产业门类相对齐全是不可能的。要根据海岛的区位条件和自身资源特点，发展特色产业。各个海岛相互协调，各自发挥比较优势，形成互补的产业布局模式。

（3）坚持因岛制宜，加强环境保护。海岛的生态系统是极易被破坏且又极难靠自身力量恢复的。这一特点决定了一旦经济开发破坏了海岛生态环境，使生态系统向不可逆的方向转化，则后果不堪设想。因此在海岛开发中，应以环境保护为第一原则，任何破坏生态环境的开发行为都不应实施。

（4）坚持以人为本，注重民生改善。海岛居民的生活条件一直是比较艰苦的。海岛的开发应以人为本，努力提高海岛居民民生状况，使他们欢迎和支持海岛开发，并从开发中获得切实的利益。

11.4.3 总体目标

加快推进海岛开发建设与保护，逐步完善海岛基础设施建设，优化海岛经济结构和产业布局，使渔业、旅游业和能源等产业的支柱地位进一步确立，提高生态环境质量，有效保护

资源，生态系统良性循环，海岛综合管理能力进一步增强，居民生活明显改善，海岛经济日益壮大，形成特色鲜明和经济社会、人与自然协调和谐可持续发展的绿色海岛。

11.5 海岛开发建设与管理的相关对策

11.5.1 加强领导，明确责任

海岛开发、建设与保护，由县（市、区）政府负主要责任，有关区市政府进行具体指导，省政府给予政策引导和投资支持，按照“县级统一负责、部门分工推进”的分级管理体制，实行行政领导负责制，纳入各级政府的工作重点，逐级逐部门落实责任，认真抓好组织实施。

11.5.1.1 确立县级政府的主体责任

县（市、区）政府根据本规划确定的目标、任务，结合本辖区内海岛的实际情况，确定年度开发、建设与保护的内容和建设项目，列入政府年度工作内容，并分解到相关职能部门分工推进，明确项目建设的业主或实施主体，将责任落实到部门，落实到单位，落实到个人。

11.5.1.2 加强部门的协调与合作

省、市、县各级投资主管部门会同海洋主管部门，带头做好海岛开发、建设与保护的汇总工作，协调项目建设的组织实施。各职能部门按照职责分工，有计划地组织推进本部门负责的海岛项目建设的实施，做好相应的业务指导和技术把关工作。同时，积极做好与上级对应部门的工作衔接，将海岛开发、建设和保护项目列入相关部门专项规划，争取国家和上级政府专项资金，安排落实好本级专项资金的使用。

11.5.1.3 广泛动员社会力量积极参与

大力宣传海岛开发建设与保护对促进海岛繁荣发展的重大推动作用和积极成效，宣传、落实国家对海岛开发建设与保护的各项政策和扶持措施，吸引国内外企业投资开发海岛，组织发动广大海岛居民、企业家、港澳台侨同胞支持参与海岛开发建设。

11.5.2 加大投入，形成合力

建立多元化投入机制，积极争取各种资金来源：一是积极争取国家扶持社会主义新农村建设、海岛建设等中央政府性资金，包括中央预算内专项资金、国债资金、扶贫资金以及政府部门安排的各类建设基金；二是省级预算内资金及省直部门安排的各类专项建设资金；三是地方各级政府安排资金；四是企业自有资金和受益群众投工投劳；五是申请银行贷款；六是社会捐助资金。全省各级政府加大对海岛开发、建设与保护的政府性资金的投入，按照“资金整合、相对集中、规模增加、渠道不变”的原则，积极筹集资金，扩大海岛开发、建设与保护投入的资金来源，努力形成以国家投入为引导，地方和社会投入为主体，其他投入为补充的多元化投入机制。

11.5.2.1 各级政府加大投入

省、市、县政府要在地方财政预算安排中设立海岛开发、建设与保护的专项资金，并随地方财力的增加逐步增加专项资金的规模。已有覆盖到海岛的有关专项资金，优先支持海岛开发、建设与保护项目的建设。

11.5.2.2 有关专项资金集中使用

发展改革、海洋与渔业、农业、水利、建设、国土、交通、卫生、教育、文化、林业、通信、电力、环保等部门（单位）要在本部门（单位）负责组织实施的专项发展规划、项目布局方面向海岛倾斜，使有关专项资金的使用向海岛开发建设与保护相对集中，促进海岛建设规划阶段目标的完成。

11.5.2.3 积极争取国家资金支持

省直相关部门要及时跟踪国家部委的工作动态和投资计划，积极做好与国家有关建设专项规划的衔接工作，将海岛开发、建设与保护的重要项目列入国家规划范围，争取更多的国家预算内投资、国债资金及其他各类建设基金、专项资金，支持海岛发展的项目建设。

11.5.3 项目带动，品牌提升

做好项目建设的前期工作，发挥知名品牌的效应，策划组织项目的实施，加强组织协调，抓好质量和进度，使项目建设顺利实施，在各个方面创造海岛开发、建设和保护的新品牌。注重引入产业化机制，按照市场机制的办法进行建设运营和管理，使海岛建设开发步入良性发展轨道，推进海岛开发、建设与保护各领域任务的圆满完成。

11.5.3.1 项目带动促实施

围绕本规划确定的目标和任务，不断策划一批、储备一批、建设一批项目，实现项目实施的滚动推进。对本规划已确定的建设项目，要根据轻重缓急作出分年度推进的计划，并切实落实在年度工作中；同时，要根据规划实施和海岛发展的实际需要，策划生成新项目，及时推进实施。

11.5.3.2 品牌带动促提升

围绕海岛旅游、海产品养殖加工、对台交流合作、社会事业发展、生态环境保护等，努力打造一批海岛新的知名品牌。

11.5.3.3 严格项目建设管理制度

按照基本建设程序的要求，完善各项管理制度，加强项目建设管理。按照项目的投资规模，明确分级管理权限和方案审查、设计变更审查核准程序；制定项目资金使用管理制度，明确项目资金核准、资金拨付、审计结算、财务管理、法律责任；制定项目建设管理制度，明确项目建设招投标、施工管理、质量监督、竣工验收、目标考核；制定海岛群众参与项目建设和监督管理制度。各级审计、财政部门全面加强对项目资金使用的监督管理，定期和不定期地对项目资金使用情况开展专项审计和检查。

11.5.3.4 加强规划实施的评估与监督

实行规划目标责任制，各职能部门要明确部门任务，落实责任，将本规划任务的完成情况列入绩效考核内容。省投资管理部门和海洋管理部门，牵头负责跟踪分析规划实施执行情况，加强对规划确定的主要目标完成情况进行检查、跟踪分析，建立健全前期把关、中期检查监督、分析评估和项目竣工验收制度，定期向省政府报告规划实施情况，根据评估结果对规划实施的重点和措施进行调整完善，加强对重大问题的跟踪分析，及时提出对策措施。县（市、区）投资管理和海洋管理部门，负责对本行政区域海岛规划实施情况的全过程监督管理，定期做好监测评估，并向同级人民政府和省主管部门报告情况，听取海岛基层组织和群众的意见、建议，自觉接受同级人大、政协和人民群众对规划实施情况的监督。

11.5.4 健全法制，依法治岛

落实规划先行、保护为主、适度开发、分类推进的要求，将海岛开发、建设与保护工作切实纳入法制轨道。

11.5.4.1 增强依法治岛的观念意识

各级政府及有关职能部门要向社会特别是在海岛及在海岛所辖管的市、县、区范围内，广泛深入宣传海岛开发建设与保护的各项法律、法规，大力表彰先进典型，及时处罚违法行为，使海岛生态环境建设保护、资源合理开发、污染控制、海域功能区保护、生物多样性等内容和措施广为知晓，使海岛人口增加、产业发展等严格控制在海岛资源生态环境的承受能力之内的观念深入人心，使按照法律、法规进行管理海岛、开发海岛的做法成为自觉行为。

11.5.4.2 完善法规政策

省直有关职能部门和市、县各级政府，要及时研究制定国家有关涉及海岛开发、建设与保护的法律、法规和政策措施在海岛范围具体的实施措施，及时修订既有地方法规和政策措施，积极向同级人大提出地方立法建议和修改建议。

11.5.4.3 强化规划引导

海岛所辖管的县（市、区）政府及职能部门，要认真做好各项规划的衔接和落实工作，通过各相关规划引导促进各领域的发展，使开发、建设与保护的各项工作经过科学论证，统筹安排，协调推进。

11.5.4.4 严格执法

有关职能部门要经常深入海岛基层，加强检查，及时发现问题，排查问题，解决问题，及时制止违反海岛管理和保护法律、法规的行为，并按照规定给予相应的处罚。

总结与展望

海洋资源的开发与利用正在并越来越成为一个临海国家资源开发与经济发展的重要支撑。陆地资源的逐渐匮乏使得人们开发海洋的热忱逐渐升高，但海洋不同于陆地，由于海洋的流动性，一旦发生环境污染或是严重的生态灾难，则影响很大，范围十分广泛，且消除难度也大得多。因此开发海洋资源、发展海洋经济，更应从可持续发展的角度去进行。近几十年来，我国在海洋开发的过程中，取得了很大的成效，但海洋生态环境的破坏也是显而易见的，而且根据各部门对海洋环境的监测报告显示，各沿海地区的 GDP 增长与排污量几乎成正比增长，海洋环境的污染日益严重，沿海经济发展对海洋环境的压力日益加大。严峻的形势促使人们必须寻找解决之道。海洋经济可持续发展日益成为人们关注的焦点和解决问题的根本路径。

海南省是我国最大的海洋省份，其海洋经济的发展规模与其巨大的海洋资源蕴藏量十分不相称。在目前全球开发海洋的热潮之下，海南省海洋经济发展的潜力不可估量，人们对海南省海洋经济的发展前景寄予厚望。然而，海洋资源与环境问题同样不可忽视。由于海南属于南海海域，地处热带以及开阔的海域环境，使得南海海水交换能力较强，对海洋污染的净化能力也较强，此为海南省发展海洋经济的一大优势。但海洋的净化能力不是无限的，目前海南省海洋产业的发展仍以海洋渔业与海洋旅游业为主，第二产业发展比较薄弱，因此工业污染的排放量与内地其他沿海城市不可同日而语，这是海南省海域环境质量仍然较好的根本原因。但这种低污染水平并不是采取了良好的发展模式和先进的发展技术带来的，只是经济发展低水平的相应结果。因此海南省应充分发挥后发优势，在海洋经济，尤其是海洋工业发展的过程，走可持续发展之路，避免走先污染、后治理，甚至是不治理，令污染与破坏不断累积的老路。当此之时，对海南省海洋经济的可持续发展研究便十分必要。本研究对海南省海洋经济可持续发展系统的存在现状进行了全面分析，并建立指标体系对海洋经济可持续发展状态进行了评价，在此基础上从海洋产业发展、海洋生态环境保护、海域使用与海岛开发4 个涉及海南省海洋经济可持续发展的关键部分进行了对策分析。其目的是不仅希望能通过对特定区域海洋经济可持续发展的特征与规律的实证研究，验证与完善现有海洋经济可持续发展的研究理论与方法，并在概念、理论与方法上有所突破，更希望能通过实证研究，对海南省海洋经济的发展建言献策。

笔者认为，在今后的研究中，应着重从以下方面进行提高与弥补。

（1）理论基础进展。本书从人文地理学的视角，运用了可持续发展理论、系统理论、区域产业结构与空间布局理论等对海南省海洋经济可持续发展的现状、运行机理与特征、发展趋势与存在问题进行了分析。但是，海洋经济可持续发展系统是一个层次结构与运行均十分复杂的综合巨系统，本书的分析只是揭示了系统运行的一部分特征与状态，虽然在分析中尽量避免“盲人摸象”式的片面，但仍难以摆脱由于分析视角与所用理论带来的局限性。今后应进一步关注可持续发展的相关理论研究，尤其是系统论的进展，并将之与人文地理学理论、区域经济学理论等进行整合，以期用更先进的理论来系统认识海南省海洋经济可持续发展。

（2）科学技术的进展。海洋资源的开发利用与陆地资源开发相比，具有更为明显的技术依赖性，科学技术上的每一次突破，都会使海洋资源开发利用的方式发生巨大的转变，进而使海洋经济中生产方式、生产关系及海洋生态环境的保护都会出现转折性的变化与突破。因此要时刻关注海洋科学技术的最新进展给海洋经济可持续发展带来的根本性的改变。

（3）研究方法的完善。研究方法的适合性与先进性对揭示研究对象特征的准确性是十分关键的。在本书的第 7 章，即对海洋经济可持续发展状态的评价中，对海洋产业的可持续性与海洋经济可持续发展综合系统可持续发展度进行了评价。评价时运用到了多种研究方法。这些评价方法在使用中，仍存在着一定的局限性。有些方法本身比较完善，更能反映事物的本质特征，但由于所需数据收集起来十分困难，因此不能采用。只能采用数据收集相对容易准确的方法。如产业地理集中度的计算中，本书采用是相对简单的 Gini 系数，而不是最新的 E—G 指数。所采用的研究方法都具有普适性特征。普适性的研究方法优点是适用性广，计算较为容易，限制性条件少。但缺点却是对具体地区的针对性不是很强。因此今后在研究方法的选择上：一是要关注新的研究方法；二是要注意对研究方法本身进行研究，做针对海南省海洋经济可持续发展具体特点的改进。

（4）数据资料的准确性。本书对海南省海洋经济的可持续发展研究，采用了定性与定量相结合的研究方法，尽量以定量的方式揭示系统运行机理与特征。定量的方法更为准确，但如果数据本身有误，则出来的结果就会出现较大的偏差。由于本书是实证研究，且海南省海洋经济可持续发展是一个复杂的大系统，为了揭示其运行特征，本书的数据从纵向看，涉及 10 年甚至更久；从横向看，涉及海洋经济各产业、海洋资源与生态系统、社会经济系统 3 大方面，因此数据庞杂。如果关键性的数据出现误差，则会影响最终的结论。在本书的数据收集与计算过程中，常常会出现同一个数据，由于来源不同而不同的情况，处理办法则是选择更权威机构发布的数据。今后应关注数据的形成与管理系统的进步，尤其是海洋信息管理系统的进步，以期从更准确的渠道来源获取前后一致的数据资料。此外，对小尺度区域的数据获得，是一个难点，也正因为如此，一些更为准确的研究方法不能采用，从而影响了研究的精度，今后的研究中应关注小尺度区域数据的获取方法与处理技术。

参考文献

［美］蕾切尔·卡逊著.1997. 寂静的春天［M］. 吕瑞兰、李长生译. 长春：吉林人民出版社.

白福臣，郭照蕊.2008. 广东海洋经济可持续发展制约因素及对策［J］. 海洋开发与管理，12：93－96.

曹有挥，毛汉英，许刚.2000. 长江下游港口体系的职能结构［J］. 地理学报，56（5）：59－68.

曹有挥.2004. 中国集装箱港口体系的空间结构与竞争格局［J］. 地理学报，59（6）：102－1 027.

曹忠样，任东明，王文瑞，等.2005. 区域海洋经济发展的结构性演进特征分析［J］. 人文地理，（6）：29－32.

陈东景.2006. 我国海洋经济发展思辨［J］. 经济地理，26（2）：216－219.

陈烈，王华.2004. 海滨沙滩旅游地兴衰探源及其重构研究——以茂名水东湾旅游度假区为例［J］. 经济地理，24（5）：696－699.

陈烈，赵波.2005. 论区域可持续发展战略［J］. 经济地理，25（4）：538－541.

陈万灵.2001. 海洋经济学理论体系的探讨［J］. 海洋开发与管理，27（3）：18－21.

邓云锋，韩立民.2005. 中国渔业的产业价值链分析［J］. 海洋科学进展，23（3）：355－389.

狄乾斌，韩增林，孙迎.2009. 海洋经济可持续发展能力评价及其在辽宁省的应用［J］. 资源科学，31（2）：288－294.

狄乾斌.2005. 海洋经济可持续发展的理论、方法与实证研究——以辽宁省为例［D］. 东北师范大学.

董保树.1999. 环境保护知识丛书·固体废物的处理与利用（第二版）［M］. 北京：冶金工业出版社.

冯学钢.2004. 嵊泗列岛“桥一港一景”旅游联动发展模式与对策［J］. 地域研究与开发，23（3）：78－81.

傅伯杰，等.1997. 海洋资源可持续利用评价的指标与方法［J］. 自然资源学报，（6）：112－118.

甘师俊，等.1997. 可持续发展——跨世纪的抉择［M］. 广州：广东科学技术出版社.

高强.2004. 我国海洋经济可持续发展的对策研究［J］. 中国海洋大学学报，03：26－28.

国家海洋局.2009. 东海区海洋环境公报［R］.

国家海洋局.2009. 南海区海洋环境质量公报［R］.

国务院.2003. 全国海洋经济发展规划纲要［R］.

海南省统计局信息中心.2009. 沿海地区社会经济基本情况调查［R］.

海南省政府.2009. 海南省政府工作报告［R］.

韩立民.2008. 海陆一体化的基本内涵及其实践意义［J］. 太平洋学报，（3）：82－87.

韩增林，郭建科.2006. 现代物流业影响城市空间结构机理分析［J］. 地理与地理信息科学，22（4）：44－48.

韩增林，栾维新.2001. 区域海洋经济地理理论与实践［M］. 大连：辽宁师范大学出版社，1－17.

韩增林，张耀光，栾维新，等.2001. 关于海洋经济地理学发展与展望［J］. 人文地理，26（1）：173－179.

韩增林，张耀光，栾维新，等.2004. 海洋经济地理学研究进展与展望. 地理学报［J］.35（2）：250－208.

韩增林，张耀光，栾维新.2001. 关于海洋经济地理学发展与展望［J］. 人文地理，16（5）：89－96.

韩增林，张耀光，栾维新.2001. 关于海洋经济地理学发展与展望［J］. 人文地理，16（5）：89－96.

韩增林.2003. 海洋经济可持续发展的定量分析［J］. 地域研究与开发，22（03）：1－4.

胡健，焦兵.2007. 石油天然气产业集群对区域经济发展的影响［J］. 统计研究，（1）.

黄萍，吴明忠．2008. 江苏海洋经济可持续发展的实证分析［J］．淮海工学院学报：自然科学版，17（1）：89－92.
蒋铁民，王志远．2000. 环渤海区域海洋经济可持续发展研究［M］．北京：海洋出版社．
卡逊．1997. 寂静的春天［M］．长春：吉林人民出版社．
李靖宁，杨健．2008. 南海北部海洋经济强势区域创建策论［J］．海洋环境科学，27（3）：272－277.
李靖字，袁宾潞．2007. 长江口及浙江沿岸海洋经济区域与产业布局优化问题探讨［J］．中国地质大学学报（社会科学版），7（2）：31－38.
梁飞．2003. 海洋经济和海洋可持续发展理论方法及其应用研究［D］．天津大学，12.
刘桂春．2007. 人海关系与人海关系地域系统理论研究［D］．大连：辽宁师范大学．
刘明．2008. 区域海洋经济可持续发展能力评价指标体系的构建［J］．经济与管理，22（03）：32－35.
刘容子，吴姗姗．2008. 环渤海临海区域经济发展态势与忧患［J］．中国人口．资源与环境，18（2）：55－59.
卢江勇．2007. 海南渔业经济增长实证研究［D］．海南：华南热带农业大学．
栾维新．2005. 海洋规划的区域类型与特征研究［J］．人文地理，18（1）：37－41.
马冀．1999. 人类生存环境蓝皮书［M］．北京：蓝天出版社，1999.
马世俊．1990. 现代生态学透视［M］．北京：科学出版社．
聂永丰．2000. “三废”污染控制技术手册·固体废物卷［M］．北京：化学工业出版社．
牛文元．1997. 可持续发展导论［M］．北京：科学出版社．
潘家华．1997. 持续发展途径的经济学分析［M］．北京：人民出版社．
石洪华，郑伟．2007. 关于海洋经济若干问题的探讨［J］．海洋开发与管理，01：80－85.
世界环境与发展委员会．1989. 我们共同的未来［M］．北京：世界知识出版社，19.
孙斌，徐质斌．2000. 海洋经济学［M］．青岛：青岛出版社．
孙吉亭．1997. 论我国海洋经济可持续发展的基本原则［J］．东岳论丛，05：25－28.
王长征，刘毅．2003. 论中国海洋经济的可持续发展［J］．资源科学，25（4）：47－53.
王成金，金凤君．2005. 中国交通运输地理学的研究进展与展望［J］．地理科学进展，24（6）：66－78.
王殿昌．2008. 海洋经济增长与海洋可持续发展统筹问题［J］．海洋开发与管理，05：3－6.
王慧炯，等．1999. 可持续发展与经济结构［M］．北京：科学出版社．
王黎明．1998. 区域可持续发展［M］．北京：中国经济出版社．
王如松，欧阳志云．1996. 生态整合——人类海洋可持续发展的科学方法［J］．科学通报，(41)：47－67.
沃德．1997. 只有一个地球［M］．长春：吉林人民出版社．
吴江，周年兴，黄金文，等．2007. 湿地公园建设与湿地旅游资源保护的协调机制研究——以江苏、上海沿海湿地自然保护区为例［J］．人文地理，(5)：124－128.
谢明礼．2004. 福建沿海地区旅游空间结构分析［D］．福州：福建师范大学地理科学学院．
徐质斌，牛福增．2003. 海洋经济学教程［M］．北京：经济科学出版社．
奕维新，等．2004. 海陆一体化研究［M］．北京：海洋出版社，2004.
尹紫东．2003. 系统论在海洋经济研究中的应泪［J］．地理与地理信息科学，19（3）：57－60.
于文金，邹欣庆，朱人奎．2008. 南海经济圈的提出与探讨［J］．地域研究与开发，27（1）
张德贤，等．2000. 海洋经济可持续发展理论研究［M］．青岛：中国海洋大学出版社．
张灵杰．2002. 中国海洋经济区划的若干问题［J］．海洋通报，21（4）：58.
张潇．2009. 基于 SWOT 分析的辽宁海洋经济可持续发展研究［J］．海洋开发与管理，26（1）：76－80.
张耀光，崔立军．2001. 辽宁区域海洋经济布局机理［J］．地理研究，20（03）：338－346.
张耀光．2004. 中国海洋政治地理学——海洋地缘政治与海疆地理格局的时空演变［M］．北京：科学出版社，1-15.
张艺钟，徐长乐，陈刘芳.2008. 上海海洋经济可持续发展研究［J］. 经济问题探索，10：52-58.
赵丽芬.2001. 可持续发展战略学［M］. 北京：高等教育出版社，20-21.
赵愚，罗荣桂.2000. 区域可持续发展战略系统的运行与动态调控［J］. 武汉工业大学学报，22（6）：81-83.
郑贵斌.2005. 推动沿海海洋经济集成创新发展的思考［J］. 中国人口、资源与环境，15（2）.
中国（海南）改革发展研究院.2009. 实现海洋强省目标的行动方案［R］.

中国（海南）改革发展研究院.2009. 实现海洋强省目标的行动方案［R］.

中国21世纪议程——中国21世纪人口、环境与发展白皮书［M］. 北京：中国环境科学出版社，1995.
朱坚真，师银燕，乔俊果，等.2005. 环北部湾海洋经济发展与主导产业选择初探［J］. 农业技术经济，（5）：33-42.
Barbier E. B. 1995. New frontiers and sustainable development. World Bank Publishing House.
Brown L R. 1996. We can build sustainable economy. The Futurist，30（4）：8-12.
Daly H F，Cobb J B. 1990. For the Common Goods. Boston：Beacon Press，72-75.
Daly，Herman. 1995. Ecological Economics and Sustainable. World Bank Publishing House.
Field John G. 2003. The Gulf of Guinea Large Marine Ecosystem：Environmental Forcing and Sustainable Development-of Marine Resources. Journal of Experimental Marine Biology and Ecology. 296：128-130.
García Montero，Guillermo. 2002. The Caribbean：main experiences and regularities in capacity building for themanagement of coastal areas. Ocean and Coastal Management. 45：677-693.
High performance systems，Inc. An introduction to systems thinking，1996.
High performance systems，Inc. Business Applications，1996.
Kathryn B. Bicknell，Richard J. Ball，Ross Cullen，et al. 1998. New methodology for the ecological footprintwith an application to the New Zealand economy. Ecological Economics，27：149-160.
Mac Neill J. 1989. Strategies for Sustainable economic development. Scientific American，261：155-165.
Mason C. 2001. Nonrenewable resource with switching cost. Journal of Environmental Economics and Management. 42（1）.
Pearce D W，et al. 1989. Blueprint for a Green Economy. London：Earth scans Publications Limited.
Read Paul，Fernandes Teresa. 2003. Management of environmental impacts of marine aquaculture in Europe. Aquaculture. 226：139-163.
Side Jonathan，Jowitt Paul. 2002. Technologies and their influence on future UK marine resource development andmanagement. Marine Policy. 26：231-241.
WCED. 1987. Our Common Future. Oxford：Oxford University Press. 21-23.